一级注册建筑师考试通关攻略

一级注册建筑师考试
场地设计（作图）
应试指导与真题解析

佳一　编著

中国建筑工业出版社

图书在版编目（CIP）数据

一级注册建筑师考试场地设计（作图）应试指导与真题解析 / 佳一编著 . —北京：中国建筑工业出版社，2020.12
（一级注册建筑师考试通关攻略）
ISBN 978-7-112-25621-1

Ⅰ. ①一⋯ Ⅱ. ①佳⋯ Ⅲ. ①建筑制图—资格考试—自学参考资料 Ⅳ. ①TU204.2

中国版本图书馆CIP数据核字（2020）第231824号

责任编辑：易　娜　徐　冉
责任校对：焦　乐

一级注册建筑师考试通关攻略
一级注册建筑师考试场地设计（作图）应试指导与真题解析
佳一　编著

*

中国建筑工业出版社出版、发行（北京海淀三里河路9号）
各地新华书店、建筑书店经销
霸州市顺浩图文科技发展有限公司制版
北京市密东印刷有限公司印刷

*

开本：787毫米×1092毫米　1/16　印张：23　字数：499千字
2020年12月第一版　2020年12月第一次印刷
定价：69.00元
ISBN 978-7-112-25621-1
（36652）

前　言

众所周知，注册建筑师考试是所有考试中最艰难的考试之一，九门科目，八年时光。尽管难考，但是并没有降低建筑师们对这个考试的追求热度。笔者自从2014年以来，一直在网络上讲授场地设计作图考试课程，逐渐积累了一些教学经验，这些最初来源于对考生的心理状态和知识体系的了解，并逐渐变得成熟完整，让我有了编写一本场地设计作图考试的辅导书的想法。

本书的编写中，我采用了头脑风暴——思维导图的模式，希望能使大家在解题的过程中思路更为清晰。同时，利用我十多年一线设计人员的设计经验，对现行规范进行了最新的整理和解读，结合规范分析考题，并让考生复习中直接用新规范作为依据。但是书中往年的题目都是根据往年规范解答，读者需要注意这一点。

本书共分为三大篇。

上篇为真题部分，基本涵盖了2010—2019年的往年考题，分别对每种题型进行了详细的讲解。对应的讲解又分为四大内容，知识脉络——内容归纳——规范规定——真题解析。"知识脉络"中构建了思维导图，"内容归纳"中覆盖了本题考点，"规范规定"方便大家理解记忆，"真题解析"给出了详细的解题步骤，让考生掌握考试技巧。书中以大量图示，对文字进行了详细的解释和说明，很多规范的解释和内容均为本人独家奉献，以使考生更快更清晰地了解场地作图科目，增强学该科目的信心，有的放矢地展开复习，制定适合自己的复习计划。

中篇为33个疑难问题解答，为多年来教学中考生遇到的共性问题和作者认为的难点易错点，尽量增加书的新意，而不是老生常谈，文字多。尽量用表格、导图、图片来说明问题。在配图的过程中，增加了自出的模拟题目和极具代表性的真题题目，包括一些二级真题题目，与上篇并不冲突和重复。读者读来，曾经或者现在学到的每一处，画到每一笔的卡顿，都几乎能在本章中找到解答，这也是作者解答过3000个考生的问题之后最大的收获所得。这些问题看似散碎，其实暗藏链条，同样从"最大可建范围分析——至难至简地形题——重中之重综合题——应试技巧"四个方面注意阐述。编写本篇的过程可以说是一气呵成的，相信读者读来也会很有"速度感"的可读性，既可以一口气读完，找出解答自己疑惑的问题点，也可以在学习过程中，遇到了类似的问题，再翻书来看。

下篇为 2020 年考题，代表了最新的考试方向，同样延续了取消停车场设计题目，同时考试的规则也在悄悄发生着变化，选择题虽然是考试的关键点，但是从考友的分数来看，评分标准也不再单纯依据选择题，希望大家多多注意。

本书编写过程中仍然讲到了停车场设计的内容，虽然停车场设计作为单独一道题已经在考题中取消，但是一直设置在综合题里面，另外 2017 年第五题场地设计题目中出现了布置停车位的情况，希望大家同样予以重视。

由于时间仓促，书中难免有纰漏之处。读者对本书若存疑问，欢迎加入ＱＱ读者群（群号：726890575）或者通过扫描勒口的"佳一微信号码"二维码进行讨论，"微信订阅号"每周更新，腾讯课堂有免费的公开课欢迎大家批评指正。最后预祝广大考生顺利通过全国一级注册建筑师考试。

编著者

2020 年 10 月

目　录

上篇　指导与解析

第1章　场地分析

1.1　知识脉络——构建思维导图

场地分析即平面最大可建范围，通过对给定地块的退线划定，画出该场地中不同建筑类型的可建范围，目的是考查建筑师对城市规划中各种控制线的理解，对消防和日照等相关规范等的掌握熟练程度。

如图1-1所示，第一考的是控制退线，第二考的是间距退线。二者组合，形成平面最大可建范围。

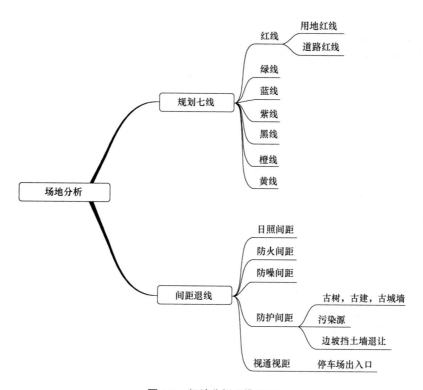

图1-1　场地分析思维导图

1.2 内容归纳——覆盖考试要点

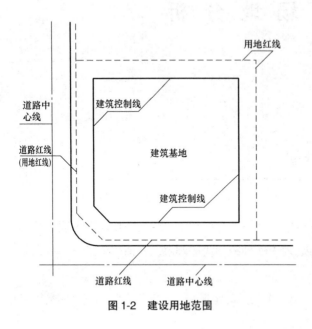

图1-2 建设用地范围

1.2.1 规划退线

规划退线，即在给定的建筑基地中，城市规划部门对该基地的控制要求。

（1）术语理解（表1-1）

（2）解释说明

表1-1中a、b、c、d如图1-2所示。

建筑控制线多指建筑物基地位置的控制线。

当基地紧邻道路时，道路红线一般与基地的用地红线重合。图1-2即为重合情况。

表1-1中e、f在题目中多有给出，按照考试题目给出的距离退线即可。

表1-1中g、h、i、j在考题中偶尔涉及，按照考试题目给定的距离退线即可。

城市规划退线中涉及的名词术语 表1-1

术语	解释
a. 建筑基地	根据用地性质和使用权属确定的建筑工程项目的使用场地。
b. 建筑控制线	规划行政主管部门在道路红线、建设用地边界内，另行划定的地面以上建（构）筑物主体不得超出的界线。
c. 道路红线	规划的城市道路（含居住区级道路）用地的边界线。
d. 用地红线	各类建筑工程项目用地的使用权属范围的边界线。
e. 规划绿线	城市绿线确定的，各类绿地范围的控制界线。
f. 规划蓝线	城市规划确定的江、河、湖、库、渠和湿地等城市地表水体保护和控制的地域界线。
g. 规划黑线	一般称"电力走廊"，指城市电力的用地规划控制线。
h. 规划紫线	国家历史文化名城内的历史文化街区和省、自治区、直辖市人民政府公布的历史文化街区的保护范围界线，以及历史文化街区外经县级以上人民政府公布保护的历史建筑的保护范围界线。
i. 规划黄线	对城市发展全局有影响的、城市规划中确定的、必须控制的城市基础设施用地的控制界线。
j. 城市橙线	为了降低城市中重大危险设施的风险水平，对其周边区域的土地利用和建设活动进行引导或限制的安全防护范围的界线。划定对象包括核电站、油气及其他化学危险品仓储区、超高压管道、化工园区及其他安委会认定须进行重点安全防护的重大危险设施。

高压线走廊：35kV 及以上高压架空电力线路两边导线向外侧延伸一定安全距离所形成的两条平行线之间的通道。也称高压架空线路走廊。详见表 1-2。

市区 35 ～ 1000kV 高压架空电力线路规划走廊宽度   表 1-2

线路电压等级（kV）	高压线走廊宽度（m）
直流 ±800	80 ～ 90
直流 ±500	55 ～ 70
1000（750）	90 ～ 110
500	60 ～ 75
330	35 ～ 45
220	30 ～ 40
66.110	15 ～ 25
35	15 ～ 20

注：摘自《城市电力规划规范》GB/T 50293—2014 表 7.6.3 "市区 35kV ～ 1000kV 高压架空电力线路规划走廊宽度"。

1.2.2 间距退线

间距退线包括日照间距、防火间距、防噪间距、防护间距、视通视距等。

（1）术语理解（表 1-3）

建筑间距退线中涉及的名词术语   表 1-3

术语	解释
建筑日照	太阳光直接照射到建筑物（场地）上的状况。
日照标准日	用来测定和衡量建筑日照时数的特定日期。
有效日照时间带	根据日照标准日的太阳方位角与高度角、太阳辐射强度和室内日照状况等条件确定的时间区段。
日照时间计算起点	为规范建筑日照时间计算所规定的建筑物（场地）上的计算位置。
日照时数	在有效日照时间带内，建筑物（场地）计算起点位置获得日照的连续时间值或各时间段的累加值。
建筑日照标准	根据建筑物（场地）所处的气候区、城市规模和建筑物（场地）的使用性质，在日照标准日的有效日照时间带内阳光应直接照射到建筑物（场地）上的最低日照时数。
遮挡建筑	在有效日照时间带内，对已建和拟建建筑（场地）的日照产生影响的已建和拟建建（构）筑物。
被遮挡建筑（场地）	在有效日照时间带内，日照受已建和拟建建（构）筑物影响的已建和拟建建筑（场地）。
防火间距	防止着火建筑在一定时间内引燃相邻建筑，便于消防扑救的间隔距离。
高层建筑	建筑高度大于27m的住宅建筑和建筑高度大于24m的非单层厂房、仓库和其他民用建筑。

术语	解 释
裙房	在高层建筑主体投影范围外，与建筑主体相连且建筑高度不大于24m的附属建筑。
重要公共建筑	发生火灾可能造成重大人员伤亡、财产损失和严重社会影响的公共建筑。
商业服务网点	设置在住宅建筑的首层或首层及二层，每个分隔单元建筑面积不大于300m²的商店、邮政所、储蓄所、理发店等小型营业性用房。
半地下室	房间地面低于室外设计地面的平均高度大于该房间平均净高1/3，且不大于1/2者。
地下室	房间地面低于室外设计地面的平均高度大于该房间平均净高1/2者。

（2）日照间距

日照计算应依据分析对象的特点选取合理的计算方法，应对房间进行窗户分析，对建筑进行平面分析和立面分析，对场地进行平面分析，并应采用直观、易懂的表达方式。

在实际工程中，需要根据现行规范中提出的冬至日或者大寒日的日照标准，利用计算机建模并且做出复杂分析计算。而我们的考试中，只需根据题目条件规定的日照时间，在总平面中分析遮挡建筑和被遮挡建筑，同时注意场地是否有竖向设计高程变化，做出平面或者立面的日照计算数据分析即可，室内外高差和底层窗台高度参看考试题目条件。

平面分析与立面分析如图1-3、图1-4所示。

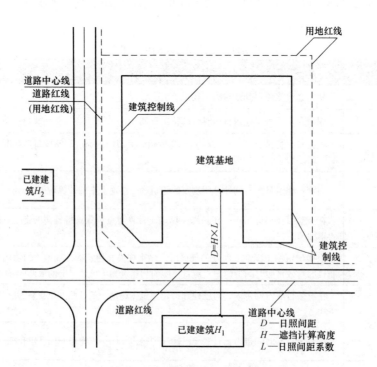

图1-3 日照间距退线平面分析

注：本图仅为考试情况下的理论距离，实际工程中需要考虑日影曲线图。

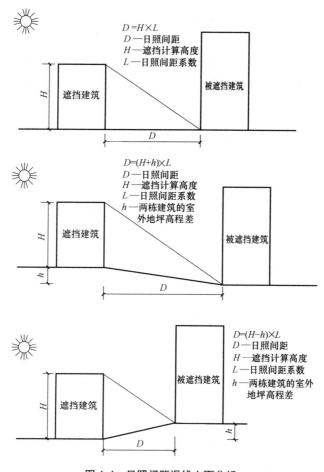

图 1-4 日照间距退线立面分析

注：本图仅为考试情况下的理论距离，实际工程中需要考虑太阳方向线和底层窗台高度。

（3）防火间距

1）识别工业建筑和民用建筑的高度与单多层的关系（表 1-4）。

识别高层和多层 表 1-4

名称		高 层	多 层
厂房、仓库		建筑高度大于24m的非单层厂房、仓库	建筑高度不大于24m的非单层厂房、仓库
民用建筑	住宅建筑	建筑高度大于27m的住宅建筑	建筑高度不大于27m的住宅建筑
	公共建筑	建筑高度大于24m的非单层公共建筑	建筑高度不大于24m的其他非单层公共建筑，建筑高度大于24m的单层公共建筑

注：除现行《建筑设计防火规范》GB 50016—2014（2018版）另有规定外，宿舍、公寓等非住宅类居住建筑的防火要求，应符合《建筑设计防火规范》GB 50016—2014（2018版）有关公共建筑的规定。

建筑高度的计算应符合下列规定：①建筑屋面为坡屋面时，建筑高度应为建筑室外设计地面至其檐口与屋脊的平均高度，如图 1-5 所示。②建筑屋面为平屋面（包括有女儿墙的平屋面）时，建筑高度应为建筑室外设计地面至其屋面面层的高度，如图 1-6 所示。③同一座建筑有多种形式的屋面时，建筑高度应按上述方法分别计算后，取其中最大值。④对于台阶式地坪，当位于不同高程地坪上的同一建筑之间有防火墙分隔，各自有符合规范规定的安全出口，且可沿建筑的两个长边设置贯通式或尽头式消防车道时，可分别计算各自的建筑高度。否则，应按其中建筑高度最大者确定该建筑的建筑高度。⑤局部突出屋顶的瞭望塔、冷却塔、水箱间、微波天线间或设施、电梯机房、排风和排烟机房以及楼梯出口小间等辅助用房占屋面面积不大于 1/4 者，可不计入建筑高度。⑥对于住宅建筑，设置在底部且室内高度不大于 2.2m 的自行车库、储藏室、敞开空间，室内外高差或建筑的地下或半地下室的顶板面高出室外设计地面的高度不大于 1.5m 的部分，可不计入建筑高度。

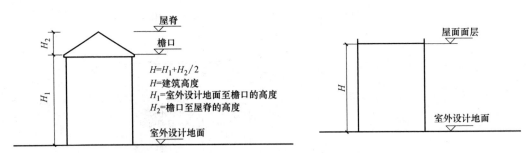

图 1-5　坡屋面建筑高度计算示意图　　　　图 1-6　平屋面建筑高度计算示意图

2）民用建筑防火间距（表 1-5）。

民用建筑之间的防火间距（m）　　　　　　　　　表 1-5

建筑类别		高层民用建筑	裙房和其他民用建筑		
		一、二级	一、二级	三级	四级
高层民用建筑	一、二级	13	9	11	14
裙房和其他民用建筑	一、二级	9	6	7	9
	三级	11	7	8	10
	四级	14	9	10	12

注：①相邻两座建筑物，当相邻外墙为不燃烧体且无外露的可燃性屋檐，每面外墙上未设置防火保护措施的门窗洞口不正对开设，且洞口面积之和≤该外墙面积的 5% 时，其防火间距按照本图规定减少 25%。
②本表摘自《建筑设计防火规范》GB 50016—2014（2018 年版）"表 5.2.2 民用建筑之间的防火间距（m）。"

如图 1-7 所示。

3）木结构建筑防火间距。

民用木结构建筑之间及其与其他民用建筑的防火间距不应小于表 1-6 的规定。民用木结构建筑与厂房（仓库）等建筑的防火间距、木结构厂房（仓库）之间及其与其他民用建筑的防火间距，应符合《建筑设计防火规范》GB 50016—2014（2018 年版）第 3、4 章有关四级耐火等级建筑的规定。如图 1-8 所示。

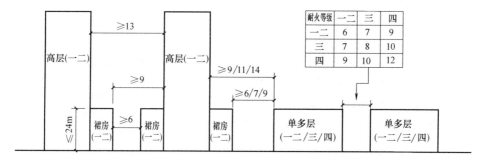

耐火等级	一二	三	四
一二	6	7	9
三	7	8	10
四	9	10	12

图 1-7　民用建筑之间的防火间距示意图（m）

注：① 建筑物之间的防火间距应按相邻建筑外墙的最近水平距离计算，当外墙有凸出的可燃或难燃构件时，应从其凸出部分外缘算起。

② 本图摘自《民用建筑防火设计图示综合解析》。

民用木结构建筑之间及其与其他民用建筑的防火间距（m）　　　　表 1-6

建筑类别	一二级	三级	木结构建筑	四级
木结构建筑	8	9	10	11

注：本表摘自《建筑设计防火规范》GB 50016—2014（2018 年版）"表 11.0.10 民用木结构建筑之间及其与其他民用建筑的防火间距（m）"。

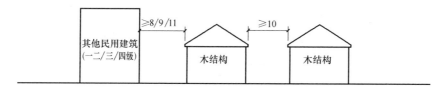

图 1-8　民用木结构建筑之间及其与其他民用建筑的防火间距（m）

4）停车场库防火间距（表 1-7）。

汽车库、修车库、停车场之间及汽车库、修车库、停车场与除甲类物品仓库外的
其他建筑物的防火间距（m）　　　　表 1-7

名称和耐火等级	汽车库、修车库		厂房、仓库、民用建筑		
	一、二级	三级	一、二级	三级	四级
一、二级汽车库、修车库	10	12	10	12	14
三级汽车库、修车库	12	14	12	14	16
停车场	6	8	6	8	10

注：① 高层汽车库与其他建筑物，汽车库、修车库与高层建筑的防火间距应按表 1-7 的规定值增加 3m；汽车库、修车库与甲类厂房的防火间距应按表 1-7 的规定值增加 2m。

② 防火间距应按相邻建筑物外墙的最近距离算起，如外墙有凸出的可燃物构件时，则应从其凸出部分外缘算起。停车场从靠近建筑物的最近停车位置边缘算起。

③ 厂房、仓库的火灾危险性分类应符合现行国家标准《建筑设计防火规范》GB 50016 的有关规定。

④ 本表摘自《汽车库、修车库、停车场设计防火规范》GB 50067—2014 "表 4.2.11 汽车库、修车库、停车场之间及汽车库、修车库、停车场与除甲类物品仓库外的其他建筑物的防火间距（m）"。

如图 1-9 所示。

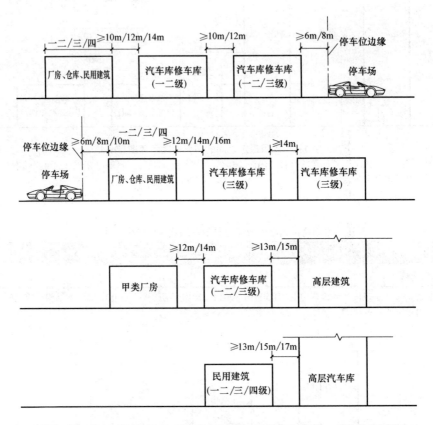

图 1-9　汽车库、修车库、停车场之间及汽车库、修车库、停车场与
除甲类物品仓库外的其他建筑物的防火间距

5）消防车道和消防车登高操作场地。

①消防车道是指火灾时供消防车通行的道路。车道的净宽度和净空高度均不应小于4.0m，转弯半径应满足消防车转弯的要求；与建筑之间不应设置妨碍消防车操作的树木、架空管线等障碍物；坡度不宜大于8%；靠建筑外墙一侧的边缘距离建筑外墙不宜小于5m。

消防车道的路面、救援操作场地、消防车道和救援操作场地下面的管道和暗沟等，应能承受重型消防车的压力。环形消防车道至少应有两处与其他车道连通。尽头式消防车道应设置回车道或回车场。如图 1-10 所示。

②消防车登高操作场地也叫消防扑救场地，即在火灾发生，需要使用登高消防车作业进行救人和灭火时，要提供的登高消防车停车和作业的场地。

场地与厂房、仓库、民用建筑之间不应设置妨碍消防车操作的树木、架空管线等障碍物和车库出入口。场地可结合消防车道布置，场地及其下面的建筑结构、管道和暗沟等，应能承受重型消防车的压力；场地靠建筑外墙一侧的边缘距离建筑外墙不宜小于5m，且不应大于10m，如图 1-11 所示。场地的坡度不宜大于 3%。场地的长度和宽度分别不应小于 15m 和 10m。对于建筑高度大于 50m 的建筑，场地的长度和宽度分别不应小于 20m 和 10m。建筑物与消防车登高操作场地相对应的范围内，应设置直通室外的楼梯成直通楼梯间的入口。如图 1-11 所示。

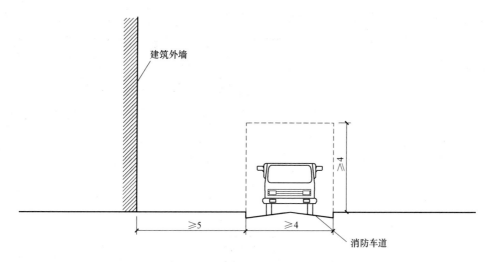

图 1-10　消防车道的要求（m）

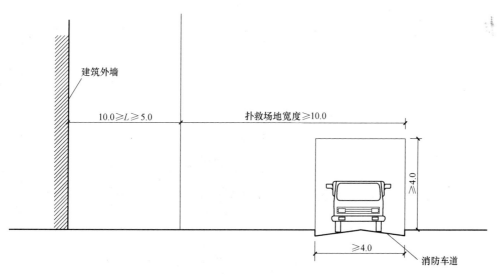

图 1-11　消防扑救场地的要求（m）

（4）防噪间距

为减少民用建筑受噪声影响，保证民用建筑室内有良好的声环境，在进行建筑设计前，应对环境及建筑物内外的噪声源作详细的调查与测定，并应对建筑物的防噪间距、朝向选择及平面布置等作综合考虑，对住宅、学校、医院、旅馆、办公及商业等六类建筑中主要用房的隔声、吸声、减噪进行设计。

在我们的考试中，不需要进行计算，只需根据规范和考题题目要求，保持噪声源建筑和其他民用建筑的距离即可。

根据《中小学校设计规范》GB 50099—2011 第4.1.6条"学校教学区的声环境质量应符合现行国家标准《民用建筑隔声设计规范》GB 50118的有关规定。学校主要教学用房设置窗户的外墙与铁路路轨的距离不应小于300m，与高速路、地上轨道交通线或城市主干道的距离不应小于80m。当距离不足时，应采取有效的隔声措施"，以及第4.3.7条"各类教室的外窗与相对的教学用房或室外运动场地边缘间的距离不应小于25m"，我们得出三点要求：

①学校主要教学用房设置窗户的外墙与铁路路轨的距离不应小于300m。

②学校主要教学用房设置窗户的外墙与高速路、地上轨道交通线或城市主干道的距离不应小于80m。

③各类教室的外窗与相对的教学用房或室外运动场地边缘间的距离不应小于25m。

如图1-12所示。

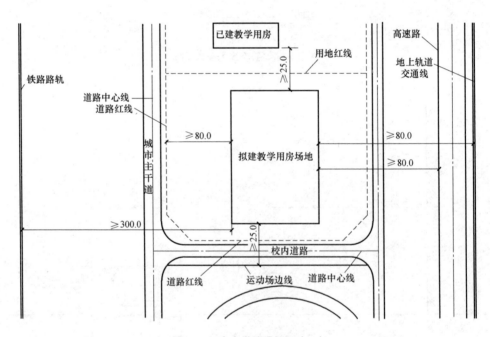

图1-12 中小学防噪间距（m）

（5）防护距离

① 考试中的场地经常会出现保留树木，并且要求给出防护距离。如果题目给定条件，我们就按照题目要求给出退距；如果题目没有给定，我们则根据规范给出退距。

古树名木保护范围的划定应符合下列规定：成林地带为外缘树树冠垂直投影以外5m所围合的范围；单株树应同时满足树冠垂直投影以外5m宽和距树干基部外缘水平距离为胸径20倍以内。

② 考试中涉及污染源的规范条文有三条：中小学校的饮用水管线与室外公厕、垃圾站等污染源间的距离应大于 25m；食堂与室外公厕、垃圾站等污染源间的距离应大于 25m；化粪池壁距建筑物外墙不宜小于 5m，并不得影响建筑物基础。

新建传染病医院选址，以及现有传染病医院改建和扩建及传染病区建设时，医疗用建筑物与院外周边建筑应设置大于或等于 20m 绿化隔离卫生间距。在综合医院内设置独立传染病区时，传染病区与医院其他医疗用房的卫生间距应大于或等于 20m。传染病区宜设有相对独立的出入口。

③ 边坡挡土墙退让是考试中经常考察的考点。按照新规范《城乡建设用地竖向规划规范》CJJ 83—2016 要求，高度大于 2m 的挡土墙和护坡，其上缘与建筑物的水平净距不应小于 3m，下缘与建筑物的水平净距不应小于 2m；高度大于 3m 的挡土墙与建筑物的水平净距还应满足日照标准要求。如图 1-13 所示。

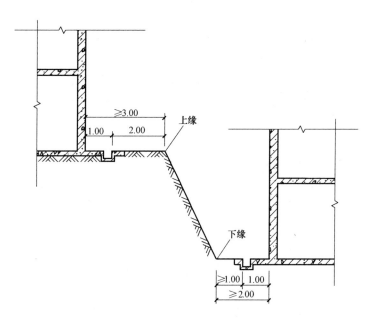

图 1-13 挡土墙和护坡示意图（m）

（6）视通视距

① 道路交叉口的视距要求：为了道路交通的安全和美观，我们需要考虑在最不利的情况下，一个方向的最外侧直行车道的车辆与相交道路里侧左转车道的车辆之间的冲突，原则上则应满足停车视距的要求。

一条道路最外侧直行车道与相交道路里侧左转车道所构成的三角形 ABC 为视距三角形。在交叉口附近布置建筑时，基地内的建筑物应在视角红线之外，以保证车辆行驶与行人的安全。平面交叉口视距三角形范围内，不得有任何高出路面 1.2m 的妨碍驾驶员视线的障碍物（表 1-8）。如图 1-14 所示。

交叉口直行车设计速度（km/h）	60	50	45	40	35	30	25	20	15	10
安全停车视距 Ss（m）	75	60	50	40	35	30	25	20	15	10

注：本表摘自《城市道路交叉口设计规程》CJJ 152—2010 "表 4.3.3 交叉口视距三角形要求的停车视距"。

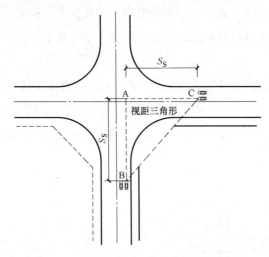

图 1-14 视距三角形示意图（十字交叉口）

注：本图摘自《城市道路交叉口设计规程》CJJ 152—2010 "图 4.3.3 视距三角形"。

② 停车场出入口应有良好的通视条件，视距三角形范围内的障碍物应清除。

机动车库基地出入口与城市道路连接的出入口地面坡度不宜大于 5%。机动车经基地出入口汇入城市道路时，驾驶员必须保证良好的视线条件，不应有遮挡视线障碍物的范围，应控制在距离出入口边线以内 2m 处作视点的 120° 范围内。如图 1-15 所示，设计应保证驾驶员在视点位置可以看到全部通视范围内的车辆、行人情况。

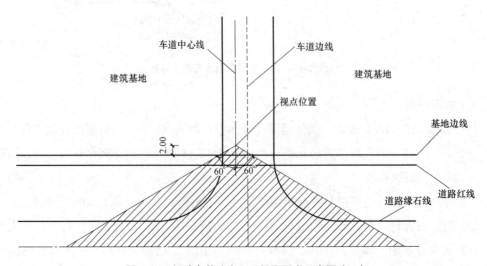

图 1-15 机动车基地出入口视通要求示意图（m）

1.3 规范规定——方便理解记忆（表 1-9）

场地分析规范一览表 表 1-9

规范	内 容
《民用建筑设计统一标准》GB 50352—2019	4.2.1 建筑基地应与城市道路或镇区道路相邻接，否则应设置连接道路，并应符合下列规定： 1 当建筑基地内建筑面积小于或等于 3000m² 时，其连接道路的宽度不应小于 4.0m； 2 当建筑基地内建筑面积大于 3000m²，且只有一条连接道路时，其宽度不应小于 7.0m；当有两条或两条以上连接道路时，单条连接道路宽度不应小于 4.0m。 4.2.4 建筑基地机动车出入口位置，应符合所在地控制性详细规划，并应符合下列规定： 1 中等城市、大城市的主干路交叉口，自道路红线交叉点起沿线 70.0m 范围内不应设置机动车出入口； 2 距人行横道、人行天桥、人行地道（包括引道、引桥）的最近边缘线不应小于 5.0m； 3 距地铁出入口、公共交通站台边缘不应小于 15.0m； 4 距公园、学校及有儿童、老年人、残疾人使用建筑的出入口最近边缘不应小于 20.0m。 4.2.5 大型、特大型交通、文化、体育、娱乐、商业等人员密集的建筑基地应符合下列规定： 1 建筑基地与城市道路邻接的总长度不应小于建筑基地周长的 1/6； 2 建筑基地的出入口不应少于 2 个，且不宜设置在同一条城市道路上； 3 建筑物主要出入口前应设置人员集散场地，其面积和长宽尺寸应根据使用性质和人数确定； 4 当建筑基地设置绿化、停车或其他构筑物时，不应对人员集散造成障碍。
	5.1.1 建筑布局应使建筑基地内的人流、车流与物流合理分流，防止干扰，并应有利于消防、停车、人员集散以及无障碍设施的设置。 5.1.2 建筑间距应符合下列规定： 1 建筑间距应符合现行国家标准《建筑设计防火规范》GB 50016 的规定及当地城市规划要求； 2 建筑间距应符合本标准第 7.1 节建筑用房天然采光的规定，有日照要求的建筑和场地应符合国家相关日照标准的规定（建筑和场地日照标准在现行国家标准《城市居住区规划设计标准》GB 50180 中有明确规定，住宅、宿舍、托儿所、幼儿园、宿舍、老年人居住建筑、医院病房楼等类型建筑也有相关日照标准，并应执行当地城市规划行政主管部门依照日照标准制定的相关规定）。
	5.2.1 基地道路应符合下列规定： 1 基地道路与城市道路连接处的车行路面应设限速设施，道路应能通达建筑物的安全出口； 2 沿街建筑应设连通街道和内院的人行通道，人行通道可利用楼梯间，其间距不宜大于 80.0m； 3 当道路改变方向时，路边绿化及建筑物不应影响行车有效视距； 4 当基地内设有地下停车库时，车辆出入口应设置显著标志，标志设置高度不应影响人、车通行； 5 基地内宜设人行道路，大型、特大型交通、文化、娱乐、商业、体育、医院等建筑，居住人数大于 5000 人的居住区等车流量较大的场所应设人行道路。

规范	内 容
《民用建筑设计统一标准》GB 50352—2019	5.2.2 基地道路设计应符合下列规定： 1 单车道路宽不应小于 4.0m，双车道路宽住宅区内不应小于 6.0m，其他基地道路宽不应小于 7.0m； 2 当道路边设停车位时，应加大道路宽度且不应影响车辆正常通行； 3 人行道路宽度不应小于 1.5m，人行道在各路口、入口处的设计应符合现行国家标准《无障碍设计规范》GB 50763 的相关规定； 4 道路转弯半径不应小于 3.0m，消防车道应满足消防车最小转弯半径要求； 5 尽端式道路长度大于 120.0m 时，应在尽端设置不小于 12.0m×12.0m 的回车场地。
	5.3.1 建筑基地场地设计应符合下列规定： 1 当基地自然坡度小于 5% 时，宜采用平坡式布置方式；当大于 8% 时，宜采用台阶式布置方式，台地连接处应设挡墙或护坡；基地临近挡墙或护坡的地段，宜设置排水沟，且坡向排水沟的地面坡度不应小于 1%。 2 基地地面坡度不宜小于 0.2%；当坡度小于 0.2% 时，宜采用多坡向或特殊措施排水。 3 场地设计标高不应低于城市的设计防洪、防涝水位标高；沿江、河、湖、海岸或受洪水、潮水泛滥威胁的地区，除设有可靠防洪堤、坝的城市、街区外，场地设计标高不应低于设计洪水位 0.5m，否则应采取相应的防洪措施；有内涝威胁的用地应采取可靠的防、排内涝水措施，否则其场地设计标高不应低于内涝水位 0.5m。 4 当基地外围有较大汇水汇入或穿越基地时，宜设置边沟或排（截）洪沟，有组织进行地面排水。 5 场地设计标高宜比周边城市市政道路的最低路段标高高 0.2m 以上；当市政道路标高高于基地标高时，应有防止客水进入基地的措施。 6 场地设计标高应高于多年最高地下水位。 7 面积较大或地形较复杂的基地，建筑布局应合理利用地形，减少土石方工程量，并使基地内填挖方量接近平衡。
	5.4.1 绿化设计应符合下列规定： 1 绿地指标应符合当地控制性详细规划及城市绿地管理的有关规定。 2 应充分利用实土布置绿地，植物配置应根据当地气候、土壤和环境等条件确定。 3 绿化与建（构）筑物、道路和管线之间的距离，应符合有关标准的规定。 4 应保护自然生态环境，并应对古树名木采取保护措施。
	5.5.5 地下工程管线的走向宜与道路或建筑主体相平行或垂直。工程管线应从建筑物向道路方向由浅至深敷设。干管宜布置在主要用户或支管较多的一侧，工程管线布置应短捷、转弯少，减少与道路、铁路、河道、沟渠及其他管线的交叉，困难条件下其交角不应小于 45°。 5.5.7 工程管线之间的水平、垂直净距及埋深，工程管线与建（构）筑物、绿化树种之间的水平净距应符合国家现行有关标准的规定。当受规划、现状制约，难以满足要求时，可根据实际情况采取安全措施后减少其最小水平净距。
《建筑设计防火规范》GB 50016—2014（2018 年版）	厂房的防火间距见该规范 3.4； 仓库的防火间距见该规范 3.5。
	5.2.2 民用建筑之间的防火间距不应小于表 5.2.2 的规定，与其他建筑的防火间距，除应符合本节规定外，尚应符合本规范其他章的有关规定。

规范	内 容

表 5.2.2 民用建筑之间的防火间距（m）

建筑类别		高层民用建筑	裙房和其他民用建筑		
		一、二级	一、二级	三级	四级
高层民用建筑	一、二级	13	9	11	14
裙房和其他 民用建筑	一、二级	9	6	7	9
	三级	11	7	8	10
	四级	14	9	10	12

注：1　相邻两座单、多层建筑，当相邻外墙为不燃性墙体且无外露的可燃性屋檐，每面外墙上无防火保护的门、窗、洞口不正对开设，且该门、窗、洞口的面积之和不大于外墙面积的5%时，其防火间距可按本表的规定减少25%。

　　2　两座建筑相邻较高一面外墙为防火墙，或高出相邻较低一座一、二级耐火等级建筑的屋面15m及以下范围内的外墙为防火墙时，其防火间距不限。

　　3　相邻两座高度相同的一、二级耐火等级建筑中相邻任一侧外墙为防火墙，屋顶的耐火极限不低于1.00h时，其防火间距不限。

　　4　相邻两座建筑中较低一座建筑的耐火等级不低于二级，相邻较低一面外墙为防火墙且屋顶无天窗，屋顶的耐火极限不低于1.00h时，其防火间距不应小于3.5m；对于高层建筑，不应小于4m。

　　5　相邻两座建筑中较低一座建筑的耐火等级不低于二级且屋顶无天窗，相邻较高一面外墙高出较低一座建筑的屋面15m及以下范围内的开口部位设置甲级防火门、窗，或设置符合现行国家标准《自动喷水灭火系统设计规范》GB 50084 规定的防火分隔水幕或本规范第6.5.3条规定的防火卷帘时，其防火间距不应小于3.5m；对于高层建筑，不应小于4m。

　　6　相邻建筑通过连廊、天桥或底部的建筑物等连接时，其间距不应小于本表的规定。

　　7　耐火等级低于四级的既有建筑，其耐火等级可按四级确定。

5.2.4　除高层民用建筑外，数座一、二级耐火等级的住宅建筑或办公建筑，当建筑物的占地面积总和不大于2500m²时，可成组布置，但组内建筑物之间的间距不宜小于4m。组与组或组与相邻建筑物的防火间距不应小于本规范第5.2.2条的规定。

7.1.1　街区内的道路应考虑消防车的通行，道路中心线间的距离不宜大于160m。

当建筑物沿街道部分的长度大于150m或总长度大于220m时，应设置穿过建筑物的消防车道。确有困难时，应设置环形消防车道。

7.1.2　高层民用建筑，超过3000个座位的体育馆，超过2000个座位的会堂，占地面积大于3000m²的商店建筑、展览建筑等单、多层公共建筑应设置环形消防车道，确有困难时，可沿建筑的两个长边设置消防车道；对于高层住宅建筑和山坡地或河道边临空建造的高层民用建筑，可沿建筑的一个长边设置消防车道，但该长边所在建筑立面应为消防车登高操作面。

7.1.3　工厂、仓库区内应设置消防车道。

高层厂房，占地面积大于3000m²的甲、乙、丙类厂房和占地面积大于1500m²的乙、丙类仓库，应设置环形消防车道，确有困难时，应沿建筑物的两个长边设置消防车道。

《建筑设计防火规范》GB 50016—2014（2018年版）

规范	内 容
《建筑设计 防火规范》 GB 50016—2014 （2018 年版）	7.1.4　有封闭内院或天井的建筑物，当内院或天井的短边长度大于24m时，宜设置进入内院或天井的消防车道；当该建筑物沿街时，应设置连通街道和内院的人行通道（可利用楼梯间），其间距不宜大于80m。 　　7.1.7　供消防车取水的天然水源和消防水池应设置消防车道。消防车道的边缘距离取水点不宜大于2m。 　　7.1.8　消防车道应符合下列要求： 　　1　车道的净宽度和净空高度均不应小于4.0m； 　　2　转弯半径应满足消防车转弯的要求； 　　3　消防车道与建筑之间不应设置妨碍消防车操作的树木、架空管线等障碍物； 　　4　消防车道靠建筑外墙一侧的边缘距离建筑外墙不宜小于5m； 　　5　消防车道的坡度不宜大于8%。 　　7.2.1　高层建筑应至少沿一个长边或周边长度的1/4且不小于一个长边长度的底边连续布置消防车登高操作场地，该范围内的裙房进深不应大于4m。 　　建筑高度不大于50m的建筑，连续布置消防车登高操作场地确有困难时，可间隔布置，但间隔距离不宜大于30m，且消防车登高操作场地的总长度仍应符合上述规定。 　　7.2.2　消防车登高操作场地应符合下列规定： 　　1　场地与厂房、仓库、民用建筑之间不应设置妨碍消防车操作的树木、架空管线等障碍物和车库出入口。 　　2　场地的长度和宽度分别不应小于15m和10m。对于建筑高度大于50m的建筑，场地的长度和宽度分别不应小于20m和10m。 　　3　场地及其下面的建筑结构、管道和暗沟等，应能承受重型消防车的压力。 　　4　场地应与消防车道连通，场地靠建筑外墙一侧的边缘距离建筑外墙不宜小于5m，且不应大于10m，场地的坡度不宜大于3%。 　　7.2.3　建筑物与消防车登高操作场地相对应的范围内，应设置直通室外的楼梯或直通楼梯间的入口。

11.0.10　民用木结构建筑之间及其与其他民用建筑的防火间距不应小于表11.0.10的规定。
民用木结构建筑与厂房（仓库）等建筑的防火间距、木结构厂房（仓库）之间及其与其他民用建筑的防火间距，应符合本规范第3、4章有关四级耐火等级建筑的规定。

表 11.0.10　民用木结构建筑之间及其与其他民用建筑的防火间距（m）

建筑耐火等级或类别	一、二级	三级	木结构建筑	四级
木结构建筑	8	9	10	11

注：1　两座木结构建筑之间或木结构建筑与其他民用建筑之间，外墙均无任何门、窗、洞口时，防火间距可为4m；外墙上的门、窗、洞口不正对且开口面积之和不大于外墙面积的10%时，防火间距可按本表的规定减少25%。

　　2　当相邻建筑外墙有一面为防火墙，或建筑物之间设置防火墙且墙体截断不燃性屋面或高出难燃性、可燃性屋面不低于0.5m时，防火间距不限。

《公园设计规范》 GB 51192—2016	4.1.8　古树名木的保护应符合下列规定： 　　1　古树名木保护范围的划定应符合下列规定： 　　1）成林地带为外缘树树冠垂直投影以外5m所围合的范围； 　　2）单株树应同时满足树冠垂直投影以外5m宽和距树干基部外缘水平距离为胸径20倍以内。 　　2　保护范围内，不应损坏表土层和改变地表高程，除树木保护及加固设施外，不应设置建筑物、构筑物及架（埋）设各种过境管线，不应栽植缠绕古树名木（百年以上树龄的树木，稀有、珍贵树木，具有历史价值或者重要纪念意义的树木，均属古树名木）的藤本植物。
《城市公共厕 所设计标准》 CJJ 14—2016	5.0.11　化粪池和贮粪池距离地下取水构筑物不得小于30m。 　　5.0.12　化粪池和贮粪池的设置应符合下列规定： 　　2　池壁距建筑物外墙不宜小于5m，并不得影响建筑物基础；

规范	内 容
《汽车库、修车库、停车场设计防火规范》GB 50067—2014	4.2.1 除本规范另有规定外，汽车库、修车库、停车场之间及汽车库、修车库、停车场与除甲类物品仓库外的其他建筑物的防火间距，不应小于表 4.2.1 的规定。其中，高层汽车库与其他建筑物，汽车库、修车库与高层建筑的防火间距应按表 4.2.1 的规定值增加 3m；汽车库、修车库与甲类厂房的防火间距按表 4.2.1 的规定值增加 2m。 表 4.2.1 汽车库、修车库、停车场之间及汽车库、修车库、停车场与除甲类物品仓库外的其他建筑物的防火间距（m） <table><tr><td rowspan="2">名称和耐火等级</td><td colspan="2">汽车库、修车库</td><td colspan="3">厂房、仓库、民用建筑</td></tr><tr><td>一、二级</td><td>三级</td><td>一、二级</td><td>三级</td><td>四级</td></tr><tr><td>一、二级汽车库、修车库</td><td>10</td><td>12</td><td>10</td><td>12</td><td>14</td></tr><tr><td>三级汽车库、修车库</td><td>12</td><td>14</td><td>12</td><td>14</td><td>16</td></tr><tr><td>停车场</td><td>6</td><td>8</td><td>6</td><td>8</td><td>10</td></tr></table> 注：1 防火间距应按相邻建筑物外墙的最近距离算起，如外墙有凸出的可燃物构件时，则应从其凸出部分外缘算起，停车场从靠近建筑物的最近停车位置边缘算起。 2 厂房、仓库的火灾危险性分类应符合现行国家标准《建筑设计防火规范》GB 50016 的有关规定。 4.2.2 汽车库、修车库之间或汽车库、修车库与其他建筑之间的防火间距可适当减少，但应符合下列规定： 1 当两座建筑相邻较高一面外墙为无门、窗、洞口的防火墙或当较高一面外墙比较低一座一、二级耐火等级建筑屋面高 15m 及以下范围内的外墙为无门、窗、洞口的防火墙时，其防火间距可不限； 2 当两座建筑相邻较高一面外墙上，同较低建筑等高的以下范围内的墙为无门、窗、洞口的防火墙时，其防火间距可按本规范表 4.2.1 的规定值减小 50%； 3 相邻的两座一、二级耐火等级建筑，当较高一面外墙的耐火极限不低于 2.00h，墙上开口部位设置甲级防火门、窗或耐火极限不低于 2.00h 的防火卷帘、水幕等防火设施时，其防火间距可减小，但不应小于 4m； 4 相邻的两座一、二级耐火等级建筑，当较低一座的屋顶无开口，屋顶的耐火极限不低于 1.00h，且较低一面外墙为防火墙时，其防火间距可减小，但不应小于 4m。 4.2.3 停车场与相邻的一、二级耐火等级建筑之间，当相邻建筑的外墙为无门、窗、洞口的防火墙，或比停车部位高 15m 范围以下的外墙均为无门、窗、洞口的防火墙时，防火间距可不限。 4.2.5 甲、乙类物品运输车的汽车库、修车库、停车场与民用建筑的防火间距不应小于 25m，与重要公共建筑的防火间距不应小于 50m。甲类物品运输车的汽车库、修车库、停车场与明火或散发火花地点的防火间距不应小于 30m，与厂房、仓库的防火间距应按本规范表 4.2.1 的规定值增加 2m。 汽车库、修车库、停车场与甲类物品仓库的防火间距不应小于该规范表 4.2.4 的规定。
《城市居住区规划设计标准》GB 50180—2018	4.0.8 住宅建筑与相邻建、构筑物的间距应在综合考虑日照、采光、通风、管线埋设、视觉卫生、防灾等要求的基础上统筹确定，并应符合现行国家标准《建筑设计防火规范》GB 50016 的有关规定。 4.0.9 住宅建筑的间距应符合表 5.0.2-1 的规定；对特定情况，还应符合下列规定： 1 老年人居住建筑日照标准不应低于冬至日日照时数 2h； 2 在原设计建筑外增加任何设施不应使相邻住宅原有日照标准降低，既有住宅建筑进行无障碍改造加装电梯除外； 3 旧区改建项目内新建住宅建筑日照标准不应低于大寒日日照时数 1h；

续表

<table>
<tr><th>规范</th><th>内　容</th></tr>
<tr><td>《城市居住区规划设计标准》
GB 50180—2018</td><td>

表 5.0.2-1　住宅建筑日照标准

<table>
<tr><td rowspan="2">建筑气候区</td><td colspan="2">Ⅰ、Ⅱ、Ⅲ、Ⅶ气候区</td><td colspan="2">Ⅳ气候区</td><td rowspan="2">Ⅴ、Ⅵ气候区</td></tr>
<tr><td>大城市</td><td>中小城市</td><td>大城市</td><td>中小城市</td></tr>
<tr><td>日照标准日</td><td colspan="3">大寒日</td><td colspan="2">冬至日</td></tr>
<tr><td>日照时数（h）</td><td>≥ 2</td><td colspan="2">≥ 3</td><td colspan="2">≥ 1</td></tr>
<tr><td>有效日照时间带（h）</td><td colspan="3">8 ～ 16</td><td colspan="2">9 ～ 15</td></tr>
<tr><td>日照时间计算起点</td><td colspan="5">底层窗台面</td></tr>
</table>

注：① 建筑气候区划应符合《中国建筑气候区划图》。
② 底层窗台面是指距室内地坪 0.9m 高的外墙位置。

6.0.5　居住区道路边缘至建筑物、构筑物的最小距离，应符合表 6.0.5 规定；

表 6.0.5　居住区道路边缘至建筑物、构筑物最小距离（m）

<table>
<tr><td colspan="2">与建、构筑物关系</td><td>城市道路</td><td>附属道路</td></tr>
<tr><td rowspan="2">建筑物面向道路</td><td>无出入口</td><td>3.0</td><td>2.0</td></tr>
<tr><td>有出入口</td><td>5.0</td><td>2.5</td></tr>
<tr><td colspan="2">建筑物山墙面向道路</td><td>2.0</td><td>1.5</td></tr>
<tr><td colspan="2">围墙面向道路</td><td>1.5</td><td>1.5</td></tr>
</table>

注：道路边缘对于城市道路是指道路红线；附属道路分两种情况：道路断面设有人行道时，指人行道的外边线；道路断面未设人行道时，指路面边线。
</td></tr>
<tr><td>《托儿所、幼儿园建筑设计规范》
JGJ 39—2016
2019 年版</td><td>3.2.3.5　托儿所、幼儿园应设室外活动场地，室外活动场地应有 1/2 以上的面积在标准建筑日照阴影线之外。
3.2.8　托儿所、幼儿园的活动室、寝室及具有相同功能的区域，应布置在当地最好朝向，冬至日底层满窗日照不应小于 3h。</td></tr>
<tr><td>《综合医院建筑设计规范》
GB 51039—2014</td><td>4.2.6　病房建筑的前后间距应满足日照和卫生间距要求，且不宜小于 12m。</td></tr>
<tr><td rowspan="2">《中小学设计规范》
GB 50099—2011</td><td>4.1.6　学校教学区的声环境质量应符合现行国家标准《民用建筑隔声设计规范》GB 50118 的有关规定。学校主要教学用房设置窗户的外墙与铁路路轨的距离不应小于 300m，与高速路、地上轨道交通线或城市主干道的距离不应小于 80m。当距离不足时，应采取有效的隔声措施。
4.2.6.1　中小学校应设置集中绿地。集中绿地的宽度不应小于 8m。
4.3.2　各类小学的主要教学用房不应设在四层以上，各类中学的主要教学用房不应设在五层以上。
4.3.3　普通教室冬至日满窗日照不应少于 2h。
4.3.7　各类教室的外窗与相对的教学用房或室外运动场地边缘间的距离不应小于 25m。</td></tr>
<tr><td>6.2.2　中小学校的饮用水管线与室外公厕、垃圾站等污染源间的距离应大于 25.00m。
6.2.18　食堂与室外公厕、垃圾站等污染源间的距离应大于 25.00m。</td></tr>
</table>

规范	内容
《老年人照料设施建筑设计标准》 JGJ 450—2018	5.2.1 居室应有天然采光和自然通风条件，日照标准不应低于冬至日日照时数2h。
《城乡建设用地竖向规划规范》 CJJ 83—2016	4.0.7 高度大于2m的挡土墙和护坡，其上缘与建筑物的水平净距不应小于3m，下缘与建筑物的水平净距不应小于2m；高度大于3m的挡土墙与建筑物的水平净距还应满足日照标准要求。 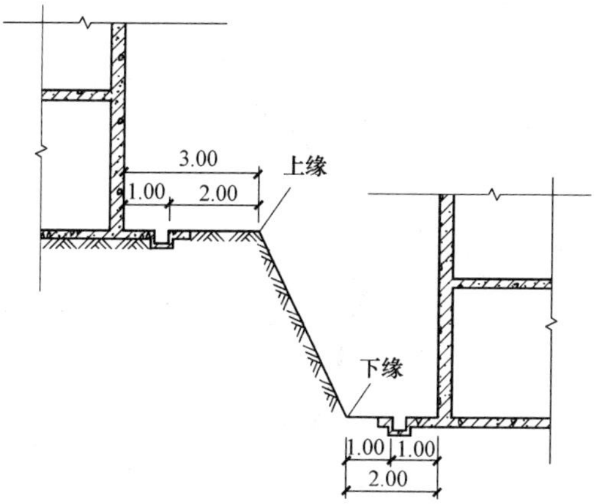
《城市道路工程设计规范》 CJJ 37—2012 （2016年版）	11.2.5 机动车停车场的设计应符合下列规定： 6 停车场出入口应有良好的通视条件，视距三角形范围内的障碍物应清除。
《车库建筑设计规范》 JGJ 100—2015	3.1.6 车库基地出入口的设计应符合下列规定： 5 机动车库基地出入口应具有通视条件，与城市道路连接的出入口地面坡度不宜大于5%； 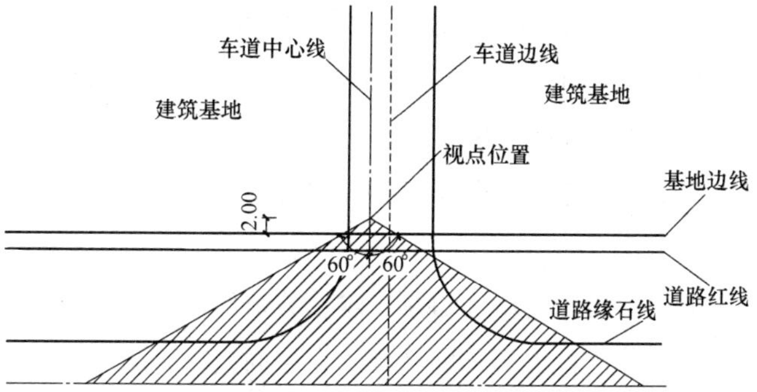 基地出入口必须保证良好的通视条件，并在车辆出入口设置明显的减速或停车等交通安全标识，提醒驾驶员出入口的存在，以保证行车辆出入时的安全。机动车经基地出入口汇入城市道路时，驾驶员必须保证良好的视线条件，通视要求参照行业标准《城市道路工程设计规范》CJJ 37—2012第11.2.9条，不应有遮挡视线障碍物的范围，应控制在距离出入口边线以内2m处作视点的120°范围内。如图1-15所示，设计应保证驾驶员在视点位置可以看到全部通视区范围内的车辆、行人情况。人行道的行道树不属于遮挡视线障碍物。

1.4 真题解析——掌握考试技巧

1.4.1 题目要求

如图 1-16 所示。

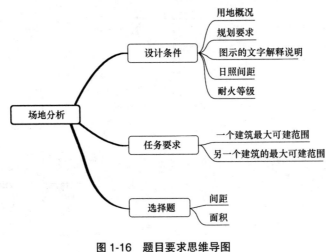

图 1-16 题目要求思维导图

1.4.2 解题步骤

（1）第一步，对试题情况进行预评估。

一般考试考察两个建筑的最大拟建范围，有时候也考察一个建筑的地上地下部分，分别用正斜线和反斜线表示。习惯上先做可建范围小的。所以，我们先要对整体情况进行预评估，一般来说，含有居住类的建筑，即含有日照遮挡的建筑或者遮挡其他建筑物的建筑需要先做，或者建筑高度高的建筑需要先做。

（2）第二步，根据外部退线条件做出规划退线，一般题目会给出用地界线、用地红线、道路红线等。

（3）第三步，根据拟建建筑和原有建筑的条件作出防火退线。这一步，首先要对拟建建筑和原有建筑的属性进行分析，即高层、多层的判断。防火退线对建筑的四周都有涉及。场地中可能会有很多个建筑，所以要一一作出，最后求出其中最大值。

（4）第四步，认清指北针的方位，根据拟建建筑和原有建筑的条件作出日照退线。拟建建筑有时候作为遮挡建筑，有时候作为被遮挡建筑，或者二者需要兼顾。日照退线在我们的考试中，只需退正面即可。场地中可能会有很多个建筑，所以要一一作出，最后求出其中最大值。

（5）第五步，场地中可能还会有其他条件，根据这些条件进行逐步分析和调整，做出最后图形，并且做出相关选择题。

附场地分析题目的"七言绝句"：

可建范围先做小，这样做错概率少

场地分析考退线，退完外部退里面

外部退线很多种，规划七线和界线

红线次次都要考，退线距离看条件

防火需要记规范，转角连接要画弧

日照题目都给定，正面退距乘系数

防噪防护污染源，偶尔边坡考退让

最后做出选择题，整理退线做填充

习题 1-1 2017 年考题

【设计条件】

某用地内拟建配套商业建筑，场地平面如图 1-17（a）所示。

用地内宿舍为保留建筑。

当地住宅、宿舍建筑的日照系数为 1.5。

拟建建筑后退城市道路红线不应小于 8m，后退用地红线不应小于 5m。

拟建建筑和既有建筑的耐火等级均为二级。

【任务要求】

对不同高度的拟建商业建筑的最大可建范围进行分析。

绘出 10m 高度的商业建筑的最大可建范围（用 ▨ 表示），标注相关尺寸。

绘出 21m 高度的商业建筑的最大可建范围（用 ▥ 表示），标注相关尺寸。

下列单选题每题只有一个最符合题意的选项，从各题中选择一个与作图结果对应的选项，用黑色墨水笔将选项对应的字母填写在括号中，同时用 2B 铅笔将答题卡对应题号选项信息点涂黑，二者必须一致，缺项不予评分。

【选择题】

1. 拟建 21m 高建筑最大可建范围距北面用地红线的最小距离为：（   ）（6 分）

[A] 5.00m   [B] 11.50m   [C] 16.50m   [D] 33.00m

2. 拟建 10m 高建筑最大可建范围距东侧 1 号住宅山墙的间距为：（   ）（4 分）

[A] 5.00m   [B] 6.00m   [C] 11.00m   [D] 13.00m

3. 拟建 21m 高建筑最大可建范围与用地内宿舍（保留建筑）西山墙的间距为：（   ）（4 分）

[A] 5.00m   [B] 6.00m   [C] 9.00m   [D] 13.00m

4. 拟建10m高建筑最大可建范围与21m高建筑最大可建范围的面积差约为:(   )（4分）

[A] 1095m² 　　　 [B] 1153m² 　　　　 [C] 147m² 　　　　 [D] 1477m²

【解题步骤和方法】

1. 梳理题目信息

拟建：两个多层商业建筑。

退线：退道路红线和用地红线。

日照：1.5。

原有建筑信息：图面和文字中给出。

最大可建范围：正反斜线表示。

耐火等级：二级。

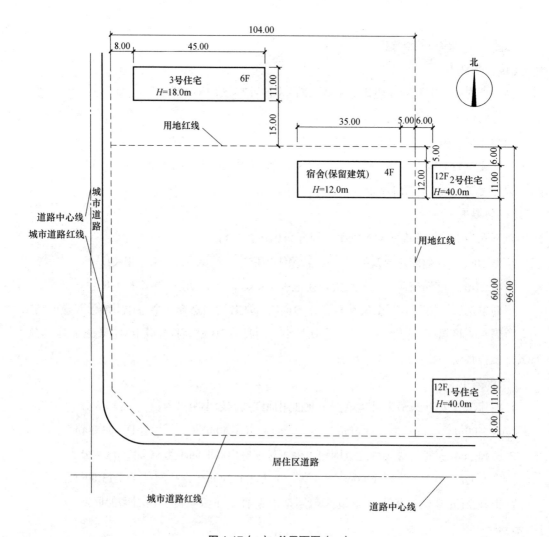

图 1-17（a） 总平面图（m）

2.确定拟建 21m 高度建筑可建范围

（1）拟建建筑退界

拟建建筑后退城市道路红线不应小于 8m，后退用地红线不应小于 5m。做辅助线，将辅助线连接起来。如图 1-17（b）所示。

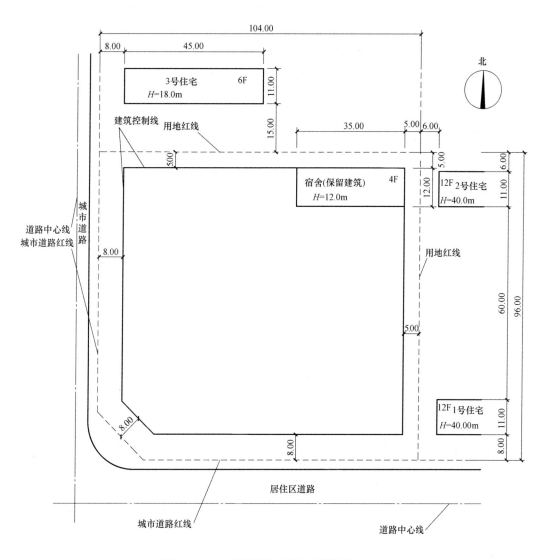

图 1-17（b） 总平面图：拟建建筑退界（m）

（2）拟建建筑防火退线

根据《建筑设计防火规范》GB 50016—2014，拟建 21m 高为多层建筑，与 3 号住宅、宿舍（保留建筑）防火距离为 6m；与 1 号住宅、2 号住宅防火距离为 9m。如图 1-17（c）所示，拟建建筑控制线已经满足 1、2、3 号住宅的防火间距，只需要画出与宿舍（保留建筑）的间距 6m 即可（注意其防火间距转角做 6m 的 1/4 圆弧线）。

防火退线与建筑控制线相交。

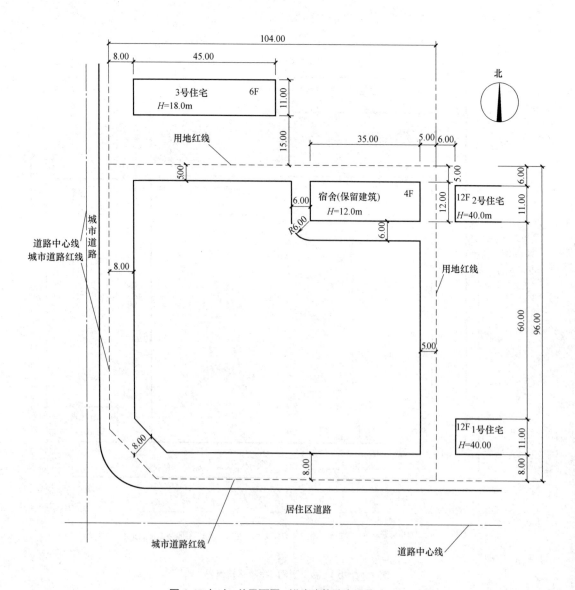

图 1-17（c）总平面图：拟建建筑防火退线（m）

（3）拟建建筑日照退线

拟建21m高建筑，遮挡3号住宅和宿舍（保留建筑）。依据当地日照间距系数为1.5，计算出日照间距为：H（建筑高度）$\times L$（日照间距系数）$=21.00m \times 1.5=31.50m$。距离3号住宅和宿舍（保留建筑）南侧外墙31.50m做辅助线，分别与建筑控制线相交。

将辅助线连接起来，即为拟建21m高建筑的可建范围。如图1-17（d）所示。

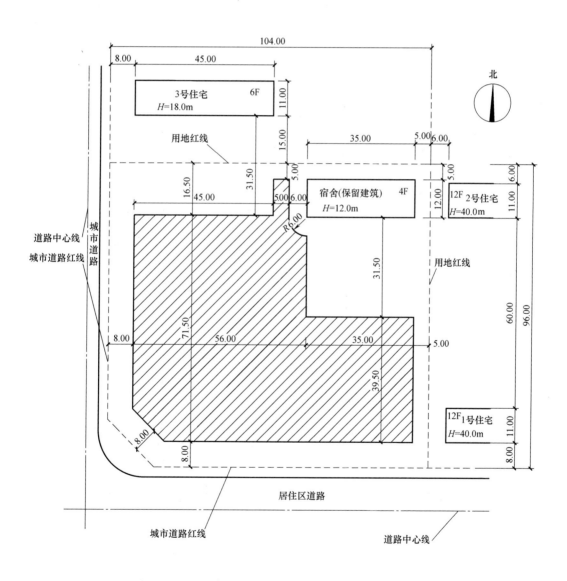

图1-17（d） 总平面图：拟建建筑日照退线

3.确定拟建 10m 高度建筑可建范围

（1）拟建建筑退界

与拟建 21m 高建筑相同，如图 1-17（b）。

（2）拟建建筑防火退线

与拟建 21m 高建筑相同，如图 1-17（c）。

（3）拟建建筑日照退线

拟建 10m 高建筑遮挡 3 号住宅和宿舍（保留建筑）。依据当地日照间距系数为 1.5，日照间距应为：H（建筑高度）$\times L$（日照间距系数）=10.00m$\times$1.5=15.00m。距离 3 号住宅和宿舍（保留建筑）南侧外墙 15.0m 做辅助线，分别与建筑控制线相交（与 3 号住宅日照已经满足条件）。如图 1-17（e）所示。

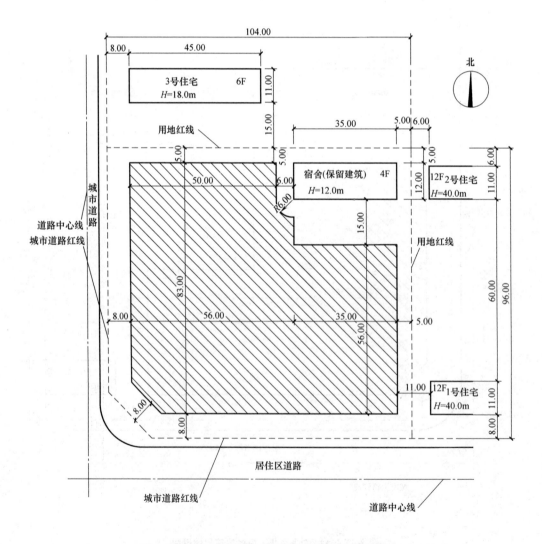

图 1-17（e） 总平面图：拟建 10m 高建筑可建范围（m）

4. 做出选择题答案

（1）拟建 21m 高建筑最大可建范围距北面用地红线的最小距离为：（A）（6分）

　[A] 5.00m　　　　[B] 11.50m　　　　[C] 16.50m　　　　[D] 33.00m

（2）拟建 10m 高建筑最大可建范围距东侧 1 号住宅山墙的间距为：（C）（4分）

　[A] 5.00m　　　　[B] 6.00m　　　　[C] 11.00m　　　　[D] 13.00m

（3）拟建 21m 高建筑最大可建范围与用地内宿舍（保留建筑）西山墙的间距为：（B）（4分）

　[A] 5.00m　　　　[B] 6.00m　　　　[C] 9.00m　　　　[D] 13.00m

（4）拟建 10m 高建筑最大可建范围与 21m 高建筑最大可建范围的面积差约为：（A）（4分）

　[A] 1095m^2　　　　[B] 1153m^2　　　　[C] 1470m^2　　　　[D] 1477m^2

（面积差为 45.00×11.50+35.00×16.5=1095m^2）

如图 1-17（f）所示。

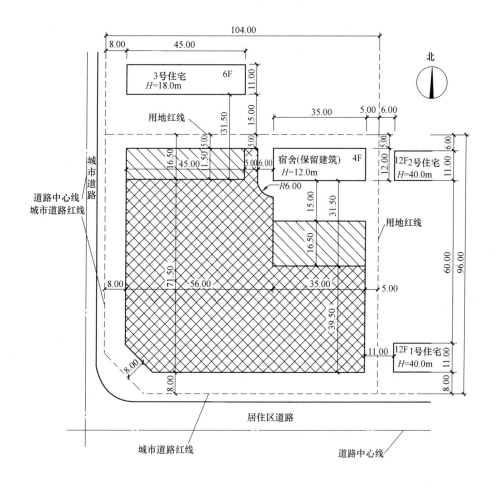

图 1-17（f）　总平面图

习题 1-2　2014 年考题

【设计条件】

某建设用地内拟建高层住宅和多层商业建筑，建设用地地势平坦，用地范围现状如图 1-18（a）所示。

规划要求：

1）拟建建筑后退用地界线不小于 5.00m；

2）拟建建筑后退河道边线不小于 20.00m；

3）拟建建筑后退道路红线：多层不小于 5.00m，高层不小于 10.00m；

该住宅建筑的日照间距系数为 1.5；

已建建筑和拟建建筑的耐火等级均为二级。

【任务要求】

绘出拟建高层住宅的最大可建范围（用 ▨ 表示），标注相关尺寸；

绘出拟建多层商业建筑的最大可建范围（用 ▨ 表示），标注相关尺寸；

下列单选题每题只有一个最符合题意的选项，从各题中选择一个与作图结果对应的选项，用黑色墨水笔将选项对应的字母填写在括号中，同时用 2B 铅笔将答题卡对应题号选项信息点涂黑，二者必须一致，缺项不予评分。

【选择题】

1. 拟建高层住宅最大可建范围与已建裙房 AB 段的间距为：（　　　）（4 分）

［A］9.00m　　　　［B］13.00m　　　　［C］15.00m　　　　［D］49.00m

2. 拟建多层商业建筑最大可建范围与既有已建高层建筑 CD 段的间距为：（　　　）（4 分）

［A］9.00m　　　　［B］12.00m　　　　［C］13.00m　　　　［D］17.00m

3. 拟建多层商业建筑最大可建范围线与东侧用地界线的间距为：（　　　）（4 分）

［A］5.00m　　　　［B］9.40m　　　　［C］10.00m　　　　［D］15.00m

4. 拟建高层住宅最大可建范围的面积约为：（　　　）（6 分）

［A］1560m²　　　　［B］1830m²　　　　［C］2240m²　　　　［D］3110m²

【解题步骤和方法】

1. 梳理题目信息

拟建：高层住宅和多层商业建筑。

退线：退用地界线、河道边线、道路红线。

日照：1.5。

原有建筑信息：图面和文字中给出。

最大可建范围：正反斜线表示。

耐火等级：二级。

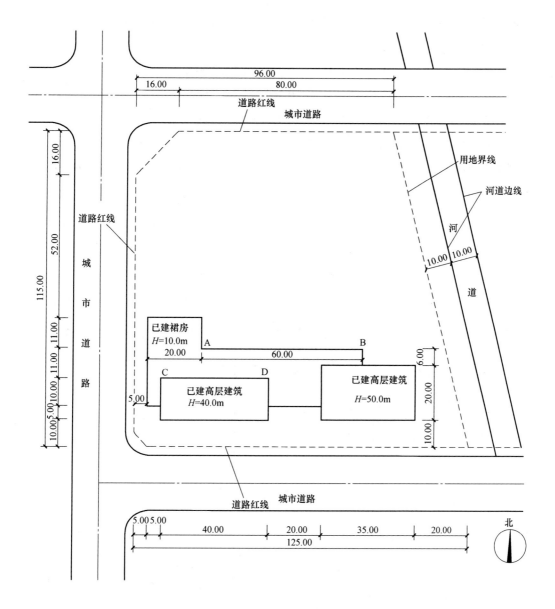

图 1-18（a） 总平面图（m）

2. 确定拟建高层住宅可建范围

（1）拟建建筑退界

拟建建筑后退用地界线不小于 5.00m；后退河道边线不小于 20.00m；后退道路红线不小于 10.00m；做辅助线，将辅助线连接起来。

（2）拟建建筑防火退线

根据《建筑设计防火规范》GB 50016—2006，拟建建筑为高层住宅，与已建高层住宅防火距离为 13m，与已建裙房防火距离为 9m（注意转角做圆弧线）；防火退线与建筑控制线相交。

（3）拟建建筑日照退线

依据当地日照间距系数为1.5，计算出拟建高层住宅，被原有建筑遮挡。

日照间距为：

H（建筑高度）×L（日照间距系数）=10.00m×1.5=15.00m

H（建筑高度）×L（日照间距系数）=40.00m×1.5=60.00m

H（建筑高度）×L（日照间距系数）=50.00m×1.5=75.00m

分别距离已建裙房和已建高层建筑北侧外墙做辅助线，分别与建筑控制线相交。

将辅助线连接起来，即为拟建高层住宅的可建范围，如图1-18（b）所示（注意50m高已建建筑对应的75m距离超出用地范围）。

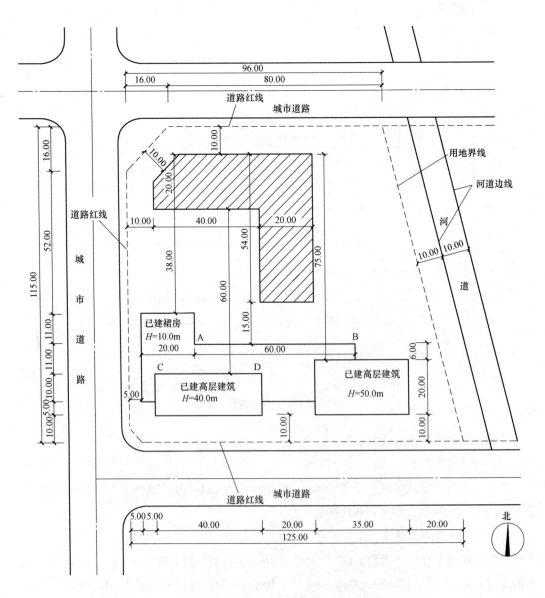

图1-18（b） 总平面图：拟建高层住宅可建范围（m）

3. 确定拟建多层商业建筑可建范围

（1）拟建建筑退界

拟建建筑后退用地界线不小于 5.00m；河道边线不小于 20.00m；后退道路红线不小于 5.00m；做辅助线，将辅助线连接起来。

（2）拟建建筑防火退线

根据《建筑设计防火规范》GB 50016—2006，拟建建筑为多层商业建筑，与已建高层住宅最小防火距离为 9m，与已建裙房最小防火距离为 6m（注意转角做圆弧线）；防火退线与建筑控制线相交（注意南侧两处小角）。

将辅助线连接起来，即为拟建多层商业建筑的可建范围，如图 1-18（c）所示。

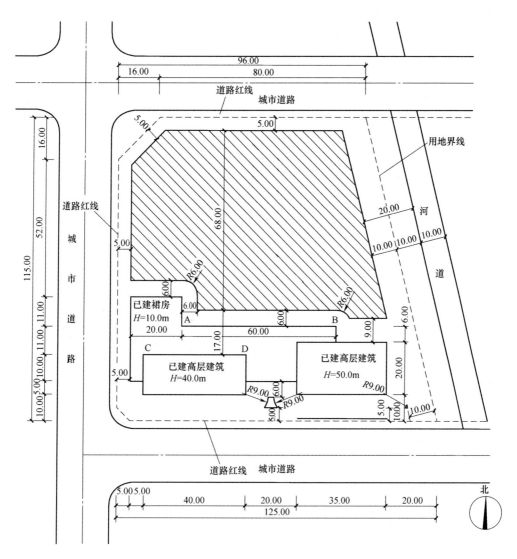

图 1-18（c） 总平面图：拟建多层商业建筑可建范围（m）

4. 做出选择题答案

（1）拟建高层住宅最大可建范围与已建裙房 AB 段的间距为：（C）（4分）

[A] 9.00m   [B] 13.00m   [C] 15.00m   [D] 49.00m

（2）拟建多层商业建筑最大可建范围与既有已建高层建筑 CD 段的间距为：（D）（4分）

[A] 9.00m   [B] 12.00m   [C] 13.00m   [D] 17.00m

（3）拟建多层商业建筑最大可建范围线与东侧用地界线的间距为：（C）（4分）

[A] 5.00m   [B] 9.40m   [C] 10.00m   [D] 15.00m

（4）拟建高层住宅最大可建范围的面积约为：（B）（6分）

[A] 1560m²   [B] 1830m²   [C] 2240m²   [D] 3110m²

高层住宅面积的计算：因为选择题选项面积相差较大，可以采用估算法。40×20+20×54=1880m²。也可以用相似三角形原理求出具体数值。

如图 1-18（d）所示。

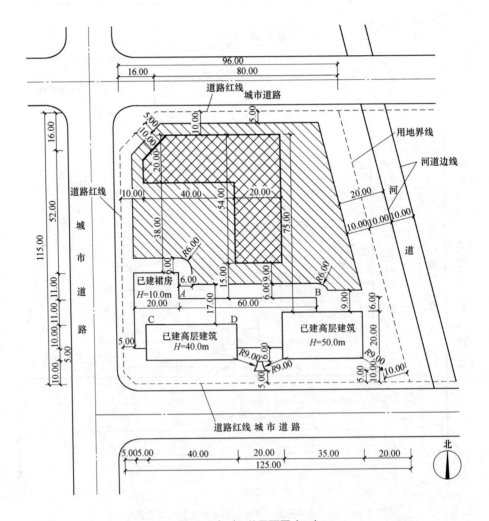

图 1-18（d） 总平面图（m）

【设计条件】

某用地内拟建办公建筑，场地平面如图 1-19（a）所示。

用地东北角界线外建有城市绿地水泵房，用地南侧城市道路下有地铁通道。

拟建办公建筑的控制高度为 30m。

当地住宅建筑的日照间距系数为 1.5。

规划要求：

1）拟建办公建筑地上部分后退城市道路红线不应小于 10m，后退用地界线不应小于 5m；

2）拟建办公建筑地下部分后退城市道路红线、用地界线不应小于 3m，后退地铁通道控制线不应小于 16m；

拟建办公建筑和用地界线外建筑的耐火等级均为二级。

【任务要求】

绘出拟建办公建筑地上部分最大可建范围（用 ▨ 表示），标注相关尺寸；

绘出拟建办公建筑地下部分最大可建范围（用 ▨ 表示），标注相关尺寸；

下列单选题每题只有一个最符合题意的选项，从各题中选择一个与作图结果对应的选项，用黑色墨水笔将选项对应的字母填写在括号中，同时用 2B 铅笔将答题卡对应题号选项信息点涂黑，二者必须一致，缺项不予评分。

【选择题】

1. 拟建办公建筑地下部分最大可建范围南边线与城市道路北侧红线的间距为：（   ）（3分）

[A] 6.00m   [B] 10.00m   [C] 16.00m   [D] 20.00m

2. 拟建办公建筑地下部分最大可建范围西边线与西侧住宅的间距为：（   ）（3分）

[A] 5.00m   [B] 8.00m   [C] 10.00m   [D] 13.00m

3. 拟建办公建筑地上部分最大可建范围线与城市绿地水泵房的间距为：（   ）（4分）

[A] 3.00m   [B] 6.00m   [C] 9.00m   [D] 13.00m

4. 拟建办公建筑地上部分最大可建范围线与北侧住宅的间距为：（   ）（4分）

[A] 15.00m   [B] 18.00m   [C] 25.00m   [D] 45.00m

5. 拟建办公建筑地下部分最大可建范围的面积是：（   ）（4分）

[A] 3779m²   [B] 4279m²   [C] 5040m²   [D] 5298m²

【解题步骤和方法】

1. 梳理题目信息

拟建：办公建筑的地上部分和地下部分

退线：退用地界线、道路红线、地铁通道控制线。

日照：1.5。

原有建筑信息：图面和文字中给出。

最大可建范围：正反斜线表示。

耐火等级：二级。

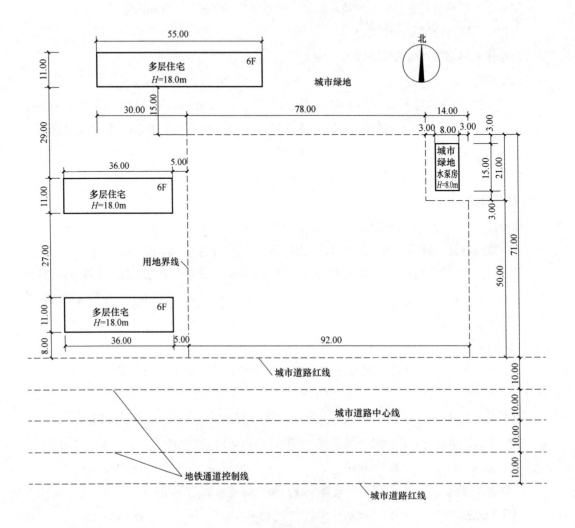

图 1-19（a） 总平面图（m）

2.确定拟建办公建筑地上部分可建范围

（1）拟建建筑退界

拟建办公建筑地上部分后退城市道路红线不应小于10m，后退用地界线不应小于5m；做辅助线，将辅助线连接起来（注意转角圆弧阴角的画法）。

（2）拟建建筑防火退线

根据《建筑设计防火规范》GB 50016—2006，拟建建筑为高层住宅，与已建多层住宅和城市绿地水泵房防火间距为9m（注意转角圆弧线）；防火退线与建筑控制线相交。

（3）拟建建筑日照退线

拟建办公建筑，遮挡原有建筑。

依据当地日照间距系数为1.5，计算日照间距为：

H（建筑高度）$\times L$（日照间距系数）$=30.00m \times 1.5=45.00m$

距离北侧已建多层住宅南侧外墙做辅助线，分别与建筑控制线相交。

将辅助线连接起来，即为拟建办公建筑地上部分的可建范围，如图1-19（b）所示。

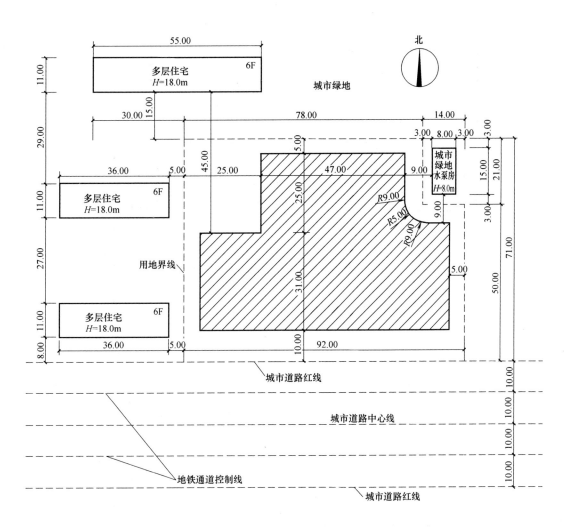

图1-19（b） 总平面图：拟建办公建筑地上部分可建范围（m）

3. 确定拟建办公建筑地下部分可建范围

（1）拟建建筑退界

拟建办公建筑地下部分后退城市道路红线、用地界线不应小于3m，后退地铁通道控制线不应小于16m；做辅助线，将辅助线连接起来（注意转角圆弧阴角的画法）。即为拟建办公建筑的可建范围，如图1-19（c）所示。

（2）拟建办公部分地下建筑面积

（92−3−3）×（71−6−3）=5332

（8+3+3）×（15+3+3）=294

$3×3−π×3×3/4=1.935$

5332−294+1.935=5039.935 ≈ 5040

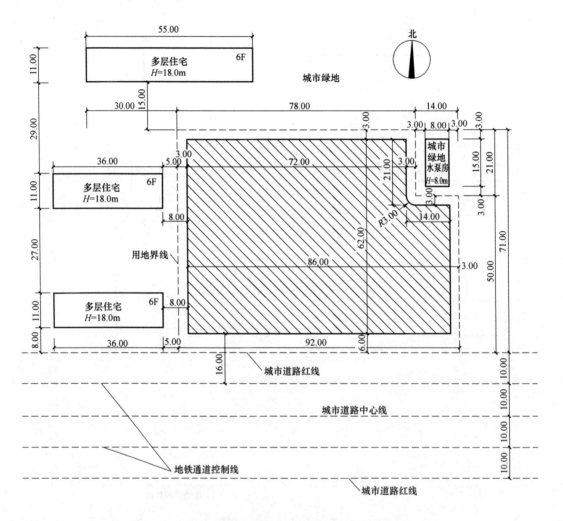

图1-19（c） 总平面图：拟建办公建筑地下部分可建范围（m）

4. 做出选择题答案

（1）拟建办公建筑地下部分最大可建范围南边线与城市道路北侧红线的间距为：（A）（3分）

　　[A] 6.00m　　　　　[B] 10.00m　　　　　[C] 16.00m　　　　　[D] 20.00m

（2）拟建办公建筑地下部分最大可建范围西边线与西侧住宅的间距为：（B）（3分）

[A] 5.00m   [B] 8.00m   [C] 10.00m   [D] 13.00m

（3）拟建办公建筑地上部分最大可建范围线与城市绿地水泵房的间距均为：（C）（4分）

[A] 3.00m   [B] 6.00m   [C] 9.00m   [D] 13.00m

（4）拟建办公建筑地上部分最大可建范围线与北侧住宅的间距为：（D）（4分）

[A] 15.00m   [B] 18.00m   [C] 25.00m   [D] 45.00m

（5）拟建办公建筑地下部分最大可建范围的面积是：（C）（4分）

[A] 3779m²   [B] 4279m²   [C] 5040m²   [D] 5298m²

如图1-19（d）所示。

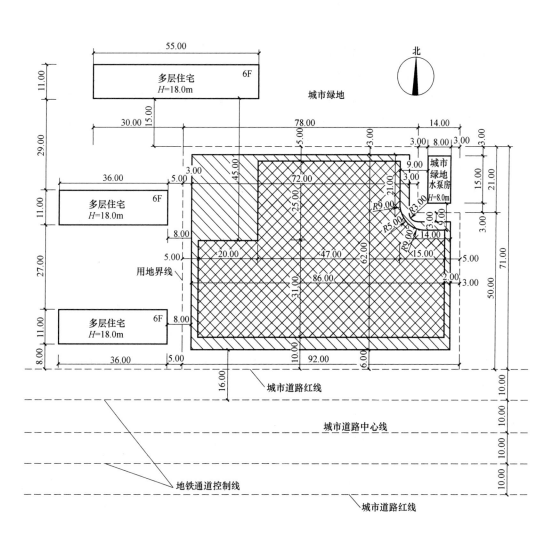

图1-19（d）总平面图（m）

【设计条件】

某建设用地内拟建由住宅和商业裙房组成的商住楼，用地范围如图 1-20（a）所示。

用地范围内有 35kV 架空高压电力线路穿过，其走廊宽度 12m。

拟建商住楼的建筑层数 9 层，高度为 30.4m，其中商业裙房的建筑层数 2 层，高度为 10m。

所有多、高层住宅日照均按日照间距控制，当地的日照间距系数为 1.5。

所有拟建多层建筑后退道路红线和用地界线 ≥ 5m，高层建筑后退道路红线和用地界线 ≥ 8m。

原有建筑和拟建建筑的耐火等级均不低于二级。

【任务要求】

绘制住宅和商业裙房用地的最大可建范围分析；

绘出拟建住宅的最大可建范围（用 ▨ 表示），标注相关尺寸；

绘出拟建商业裙房的最大可建范围（用 ▨ 表示），标注相关尺寸；

绘出架空高压电力线路走廊，标注相关尺寸；

下列单选题每题只有一个最符合题意的选项，从各题中选择一个与作图结果对应的选项，用黑色墨水笔将选项对应的字母填写在括号中，同时用 2B 铅笔将答题卡对应题号选项信息点涂黑，二者必须一致，缺项不予评分。

【选择题】

1. 北侧已建④住宅南面外墙与拟建商业裙房最大可建范围线的间距为：（   ）（5分）

［A］18.00m   ［B］22.50m   ［C］28.5m   ［D］34.50m

2. 北侧已建③住宅南面外墙与拟建住宅最大可建范围线的间距为：（   ）（4分）

［A］22.80m   ［B］28.81m   ［C］34.36m   ［D］45.60m

3. 东侧已建②住宅西面外墙与拟建住宅最大可建范围线的间距为：（   ）（5分）

［A］6.00m   ［B］8.00m   ［C］9.00m   ［D］13.00m

4. 南侧已建⑥住宅北面外墙与拟建住宅最大可建范围线的间距为：（   ）（4分）

［A］22.00m   ［B］25.00m   ［C］27.00m   ［D］30.00m

【解题步骤和方法】

1. 梳理题目信息

拟建：高层住宅楼（H=30.4m）和多层商业裙房（公建，H=10m）。

退线：退用地界线、道路红线、高压走廊。

日照：1.5。

原有建筑信息：图面和文字中给出。

最大可建范围：正反斜线表示。

耐火等级：二级。

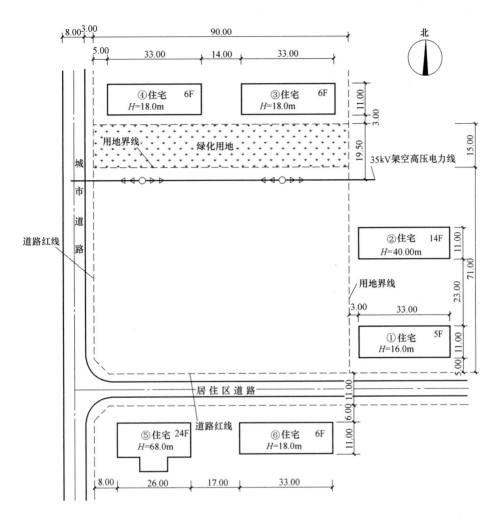

图 1-20（a） 总平面图（m）

2. 确定拟建高层住宅可建范围

（1）拟建建筑退界

高层建筑后退道路红线和用地界线 ≥ 8m，用地范围内有 35kV 架空高压电力线路穿过，其走廊宽度 12m（注意高压走廊单侧退线为 6m）。做辅助线，将辅助线连接起来。

（2）拟建建筑防火退线

根据《建筑设计防火规范》GB 50016—2006 拟建建筑为高层住宅，与已建①、③、④、⑥多住宅防火距离为 9m，与已建②、⑤高层住宅防火距离为 13m。而拟建建筑与南侧⑤⑥住宅和北侧③、④住宅的距离，以及与东侧①住宅退界线距离已经满足防火间距要求，只需做出与东侧②住宅的防火间距 13m 即可（注意转角圆弧线）；防火退线与建筑控制线相交。

（3）拟建建筑日照退线

拟建高层住宅遮挡北侧③、④住宅，也被⑤、⑥住宅遮挡。依据当地日照间距系数为

1.5，计算日照间距为（住宅部分的日照为裙房之上的部分，考试需要仔细分析题目）：

H（建筑高度）×L（日照间距系数）=（18–10）×1.5=12.00m

H（建筑高度）×L（日照间距系数）=（68–10）×1.5=87.00m

H（建筑高度）×L（日照间距系数）=30.40m×1.5=45.60m

距离北侧③、④住宅南侧外墙做辅助线，距离南侧⑤、⑥住宅北侧做辅助线（注意⑤住宅的日照退线超出建筑退界），分别与建筑控制线相交。

将辅助线连接起来，即为拟建高层住宅的可建范围，如图1-20（b）所示。

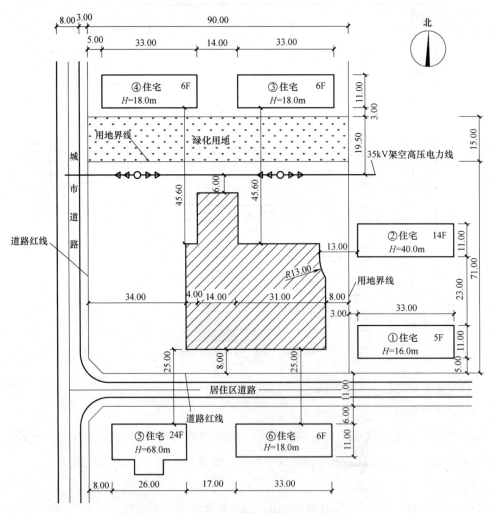

图1-20（b） 总平面图：拟建高层住宅可建范围（m）

3.确定拟建商业裙房可建范围

（1）拟建建筑退界

所有拟建多层建筑后退道路红线和用地界线≥5m，用地范围内有35kV架空高压电力线路穿过，其走廊宽度12m（注意高压走廊单侧退线为6m）。

（2）拟建建筑防火退线

根据《建筑设计防火规范》GB 50016—2006，拟建商业裙房为多层公建，与已建①③④⑥多层住宅防火距离为6m，与已建②⑤高层住宅防火距离为9m。而拟建建筑与南侧⑤⑥住宅和北侧③④住宅距离，与东侧①住宅的退界线距离已经满足防火间距要求，只需做出与东侧②住宅的防火间距9m即可（注意转角圆弧线）；防火退线与建筑控制线相交。

（3）拟建建筑日照退线

拟建多层公建遮挡北侧③、④住宅。依据当地日照间距系数为1.5，计算日照间距为：

H（建筑高度）$\times L$（日照间距系数）$=10.00\text{m}\times1.5=15.00\text{m}$

北侧③、④住宅与拟建建筑已有控制线距离已经满足日照退线要求，所以拟建多层公建建筑控制线与（2）重合。

如图1-20（c）所示。

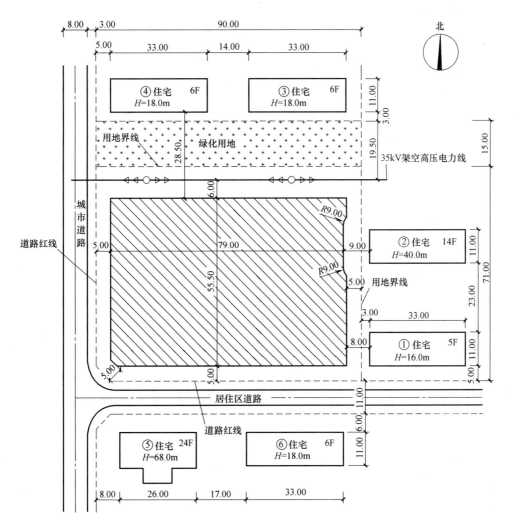

图 1-20（c） 总平面图：拟建商业裙房可建范围（m）

4. 做出选择题答案

（1）北侧已建④住宅南面外墙与拟建商业裙房最大可建范围线的间距为：（C）（5分）

[A] 18.00m　　　[B] 22.50m　　　[C] 28.5m　　　[D] 34.50m

（2）北侧已建③住宅南面外墙与拟建住宅最大可建范围线的间距为：（D）（4分）

[A] 22.80m　　　[B] 28.81m　　　[C] 34.36m　　　[D] 45.60m

（3）东侧已建②住宅西面外墙与拟建住宅最大可建范围线的间距为：（D）（5分）

[A] 6.00m　　　[B] 8.00m　　　[C] 9.00m　　　[D] 13.00m

（4）南侧已建⑥住宅北面外墙与拟建住宅最大可建范围线的间距为：（B）（4分）

[A] 22.00m　　　[B] 25.00m　　　[C] 27.00m　　　[D] 30.00m

如图 1-20（d）所示。

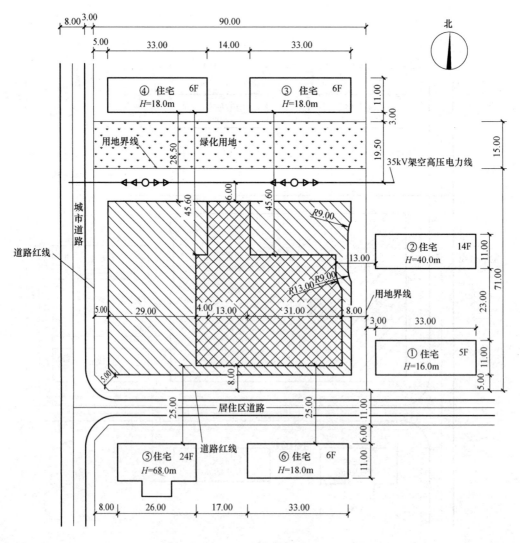

图 1-20（d）　总平面图（m）

【设计条件】

某居住小区建设用地地势平坦，用地内拟建高层住宅，用地范围如图 1-21（a）所示。

规划要求拟建建筑后退用地界线 ≥ 5.0m。

当地住宅建筑的日照间距系数为 1.2。

既有建筑和拟建建筑的耐火等级均为二级。

【任务要求】

为用地做两个方案的最大可建范围分析。

方案一：保留用地范围内的既有建筑；方案二：拆除用地范围的既有建筑。

绘出方案一的最大可建范围，用 [图案] 表示，标注相关尺寸。

绘出方案二的最大可建范围，用 [图案] 表示，标注相关尺寸。

下列单选题每题只有一个最符合题意的选项，从各题中选择一个与作图结果对应的选项，用黑色墨水笔将选项对应的字母填写在括号中，同时用 2B 铅笔将答题卡对应题号选项信息点涂黑，二者必须一致，缺项不予评分。

【选择题】

1. 方案一最大可建范围与既有建筑 AB 段的间距为：（　　　　）（4分）

［A］9.0m

［B］13.0m

［C］15.5m

［D］18.60m

2. 方案一最大可建范围与既有建筑 DE 段的间距为：（　　　　）（4分）

［A］6.0m

［B］9.0m

［C］13.0m

［D］15.0m

3. 方案二最大可建范围与既有建筑 CD 段的间距为：（　　　　）（4分）

［A］3.0m

［B］14.3m

［C］18.6m

［D］21.6m

4. 方案二与方案一最大可建面积的面积差为：（　　　　）（6分）

［A］671m²　　　［B］784m²　　　［C］802m²　　　［D］888m²

【解题步骤和方法】

1. 梳理题目信息

拟建：高层住宅楼（保留既有建筑和拆除既有建筑）。

退线：退用地界线。

日照：1.2。

原有建筑信息：图面和文字中给出。

最大可建范围：正反斜线表示。

耐火等级：二级。

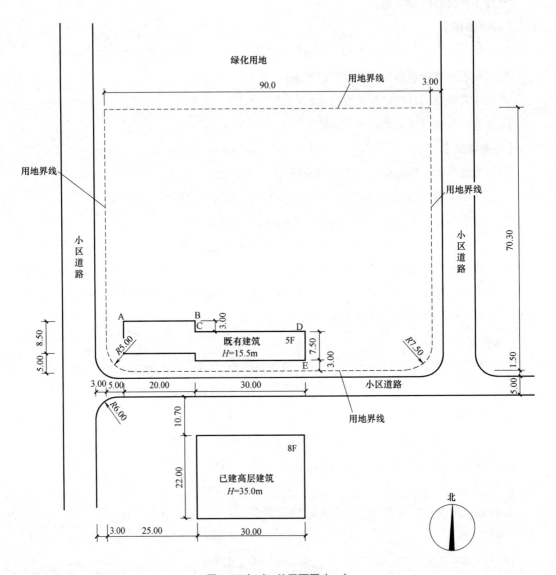

绿化用地

用地界线

90.0

3.00

用地界线

用地界线

70.30

小区道路

小区道路

8.50

5.00

R5.00

A

B

C

3.00

既有建筑

D

5F

H=15.5m

7.50

3.00

E

R7.50

1.50

5.00

3.00 5.00

20.00

30.00

小区道路

用地界线

R6.00

10.70

22.00

已建高层建筑

H=35.0m

8F

北

3.00

25.00

30.00

图 1-21（a） 总平面图（m）

2.确定方案一（保留即有建筑）拟建高层住宅可建范围

（1）拟建建筑退界

拟建建筑后退用地线≥5.0m。做辅助线，将辅助线连接起来。

（2）拟建建筑防火退线

根据《建筑设计防火规范》GB 50016—2006，拟建建筑为高层住宅，与既有多层建筑防火间距为9m（注意转角做圆弧线）；已建高层住宅和拟建建筑控制线的距离满足二者防火间距13m。防火退线与建筑控制线相交。

（3）拟建建筑日照退线

拟建高层住宅被南侧已建高层住宅和既有建筑遮挡。依据当地日照间距系数为1.2，计算日照间距为：

H（建筑高度）×L（日照间距系数）=35.00m×1.2=42.00m

H（建筑高度）×L（日照间距系数）=15.50m×1.2=18.60m

距离已建高层住宅和既有建筑北侧外墙做辅助线（注意两个建筑日照线的叠加），分别与建筑控制线相交。

将辅助线连接起来，即为拟建高层住宅方案一中的可建范围，如图1-21（b）所示。

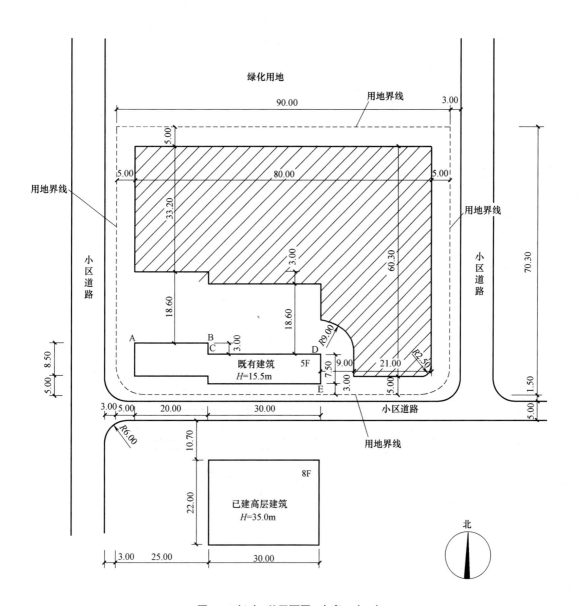

图 1-21（b）　总平面图：方案一（m）

3. 确定方案二（拆除既有建筑）拟建高层住宅可建范围

（1）拟建建筑退界

拟建建筑后退用地界线≥5.0m。做辅助线，将辅助线连接起来。

（2）拟建建筑防火退线

根据《建筑设计防火规范》GB 50016—2006，高层距离高层最小防火间距为13m，已建高层住宅和拟建建筑控制线的距离已满足二者最小防火间距13m。所以防火退线与（1）的建筑控制线相同。

（3）拟建建筑日照退线

拟建高层住宅被南侧已建高层建筑遮挡，依据当地日照间距系数为1.2，计算日照间距为：

H（建筑高度）×L（日照间距系数）=35.00m×1.2=42.00m

距离南侧已建高层建筑北侧外墙做辅助线，分别与建筑控制线相交。如图1-21（c）所示。

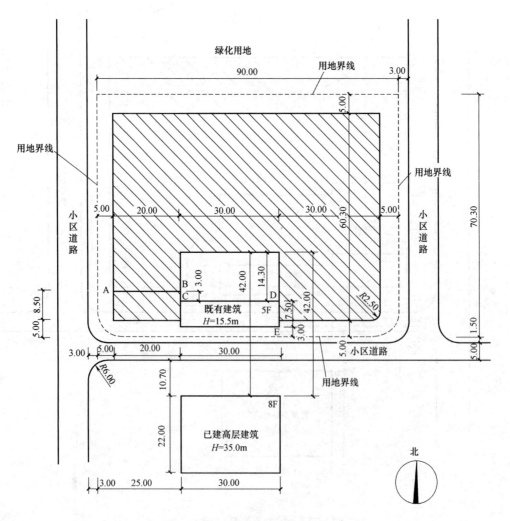

图1-21（c） 总平面图：方案二（m）

4.做出选择题答案

（1）方案一最大可建范围与既有建筑 AB 段的间距为：（D）（4分）

[A] 9.0m   [B] 13.0m   [C] 15.5m   [D] 18.60m

（2）方案一最大可建范围与既有建筑 DE 段的间距为：（B）（4分）

[A] 6.0m   [B] 9.0m   [C] 13.0m   [D] 15.0m

（3）方案二最大可建范围与既有建筑 CD 段的间距为：（B）（4分）

[A] 3.0m   [B] 14.3m   [C] 18.6m   [D] 21.6m

（4）方案二与方案一最大可建面积的面积差为：（B）（6分）

[A] 671m²   [B] 784m²   [C] 802m²   [D] 888m²

（18.6+8.5）×20+30×4.3+9×5.5+π×9×9/4 =784.085 ≈ 784

如图 1-21（d）所示。

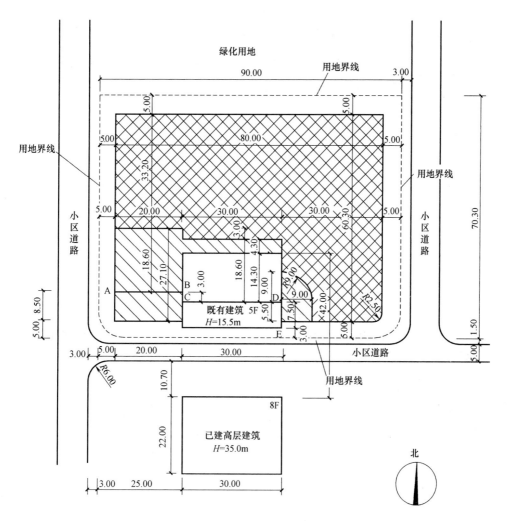

图 1-21（d） 总平面图（m）

习题1-6 2010年考题

【设计条件】

某中学预留用地如图1-22（a）所示，要求在已建门卫和风雨操场的剩余用地范围内作拟建教学楼和办公楼的最大可建范围分析，拟建建筑高度均不大于24m。

拟建建筑退城市道路红线≥8m，退校内道路边线≥5m。风雨操场南侧广场范围内不可布置建筑物。

预留用地北侧城市道路的机动车流量170辆/h。

教学楼的主要朝向应南北向，日照间距系数为1.5。

已建建筑和拟建建筑的耐火等级均为二级。

应满足中小学设计规范要求。

【任务要求】

给出教学楼最大可建范围（用▨▨▨表示），标注相关尺寸。

给出办公楼最大可建范围（用▨▨▨表示），标注相关尺寸。

下列单选题每题只有一个最符合题意的选项，从各题中选择一个与作图结果对应的选项，用黑色墨水笔将选项对应的字母填写在括号中，同时用2B铅笔将答题卡对应题号选项信息点涂黑，二者必须一致，缺项不予评分。

【选择题】

1.教学楼可建范围南向边线与运动场边线的距离为：（　　　）（4分）

[A]7.0m　　　　[B]12.0m　　　　[C]25.0m　　　　[D]35.0m

2.办公楼可建范围边线与风雨操场的最小间距为：（　　　）（4分）

[A]6.0m　　　　[B]9.0m　　　　[C]13.0m　　　　[D]25.0m

3.教学楼可建范围北向边线与北侧城市道路红线的距离为：（　　　）（4分）

[A]8.0m　　　　[B]25.0m　　　　[C]50.0m　　　　[D]80.0m

4.教学楼可建范围与办公楼可建范围面积差约为：（　　　）（6分）

[A]2100m^2　　　　[B]2254m^2　　　　[C]8112m^2　　　　[D]8350m^2

【解题步骤和方法】

1.梳理题目信息

拟建：多层办公楼和多层教学楼。

退线：退城市道路红线、校内道路边线（给出北侧城市道路机动车车流量）。

日照：1.5。

原有建筑信息：图面和文字中给出。

最大可建范围：正反斜线表示。

耐火等级：二级。

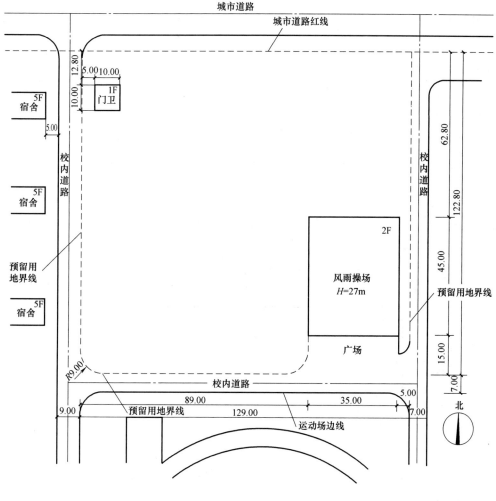

图 1-22（a） 总平面图

2. 确定拟建多层教学楼可建范围

（1）拟建建筑退界

退城市道路红线≥8m，退校内道路边线≥5m。风雨操场南侧广场范围内不可布置建筑物。

预留用地北侧城市道路的机动车流量 170 辆 /h。根据《中小学建筑设计规范》GB J99—1986 第 2.1.1 条规定，学校主要教学用房的外墙面与机动车流量超过 270 辆 /h 的道路同侧路边的距离应不小 80m。本题不受此距离限制。

根据《中小学建筑设计规范》GB J99—1986 第 2.3.6 条规定，教室的长边与运动场的间距不应小于 25m，因此，距离南侧运动场边线 25m 做辅助线与建筑控制线相交。

将各辅助线连接起来。

（2）拟建建筑防火退线

拟建建筑为多层教学楼，根据《建筑设计防火规范》GB 50016—2006，拟建建筑与门卫防火间距为 6m，与风雨操场防火距离为 9m（注意转角做圆弧线），防火退线与建筑控制线相交。

（3）拟建建筑日照退线

拟建多层教学楼被南侧风雨操场遮挡。依据当地日照间距系数为 1.5，计算日照间距为：

H（建筑高度）$\times L$（日照间距系数）$=27.00m \times 1.5 = 40.5m$

距离风雨操场北侧外墙做辅助线与建筑控制线相交。

将辅助线连接起来，即为拟建多层教学楼的可建范围，如图 1-22（b）所示。

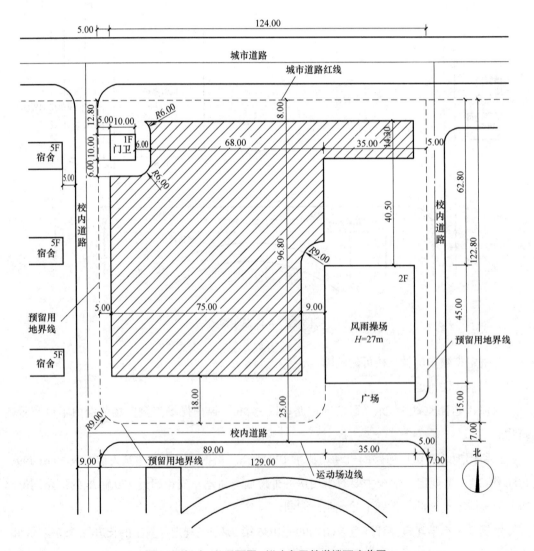

图 1-22（b） 总平面图：拟建多层教学楼可建范围

3. 确定拟建多层办公楼可建范围

（1）拟建建筑退界

退城市道路红线≥8m，退校内道路边线≥5m。风雨操场南侧广场范围内不可布置建筑物。做辅助线，将辅助线连接起来。

（2）拟建建筑防火退线

根据《建筑设计防火规范》GB 50016—2006，拟建建筑为多层教学楼，与门卫防火间距为6m，与风雨操场防火距离为9m（注意转角做圆弧线），防火退线与建筑控制线相交。

如图1-22（c）所示。

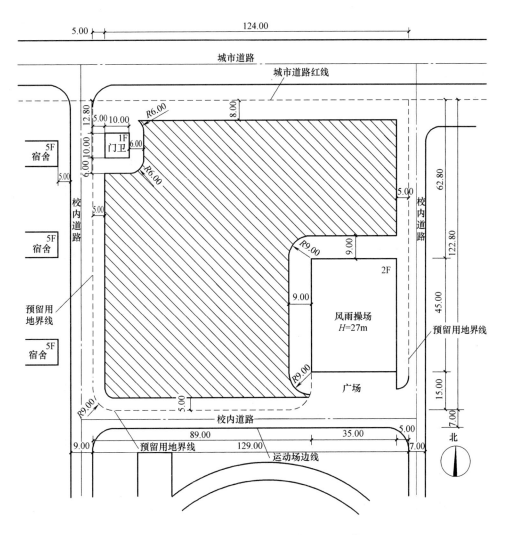

图1-22（c） 总平面图：拟建多层办公楼可建范围

4. 做出选择题答案

（1）教学楼可建范围南向边线与运动场边线的距离为：（C）（4分）

[A] 7.0m   [B] 12.0m   [C] 25.0m   [D] 35.0m

（2）办公楼可建范围边线与风雨操场的最小间距为：（B）（4分）

[A] 6.0m   [B] 9.0m   [C] 13.0m   [D] 25.0m

（3）教学楼可建范围北向边线与北侧城市道路红线的距离为：（A）（4分）

[A] 8.0m   [B] 25.0m   [C] 50.0m   [D] 80.0m

（4）教学楼可建范围与办公楼可建范围面积差约为：（A）（6分）

[A] 2100m²   [B] 2254m²   [C] 8112m²   [D] 8350m²

31.5×35+75×13+ π×9×9/4 =2141.085≈2100（本题为估算值）

如图1-22（d）所示。

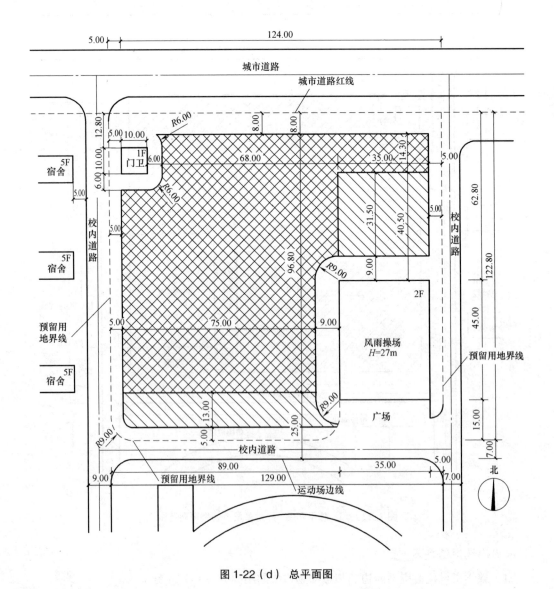

图1-22（d）总平面图

习题 1-7　2018 年考题

【设计条件】

某用地内拟建高层住宅建筑,场地平面如图 1-23(a)所示。

在用地内既有办公楼用于管理用房,用地北面为城市道路和商业用地。

用地住宅建筑的日照间距系数为 1.2。

拟建地上建筑,地下室后退城市道路红线不应小于 8m,退用地红线不应小于 5m。

拟建建筑地下室退相邻建筑不应小于 6m。

拟建建筑耐火等级为一级,既有建筑的耐火等级均为二级。

应符合国家现行有关规范的规定。

【任务要求】

对拟建高层住宅地上建筑,地下室的最大可建范围进行分析:

绘出拟建高层住宅地上建筑的最大可建范围(用 ▨ 表示)。

绘出拟建高层住宅建筑地下室的最大可建范围(用 ▧ 表示)。

下列单选题每题只有一个最符合题意的选项,从各题中选择一个与作图结果对应的选项,用 2B 铅笔将答题卡对应题号选项信息点涂黑。

【选择题】

1. 拟建高层住宅地上建筑最大可建范围与地铁站房南面的间距为:(　　　)(4 分)

[A]5.00m　　　　[B]9.00m　　　　[C]11.00m　　　　[D]13.00m

2. 拟建高层住宅地下室最大可建范围与用地内既有办公楼的间距为:(　　　)(6 分)

[A]5.00m　　　　[B]6.00m　　　　[C]8.00m　　　　[D]10.00m

3. 拟建高层住宅地上建筑最大可建范围与用地内既有办公楼北面的间距为:(　　　)(5 分)

[A]6.00m　　　　[B]9.00m　　　　[C]28.80m　　　　[D]32.44m

4. 拟建高层住宅地上建筑最大可建范围与用地内既有办公楼的防火间距:(　　　)(5 分)

[A]5.00m　　　　[B]9.00m　　　　[C]13.00m　　　　[D]18.00m

【解题步骤和方法】

1. 梳理题目信息

拟建:高层住宅的地上和地下。

退线:退用地红线和道路红线。

日照:1.2。

原有建筑信息:图面和文字中给出。

最大可建范围:正反斜线表示。

耐火等级:地上二级,地下一级。

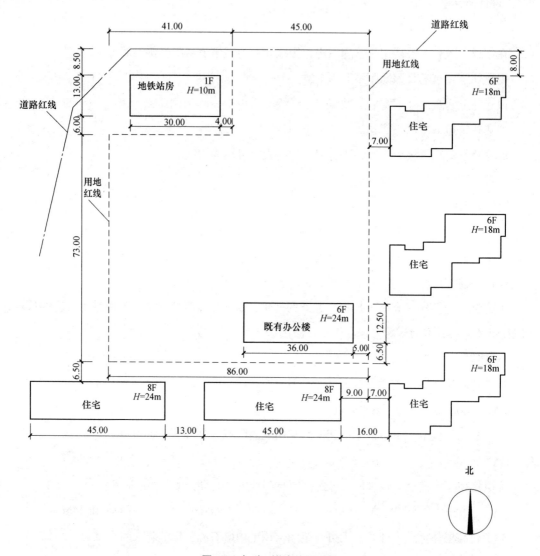

图 1-23（a） 拟建总平面图

2.确定拟建高层住宅地上部分可建范围

（1）拟建建筑退界

拟建地上建筑后退城市道路红线不应小于 8m，退用地红线不应小于 5m。做辅助线，将辅助线连接起来（注意西北角有阴角处理）。

（2）拟建建筑防火退线

根据《建筑设计防火规范》GB 50016—2014 高层距离多层防火间距为 9m，拟建建筑为高层住宅，与场地内和场地外已建的多层建筑防火距离为 9m（注意转角做圆弧线）；防火退线与建筑控制线相交。

（3）拟建建筑日照退线（当地日照间距系数为1.2）

拟建高层住宅，被原有建筑遮挡。

日照间距为：

H（建筑高度）×L（日照间距系数）=24.00m×1.2=28.80m

分别距离已建多层建筑北侧外墙做28.8m的平行线，与建筑控制线相交。

将辅助线连接起来，即为拟建高层住宅地上部分的可建范围。如图1-23（b）所示。

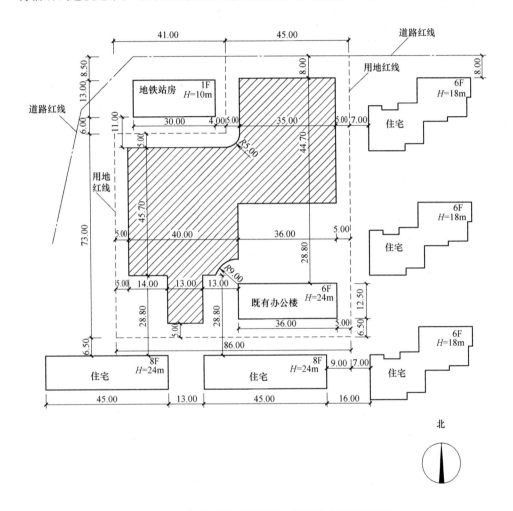

图1-23（b） 拟建高层住宅地上部分可建范围平面图

3. 确定拟建高层住宅建筑地下室可建范围

（1）拟建建筑退界

拟建地下室后退城市道路红线不应小于8m，退用地红线不应小于5m。做辅助线，将辅助线连接起来（注意西北角有阴角处理）。

（2）拟建建筑地下室退相邻建筑不应小于6m。注意转角的弧线处理将辅助线连接起来，即为地下建筑的可建范围。如图 1-23（c）所示。

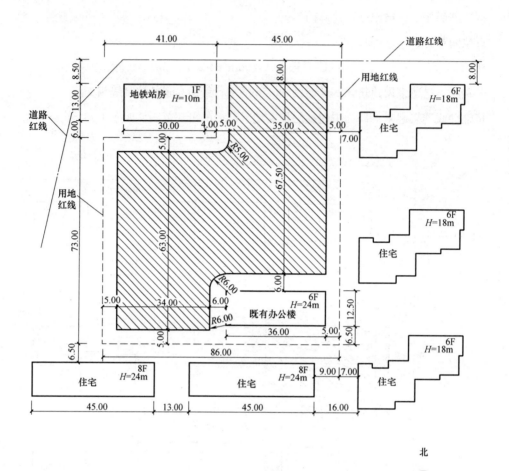

图 1-23（c） 拟建高层住宅地下部分可建范围平面图

4. 做出选择题答案

（1）拟建高层住宅地上建筑最大可建范围与地铁站房南面的间距为：（C）（4分）

[A] 5.00m　　　　 [B] 9.00m　　　　 [C] 11.00m　　　　 [D] 13.00m

（2）拟建高层住宅地下室最大可建范围与用地内既有办公楼的间距为：（B）（6分）

[A] 5.00m　　　　 [B] 6.00m　　　　 [C] 8.00m　　　　 [D] 10.00m

（3）拟建高层住宅地上建筑最大可建范围与用地内既有办公楼北面的间距为：（C）（5分）

[A] 6.00m　　　　 [B] 9.00m　　　　 [C] 28.80m　　　　 [D] 32.44m

（4）拟建高层住宅地上建筑最大可建范围与用地内既有办公楼的防火间距：（B）（5分）

[A] 5.00m　　　　 [B] 9.00m　　　　 [C] 13.00m　　　　 [D] 18.00m

如图 1-23（d）所示。

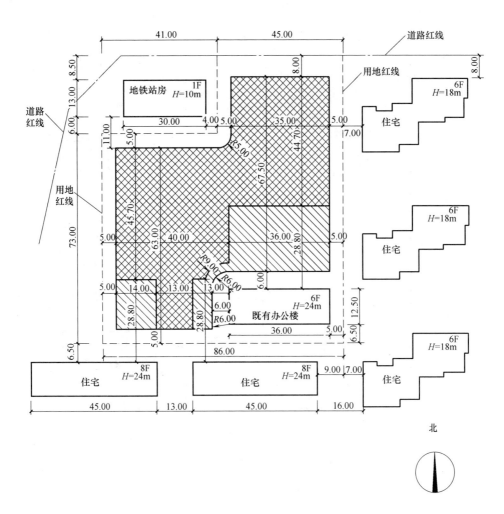

图 1-23（d） 拟建总平面完成图

习题 1-8 2019 年考题

【设计条件】

某用地内拟建建筑高度为 30.00m 的住宅建筑，用地平面如图 1-24（a）所示。

用地西北角有一条高压架空电力线穿过，高压线走廊宽度为 30.00m。

拟建建筑地上、地下后退道路红线不应小于 8.00m，后退用地红线不应小于 5.00m。

拟建建筑地下后退既有社区中心不应小于 5.00m。

当地住宅建筑的日照间距系数为 1.20。

拟建建筑及既有建筑的耐火等级均为二级。

应满足国家现行规范要求。

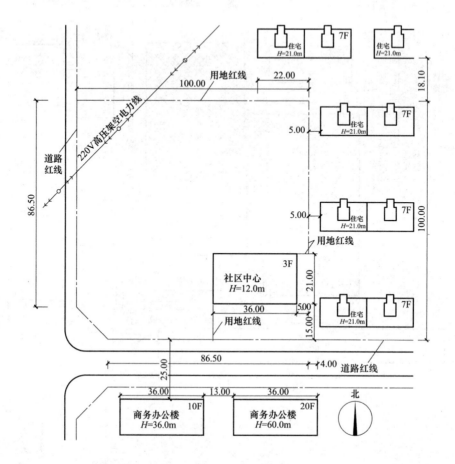

图 1-24（a） 总平面图

【任务要求】

对拟建住宅建筑地上、地下的最大可建范围进行分析：

绘出拟建住宅建筑地上的最大可建范围（用▨表示），标注相关尺寸。

绘出拟建住宅建筑地下的最大可建范围（用▨表示），标注相关尺寸。

绘出高压线走廊，标注相关尺寸。

下列单选题每题只有一个最符合题意的选项，从各题中选择一个与作图结果对应的选项，用 2B 铅笔将答题卡对应题号选项信息点涂黑。

【选择题】

（1）拟建住宅建筑地上最大可建范围与社区中心北侧的距离为：（   ）（6分）

    [A] 6.00m   [B] 9.00m   [C] 13.00m   [D] 14.40m

（2）拟建住宅建筑地下最大可建范围与北侧既有住宅的距离为：（　　）（6分）

[A] 23.10m　　　　[B] 24.10m　　　　[C] 26.10m　　　　[D] 27.10m

（3）拟建住宅建筑地上最大可建范围与高压线之间的距离为：（　　）（3分）

[A] 5.00m　　　　[B] 10.00m　　　　[C] 15.00m　　　　[D] 30.00m

（4）拟建住宅建筑地上最大可建范围与社区中心西侧的距离为：（　　）（5分）

[A] 6.00m　　　　[B] 9.00m　　　　[C] 11.00m　　　　[D] 13.00m

【解题步骤和方法】

1. 梳理题目信息

拟建：住宅建筑地上、地下。

退线：退用地红线和道路红线，地下退社区中心。

日照：1.2。

原有建筑信息：图面和文字中给出。

最大可建范围：正反斜线表示。

耐火等级：均为二级。

2. 确定拟建高层住宅地上部分最大可建范围

（1）拟建建筑退界

拟建建筑地上部分后退道路红线不应小于8.00m，后退用地红线不应小于5.00m。高压线走廊宽度为30.00m，从该高压线分别向两侧做15.00m的辅助线，做辅助线，将辅助线连接起来（注意有阴角处理的部分）。

（2）拟建建筑防火退线

根据《建筑设计防火规范》GB 50016—2014（2018版）高层距离多层为9.00m，拟建建筑为高层住宅，与场地外已建的多层建筑防火距离为9.00m（注意转角做圆弧线）；防火退线与建筑控制线相交。

（3）拟建建筑日照退线（当地日照间距系数为1.2）

拟建高层住宅，被原有建筑遮挡，同时又遮挡北边的原有住宅建筑。

日照间距为：

H（建筑高度）×L（日照间距系数）=36.00m×1.2=43.20m。

H（建筑高度）×L（日照间距系数）=12.00m×1.2=14.40m。

H（建筑高度）×L（日照间距系数）=30.00m×1.2=36.00m。

分别距离对应建筑做43.20m、14.40m、36.00m的平行线，与建筑控制线相交。

将辅助线连接起来，即为拟建高层住宅地上部分的可建范围。如图1-24（b）所示。

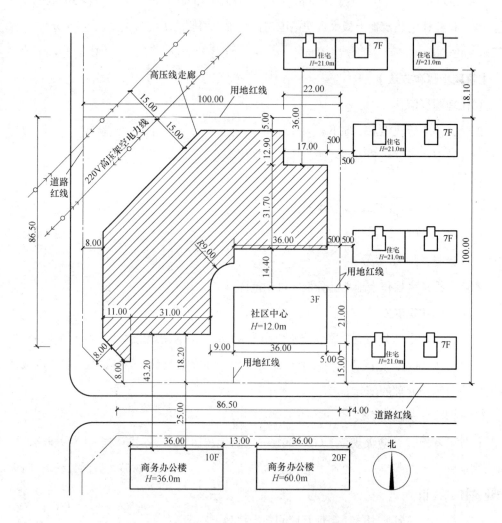

图 1-24（b） 拟建建筑地上部分最大可建范围总平面图

3.确定拟建高层住宅地下部分最大可建范围

（1）拟建建筑退界

拟建建筑地下部分后退道路红线不应小于8.00m，后退用地红线不应小于5.00m。高压线走廊无需退线。拟建住宅建筑地下最大可建范围与北侧既有住宅的距离为23.10m。

（2）拟建建筑地下部分后退既有社区中心不应小于5.00m。注意转角的弧线处理。

将辅助线连接起来，即为地下建筑的最大可建范围。如图1-24（c）所示。

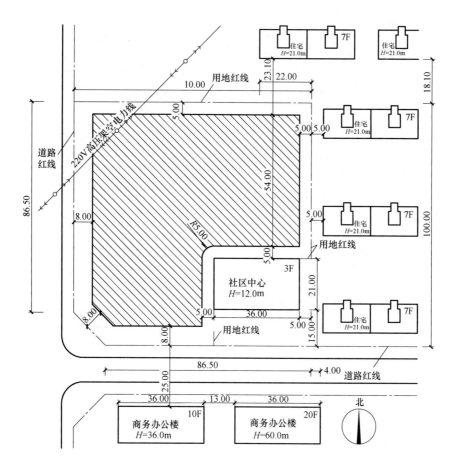

图 1-24（c） 拟建建筑地下部分最大可建范围总平面图

4. 做出选择题答案

（1）拟建住宅建筑地上最大可建范围与社区中心北侧的距离为：（D）（6分）

[A] 6.00m　　　　[B] 9.00m　　　　[C] 13.00m　　　　[D] 14.40m

（2）拟建住宅建筑地下最大可建范围与北侧既有住宅的距离为：（A）（6分）

[A] 23.10m　　　[B] 24.10m　　　[C] 26.10m　　　[D] 27.10m

（3）拟建住宅建筑地上最大可建范围与高压线之间的距离为：（C）（3分）

[A] 5.00m　　　　[B] 10.00m　　　[C] 15.00m　　　[D] 30.00m

（4）拟建住宅建筑地上最大可建范围与社区中心西侧的距离为：（B）（5分）

[A] 6.00m　　　　[B] 9.00m　　　　[C] 11.00m　　　[D] 13.00m

如图 1-24（d）所示。

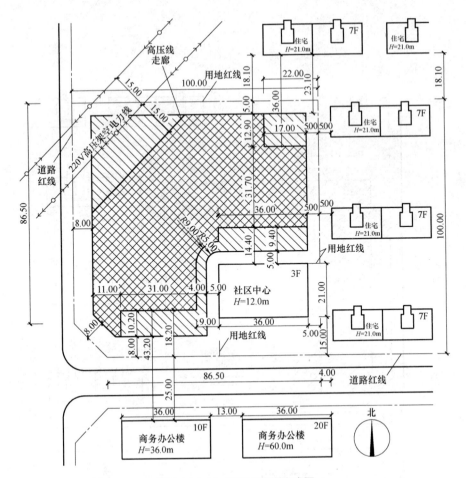

图 1-24（d）拟建总平面完成图

注：腾讯课堂手工演示希望对大家有所帮助。

第 2 章　场 地 剖 面

2.1　知识脉络——构建思维导图

场地剖面是从建筑剖面的角度对建筑可建范围及高度进行控制。同时要考虑保护古树、古建筑、防火间距及日照间距等来分析场地的建设情况，同时还涉及工程管线的综合布置问题。

如图 2-1 所示，场地剖面考的是两种题型，一种是一个建筑的最大可建范围，第二种是多个建筑的排序问题。

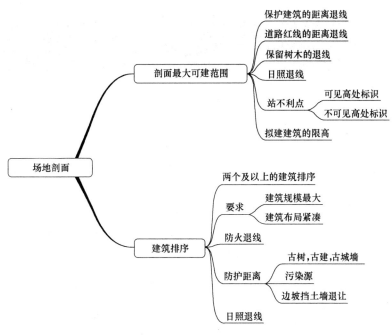

图 2-1　场地剖面思维导图

2.2　内容归纳——覆盖考试要点

场地剖面的部分设计要点已经在第 1 章场地分析中进行阐述。下面对车库的坡道式出入口进行研究，应符合下列规定：

（1）出入口可采用直线坡道、曲线坡道和直线与曲线组合坡道，其中直线坡道可选用内直坡道式、外直坡道式。

（2）出入口可采用单车道或双车道，坡道最小净宽应符合表2-1的规定。

坡道最小净宽   表2-1

形式	最小净宽（m）	
	微型、小型车	轻型、中型、大型车
直线单行	3.0	3.5
直线双行	5.5	7.0
曲线单行	3.8	5.0
曲线双行	7.0	10.0

注：此宽度不包括道牙及其他分隔带宽度。当曲线比较缓时，可以按直线宽度进行设计。
摘自《车库建筑设计规范》JGJ 100—2015中"表4.2.10-1 坡道最小宽度"。

（3）坡道的最大纵向坡度应符合表2-2的规定。

坡道的最大纵向坡度   表2-2

车型	直线坡道		曲线坡道	
	百分比（%）	比值（高：长）	百分比（%）	比值（高：长）
微型车、小型车	15.0	1：6.67	12	1：8.3
轻型车	13.3	1：7.5	10	1：10.0
中型车	12.0	1：8.3		
大型客车、大型货车	10.0	1：10	8	1：12.5

注：摘自《车库建筑设计规范》JGJ 100—2015中"表4.2.10-2 坡道的最大纵向坡度"。

（4）当坡道纵向坡度大于10%时，坡道上、下端均应设缓坡坡段，其直线缓坡段的水平长度不应小于3.6m，缓坡坡度应为坡道坡度的1/2；曲线缓坡段的水平长度不应小于2.4m，曲率半径不应小于20m，缓坡段的中心为坡道原起点或止点（图2-2）；大型车的坡道应根据车型确定缓坡的坡度和长度。

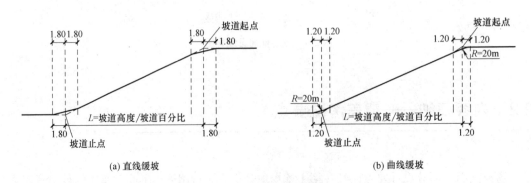

(a) 直线缓坡   (b) 曲线缓坡

图2-2　道路最大纵坡示意图

2.3 规范规定——方便理解记忆

场地剖面的一部分规范规定已经在第1章场地分析中进行了阐述。下面仅对工程管线的综合布置规范进行研究。

场地剖面规范一览表 表2-3

规范	内 容
《城市工程管线综合规划规范》GB 50289—2016	工程管线：为满足生活、生产需要，地下或架空敷设的各种专业管道和缆线的总称，但不包括工业工艺性管道。
	管线廊道：在城市规划中，为敷设地下或架空工程管线而控制的用地。
	覆土深度：工程管线顶部外壁到地表面的垂直距离。
	水平净距：工程管线外壁（含保护层）之间或管线外壁与建（构）筑物外边缘之间的水平距离。
	垂直净距：工程管线外壁（含保护层）之间或工程管线外壁与建（构）筑物外边缘之间的垂直距离。
	3.0.1 城市工程管线综合规划的主要内容应包括：协调各工程管线布局；确定工程管线的敷设方式；确定工程管线敷设的排列顺序和位置，确定相邻工程管线的水平间距、交叉工程管线的垂直间距；确定地下敷设的工程管线控制高程和覆土深度等。 3.0.5 工程管线综合规划应符合下列规定： 1 工程管线应按城市规划道路网布置； 2 各工程管线应结合用地规划优化布局； 3 工程管线综合规划应充分利用现状管线及线位； 4 工程管线应避开地震断裂带、沉陷区以及滑坡危险地带等不良地质条件区。 3.0.6 区域工程管线应避开城市建成区，且应与城市空间布局和交通廊道相协调，在城市用地规划中控制管线廊道。 3.0.7 编制工程管线综合规划时，应减少管线在道路交叉口处交叉。当工程管线竖向位置发生矛盾时，宜按下列规定处理： 1 压力管线宜避让重力流管线； 2 易弯曲管线宜避让不易弯曲管线； 3 分支管线宜避让主干管线； 4 小管径管线宜避让大管径管线； 5 临时管线宜避让永久管线。
	4.1.3 工程管线在道路下面的规划位置宜相对固定，分支线少、埋深大、检修周期短和损坏时对建筑物基础安全有影响的工程管线应远离建筑物。工程管线从道路红线向道路中心线方向平行布置的次序宜为：电力、通信、给水（配水）、燃气（配气）、热力、燃气（输气）、给水（输水）、再生水、污水、雨水。 4.1.4 工程管线在庭院内由建筑线向外方向平行布置的顺序，应根据工程管线的性质和埋设深度确定，其布置次序宜为：电力、通信、污水、雨水、给水、燃气、热力、再生水。 4.1.5 沿城市道路规划的工程管线应与道路中心线平行，其主干线应靠近分支管线多的一侧。工程管线不宜从道路一侧转到另一侧。 道路红线宽度超过40m的城市干道宜两侧布置配水、配气、通信、电力和排水管线。 4.1.6 各种工程管线不应在垂直方向上重叠敷设。 4.1.7 沿铁路、公路敷设的工程管线应与铁路、公路线路平行。工程管线与铁路、公路交叉时宜采用垂直交叉方式布置；受条件限制时，其交叉角宜大于60°。 4.1.8 河底敷设的工程管线应选择在稳定河段，管线高程应按不妨碍河道的整治和管线安全的原则确定，并应符合下列规定：

规范	内　　容
《城市工程管线综合规划规范》GB 50289—2016	1　在Ⅰ级～Ⅴ级航道下面敷设，其顶部高程应在远期规划航道底标高 2.0m 以下； 2　在Ⅵ级、Ⅶ级航道下面敷设，其顶部高程应在远期规划航道底标高 1.0m 以下； 3　在其他河道下面敷设，其顶部高程应在河道底设计高程 0.5m 以下。 4.1.9　工程管线之间及其与建（构）筑物之间的最小水平净距应符合本规范表 4.1.9 的规定。当受道路宽度、断面以及现状工程管线位置等因素限制难以满足要求时，应根据实际情况采取安全措施后减少其最小水平净距。大于 1.6MPa 的燃气管线与其他管线的水平净距应按现行国家标准《城镇燃气设计规范》GB 50028 执行。 表 4.1.9　工程管线之间及其与建（构）筑物之间的最小水平净距（m）（本书篇幅有限，此表参见规范） 4.2.1　当遇下列情况之一时，工程管线宜采用综合管廊敷设。 1　交通流量大或地下管线密集的城市道路以及配合地铁、地下道路、城市地下综合体等工程建设地段； 2　高强度集中开发区域、重要的公共空间； 3　道路宽度难以满足直埋或架空敷设多种管线的路段； 4　道路与铁路或河流的交叉处或管线复杂的道路交叉口； 5　不宜开挖路面的地段。 4.2.2　综合管廊内可敷设电力、通信、给水、热力、再生水、天然气、污水、雨水管线等城市工程管线。 4.2.3　干线综合管廊宜设置在机动车道、道路绿化带下，支线综合管廊宜设置在绿化带、人行道或非机动车道下。综合管廊覆土深度应根据道路施工、行车荷载、其他地下管线、绿化种植以及设计冰冻深度等因素综合确定。

2.4　解题步骤——掌握考试技巧

2.4.1　题目要求

如图 2-3 所示。

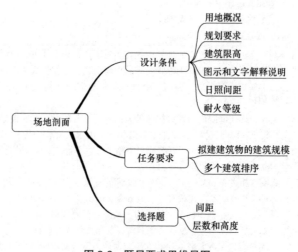

图 2-3　题目要求思维导图

2.4.2 解题步骤

（1）第一步，对试题情况进行预评估。

分析考剖面最大可建范围，或者是建筑的布局紧凑情况。并且根据建筑的限高分析拟建的是高层还是多层。

（2）第二步，根据外部退线条件作出规划退线，一般题目会给出道路红线，距离场地原有点的退线。

（3）第三步，根据原有建筑的属性作出防火退线，高层、多层、裙房等要分清楚。

（4）第四步，看清太阳在哪里，分析出遮挡建筑和被遮挡建筑。画出日照斜线，有时候需要正画，有时候需要反画，因为手工画图有误差，日照斜线只是作为估算值，实际的尺寸需要经过计算，即建筑高度 × 日照系数。

（5）第五步，场地中可能还会有其他条件，根据这些条件进行逐步分析和调整，作出最后图形。并且做出相关选择题。

附场地剖面题目的"七言绝句"：

> 场地剖面分两类，可建范围和排队
> 一个建筑是可建，多个建筑是排队
> 退线一定放在先，原有条件先退完
> 经常你站不利点，结合限高做测算
> 防火仍是大问题，六米九米十三米
> 日照必须画斜线，数据还得靠计算
> 太阳在哪哪是南，阴影里面摆公建
> 最后做出选择题，建筑轮廓描粗线

习题 2-1　2017 年考题

【设计条件】

某建设用地沿正南北向布置的场地剖面如图 2-4（b）所示。

在建设用地上拟建住宅楼两栋，其中一栋住宅楼的一、二层设置为商业服务网点（商业服务网点的层高为 4.50m），住宅楼中每层住宅楼的层高为 3.00m，剖面示意如图 2-4（a）所示。

规划要求：该建筑限高为 40.00m，设置商业服务网点的住宅楼沿城市道路布置，后退道路红线不小于 15.00m。

已建、拟建建筑均为条形建筑，正南北向布置，耐火等级均为二级。

当地住宅建筑的日照间距系数为 1.5。（作图时建筑室内的高度及女儿墙高度不计）

应满足国家有关规范要求。

【任务要求】

根据设计条件场地剖面图上绘出拟建建筑物，要求拟建建筑的建设规模（面积）最大。

标注各建筑物之间及建筑物与道路红线之间的距离，标注建筑层数及高度。

下列单选题每题只有一个最符合题意的选项，从各题中选择一个与作图结果对应的选项，用黑色绘图笔将选项对应的字母填写在括号中，同时用 2B 铅笔将答题卡对应题号选项信息点涂黑，二者必须一致，缺项不予评分。

【选择题】

1. 拟建住宅楼与其南侧已建多层住宅楼的最小间距为：(　　　)（3分）

[A] 6.00m　　　　　[B] 9.00m　　　　　[C] 10.00m　　　　　[D] 18.00m

2. 拟建两栋住宅楼的间距为：(　　　)（5分）

[A] 34.50m　　　　　[B] 40.50m　　　　　[C] 43.50m　　　　　[D] 45.00m

3. 拟建未设置商业服务网点的住宅楼的层数为：(　　　)（5分）

[A] 11层　　　　　[B] 12层　　　　　[C] 13层　　　　　[D] 14层

4. 拟建设置商业服务网点的住宅楼中住宅部分的层数为：(　　　)（5分）

[A] 9层　　　　　[B] 10层　　　　　[C] 12层　　　　　[D] 13层

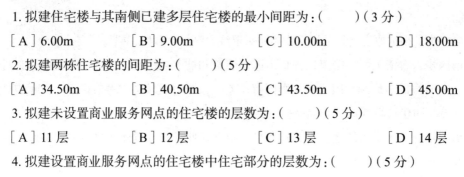

图 2-4（a）　拟建建筑示意图（m）

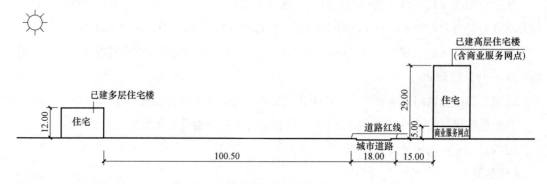

图 2-4（b）　拟建场地剖面图（m）

【解题步骤和方法】

1. 梳理题目信息

拟建：两栋住宅楼（其中一栋为商业服务网点）。

要求：拟建建筑的建设规模（面积）最大。

退线：网点住宅退道路红线不小于15m，且沿城市道路布置。

日照：1.5。

原有建筑信息：图面和文字中给出。

耐火等级：二级。

2. 确定拟建商业服务网点住宅的位置及高度、层数

设置商业服务网点的住宅楼沿城市道路布置，后退道路红线不小于15.00m。建筑限高为40m。保证建设规模最大，同时需要满足北侧原有高层住宅楼的日照要求。画出日照线和限高线。得出该拟建网点住宅建筑最高为39m（2×4.5+10×3=39m）。从而得出日照间距：H（建筑高度）×L（日照间距系数）=（39-5）×1.5=51.00m。此时，距离道路红线为18m（如果距离道路红线15m，则建筑最高为36m，而南侧拟建住宅仍然不能增加层数）。如图2-4（c）所示。

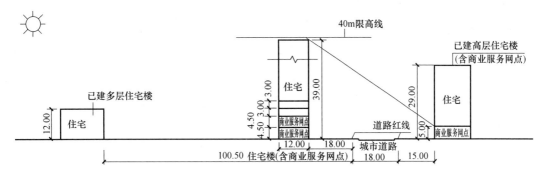

图2-4（c） 拟建商业网点住宅楼位置剖面图（m）

3. 确定拟建住宅的位置及高度、层数

（1）原有多层住宅楼和拟建高层住宅楼的日照间距为：H（建筑高度）×L（日照间距系数）=12×1.5=18.00m。大于二者防火间距9m。

（2）拟建高层住宅楼的层数和高度需由场地剖面所余下的距离反算得出。100.5-18-12-18-12=40.50m。由此得出，高度为40.5/1.5+9=36.00m。12层。如图2-4（d）所示。

4. 做出选择题答案

（1）拟建住宅楼与其南侧已建多层住宅楼的最小间距为：（D）（3分）

[A] 6.00m　　　　[B] 9.00m　　　　[C] 10.00m　　　　[D] 18.00m

（2）拟建两栋住宅楼的间距为：（B）（5分）

[A] 34.50m　　　　[B] 40.50m　　　　[C] 43.50m　　　　[D] 45.00m

（3）拟建未设置商业服务网点的住宅楼的层数为：（B）（5分）

[A]11层   [B]12层   [C]13层   [D]14层

（4）拟建设置商业服务网点的住宅楼中住宅部分的层数为：（B）（5分）

[A]9层   [B]10层   [C]12层   [D]13层

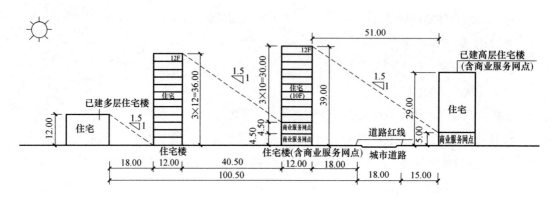

图2-4（d） 拟建场地剖面完成图（m）

习题2-2 2014年考题

【设计条件】

某医院用地内有一栋保留建筑，用地北侧有一栋三层老年公寓，场地剖面如图2-5（b）所示。

拟在医院用地内AB点之间进行改建、扩建，保留建筑改建为门、急诊楼，拟建一栋贵宾病房楼、一栋普通病房楼（底层作为医技用房，二层及以上作为普通病房）。

贵宾病房楼为4层，建筑层高均为4m，总高度16m。普通病房楼底层层高5.5m，二层及以上建筑层高均4m，层数通过作图决定。如图2-5（a）所示

拟建建筑高度计算均不考虑女儿墙高度及室内外高差，建筑顶部不设置退台。

建筑物退界，多层建筑退场地变坡点A不小于5m，高层建筑退场地变坡点A不小于8m，病房建筑、老年公寓建筑的日照间距系数为2.0，保留及拟建建筑均为条形建筑且正南北向布置，耐火等级均为二级。

应满足国家有关规范要求。

【任务要求】

在场地剖面上绘出贵宾病房楼及普通病房楼的位置，使两栋病房楼间距最大且普通病房楼层数最多。

标注拟建建筑与保留建筑之间的相关尺寸。

下列单选题每题只有一个最符合题意的选项，从各题中选择一个与作图结果对应的选项，用黑色绘图笔将选项对应的字母填写在括号中，同时用2B铅笔将答题卡对应题号选项信息点涂黑，二者必须一致，缺项不予评分。

【选择题】

1. 拟建建筑与 A 点的间距为:（   ）（6分）

　[A] 5.0m　　　　　[B] 6.0m　　　　　[C] 7.0m　　　　　[D] 8.0m

2. 贵宾病房楼与普通病房楼的间距为:（   ）（6分）

　[A] 21.0m　　　　[B] 22.0m　　　　　[C] 25.0m　　　　　[D] 28.0m

3. 普通病房楼的高度为:（   ）（6分）

　[A] 41.5m　　　　[B] 45.5m　　　　　[C] 49.5m　　　　　[D] 53.5m

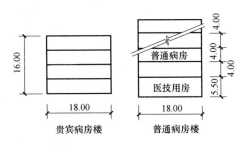

图2-5（a）　拟建建筑示意图

图2-5（b）　拟建场地剖面图（m）

【解题步骤和方法】

1. 梳理题目信息

拟建：贵宾病房楼和普通病房楼。

要求：两栋病房楼间距最大且普通病房楼层数最多。

退线：退场地变坡点 A 点。

日照：2.0。

原有建筑信息：图面和文字中给出。

耐火等级：二级。

2. 确定拟建贵宾病房楼的位置

贵宾病房楼层数和高度题目已经给出，4层，建筑层高均为4m，总高度16m。贵宾病房楼需要日照，如果放在拟建病房楼和保留建筑的中间，则影响拟建普通病房楼的高度。题目同时要求两栋病房楼间距最大且普通病房楼层数最多。所以拟建贵宾病房楼位于场地南侧，退场地变坡点A点5m。如图2-5（c）所示。

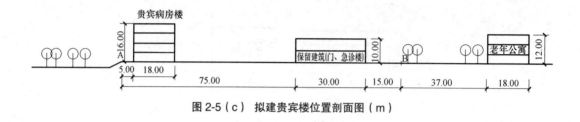

图2-5（c） 拟建贵宾楼位置剖面图（m）

3. 确定拟建普通病房楼的位置及高度、层数

（1）从选择题3的各个选项中可以看出，拟建普通病房楼为高层公建，根据《建筑设计防火规范》GB 50016—2006高层距离多层为9m。所以，普通病房楼与保留建筑的防火间距为9m。而根据《综合医院建筑设计规范》GB 51039—2014第4.2.6病房建筑的前后间距应满足日照和卫生间距要求，且不宜小于12m。由此得出，普通病房楼与保留建筑的距离为12m。

（2）此时，普通病房楼和原有老年公寓之间距离为12+30+15+37=94.00m。从而得出，拟建普通病房楼的建筑高度为最高47.00m。该楼底层医技用房高度为5.5m，所以，建筑高度为45.50m，总层数为11层，其中病房层为10层。此时两栋病房楼间距为22.00m。

（3）从南侧开始计算得出：贵宾病房楼和拟建普通病房楼的日照间距为：H（建筑高度）×L（日照间距系数）=（16-5.5）×2.0=21.00m。题目要求两栋病房楼间距最大，所以间距为22m为最大。如图2-5（d）所示。

4. 做出选择题答案

（1）拟建建筑与A点的间距为：（A）（6分）

[A] 5.0m [B] 6.0m [C] 7.0m [D] 8.0m

（2）贵宾病房楼与普通病房楼的间距为：（B）（6分）

[A] 21.0m [B] 22.0m [C] 25.0m [D] 28.0m

（3）普通病房楼的高度为：（B）（6分）

[A] 41.5m [B] 45.5m [C] 49.5m [D] 53.5m

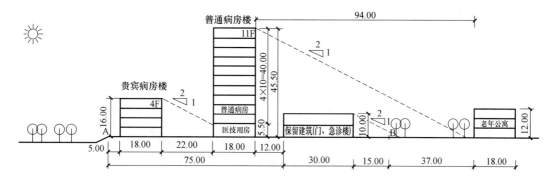

图 2-5（d） 拟建场地剖面完成图（m）

习题 2-3　2013 年考题

【设计条件】

某丘陵地区养老院的场地剖面如图 2-6（b）所示，场地南侧为已建 11 层老年公寓楼，其中一、二层为活动用房，场地北侧为已建 5 层老年公寓楼，其中一层为停车库。

在上述二栋建筑间拟建 2 层服务楼、9 层老年公寓楼各一栋，如图 2-6（a）所示，并在同一台地上设置一室外集中场地。

规划要求建筑物退场地变坡点 A 不小于 12m，当地老年公寓日照间距系数为 1.5。

已建及拟建建筑为正南北方向布置，耐火等级均为二级。

应满足国家有关规范要求。

【任务要求】

在场地剖面上绘出拟建建筑，使室外集中场地最大且日照条件最优。

标注拟建建筑与已建建筑之间的相关尺寸。

下列单选题每题只有一个最符合题意的选项，从各题中选择一个与作图结果对应的选项，用黑色绘图笔将选项对应的字母填写在括号中，同时用 2B 铅笔将答题卡对应题号选项信息点涂黑，二者必须一致，缺项不予评分。

【选择题】

1. 拟建建筑与已建 11 层老年公寓之间的最近距离为：（　　　　）（6 分）

[A] 6.0m　　　　[B] 9.0m　　　　[C] 57.0m　　　　[D] 63.0m

2. 室外集中场地的进深为：（　　　　）（6 分）

[A] 45.0m　　　　[B] 57.0m　　　　[C] 63.0m　　　　[D] 67.50m

3. 拟建建筑与 5 层老年公寓之间的最近水平距离为：（　　　　）（6 分）

[A] 36.0m　　　　[B] 54.0m　　　　[C] 58.5m　　　　[D] 91.5m

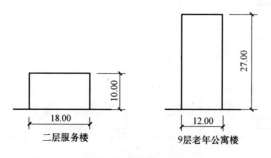

二层服务楼   9层老年公寓楼

图 2-6（a） 拟建建筑示意图（m）

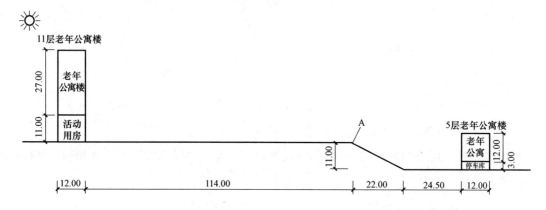

图 2-6（b） 拟建场地剖面图

【解题步骤和方法】

1. 梳理题目信息

拟建：2 层服务楼（多层公建）和 9 层老年公寓楼（高层公建）以及室外集中场地（同一平台上）

要求：室外集中场地最大且日照条件最优。

退线：退场地变坡点 A 点。

日照：1.5。

原有建筑信息：图面和文字中给出。

耐火等级：二级。

2. 确定拟建 2 层服务楼的位置

（1）充分理解"室外集中场地最大且日照条件最优"的概念，即为集中场地剖面宽度最大，并且不在阴影范围内的集中场地剖面宽度最大。

（2）拟建 2 层服务楼高度为 18m，把其放在南侧已建 11 层老年公寓楼的阴影里面，且距离只需满足防火间距即可。根据《建筑设计防火规范》GB 50016—2006 高层距离多层为 9m。所以，普通病房楼与保留建筑的防火间距为 9m。如图 2-6（c）所示。

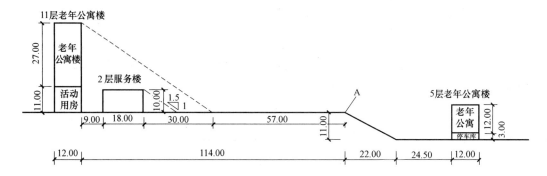

图 2-6（c） 拟建 2 层服务楼位置剖面图（m）

3. 确定拟建 9 层老年公寓楼的位置

（1）规划要求建筑物退场地变坡点 A 不小于 12m，9 层老年公寓楼的建筑高度为 27m，日照系数为 1.5；该拟建建筑的日照阴影距离为：H（建筑高度）×L（日照间距系数）=（27+11）×1.5=57.00m＜（12+22+24.5）=58.50m。

（2）此时，拟建室外集中场地的剖面宽度为：114−9−18−12−12=63m。日照剖面宽度为：9+18+63−38×1.5=33.00m。满足题目所有要求。

如图 2-6（d）所示。

4. 做出选择题答案

（1）拟建建筑与已建 11 层老年公寓之间的最近距离为：（B）（6 分）

　［A］6.0m　　　　　　［B］9.0m　　　　　　［C］57.0m　　　　　　［D］63.0m

（2）室外集中场地的进深为：（C）（6 分）

　［A］45.0m　　　　　　［B］57.0m　　　　　　［C］63.0m　　　　　　［D］67.5.0m

（3）拟建建筑与 5 层老年公寓之间的最近水平距离为：（C）（6 分）

　［A］36.0m　　　　　　［B］54.0m　　　　　　［C］58.5m　　　　　　［D］91.5m

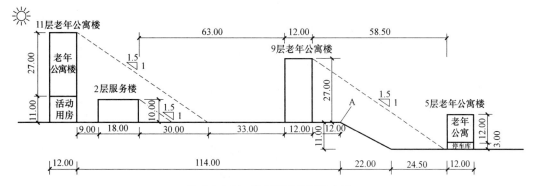

图 2-6（d） 拟建场地剖面完成图

【设计条件】

沿正南北方向的场地剖面如图 2-7（b）所示。

在保留建筑与已建商住楼之间的场地上拟建住宅楼、商住楼各一栋，其剖面及局部尺寸如图 2-7（a）所示。

商住楼一、二层为商业，层高 4.5m，住宅层高均为 3.0m。

规划要求该地段建筑限高为 45.0m，拟建建筑后退道路红线不小于 15.0m。

保留、已建、拟建建筑均为条形建筑，正南北向布置，耐火等级多层为二级，高层为一级。

当地住宅建筑的日照间距系数为 1.5。

应满足国家有关规范要求。

【任务要求】

根据设计条件在场地剖面图上绘出拟建建筑物，要求拟建建筑的建设规模最大。

标注各建筑物之间及建筑物与道路红线之间的距离，标注建筑层数及高度。

下列单选题每题只有一个最符合题意的选项，从各题中选择一个与作图结果对应的选项，用黑色绘图笔将选项对应的字母填写在括号中，同时用 2B 铅笔将答题卡对应题号选项信息点涂黑，二者必须一致，缺项不予评分。

【选择题】

1. 拟建住宅楼和保留建筑的间距为：（　　　）（4 分）

[A] 6.0m　　　　　[B] 9.0m　　　　　[C] 13.0m　　　　　[D] 15.0m

2. 拟建住宅楼与拟建商住楼的间距为：（　　　）（4 分）

[A] 54.0m　　　　[B] 58.5m　　　　[C] 60.0m　　　　[D] 67.5m

3. 拟建住宅楼的层数为：（　　　）（5 分）

[A] 12 层　　　　[B] 13 层　　　　[C] 14 层　　　　[D] 15 层

4. 拟建商住楼中住宅部分的层数为：（　　　）（5 分）

[A] 7 层　　　　　[B] 10 层　　　　[C] 12 层　　　　[D] 14 层

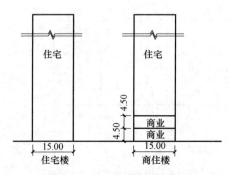

图 2-7（a）　拟建建筑示意图

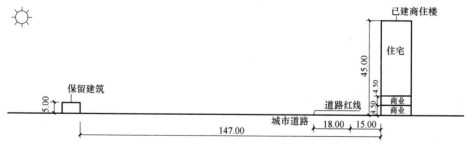

图 2-7（b） 拟建场地剖面图（m）

【解题步骤和方法】

1. 梳理题目信息

拟建：住宅楼，商住楼（根据限高初步推测均为高层）。

要求：拟建建筑的建设规模最大。

退线：拟建建筑后退道路红线不小于 15.0m。

日照：1.5。

原有建筑信息：图面和文字中给出。

耐火等级：一二级。

2. 确定拟建商住楼的位置、高度和层数

（1）充分理解"建设规模最大"的概念，即为高度最高且层数最多。由此得出，含有商业部分的拟建商住楼需要放在拟建住宅楼与原有商住楼的中间，降低日照带来的影响。

（2）规划要求该地段建筑限高为 45.0m，那么，拟建商住楼最多可建 14F（其中住宅 12F），此时建筑高度为 45.00m。

（3）当地住宅建筑的日照间距系数为 1.5。

拟建商住楼和原有商住楼的日照间距为：H（建筑高度）$\times L$（日照间距系数）=（45-9）$\times$ 1.5=54.00m。拟建商住楼与道路红线的距离为：54-18-15=21.00m ＞题目给出的退线要求 15.00m，满足要求。如图 2-7（c）所示。

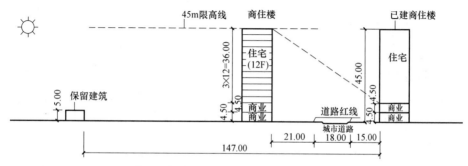

图 2-7（c） 拟建商住楼位置剖面图（m）

3. 确定拟建住宅楼的位置

（1）南侧保留建筑的日照阴影距离为：H（建筑高度）×L（日照间距系数）=5×1.5=7.50m。根据《建筑设计防火规范》GB 50016—2006 高层距离多层为 9m。所以，拟建住宅楼与保留建筑的防火间距为 9m＞防火间距 7.50m，所以，二者距离取最大值，为 9m。

（2）此时，拟建住宅楼和拟建商住楼的距离为：147-9-15-15-18-21-15=54.00m，H（建筑高度）=S（距离）/L（日照间距系数）=54/1.5+4.5×2=45.00m，满足题目限高要求。

如图 2-7（d）所示。

4. 做出选择题答案

（1）拟建住宅楼和保留建筑的间距为：（B）（4分）

[A] 6.0m   [B] 9.0m   [C] 13.0m   [D] 15.0m

（2）拟建住宅楼与拟建商住楼的间距为：（A）（4分）

[A] 54.0m   [B] 58.5m   [C] 60.0m   [D] 67.5m

（3）拟建住宅楼的层数为：（D）（5分）

[A] 12层   [B] 13层   [C] 14层   [D] 15层

（4）拟建商住楼中住宅部分的层数为：（C）（5分）

[A] 7层   [B] 10层   [C] 12层   [D] 14层

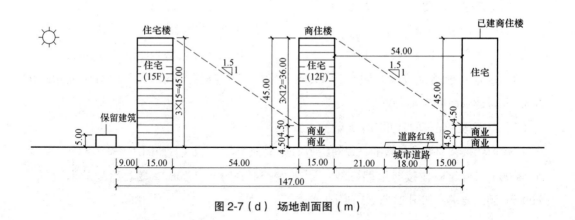

图 2-7（d）　场地剖面图（m）

习题 2-5　2010 年考题

【设计条件】

场地剖面如图 2-8（b）所示。

拟在保护建筑与古树之间建一配套用房，要求配套用房与保护建筑的间距最小，拟在古树与城市道路之间建会所、9 层住宅楼、11 层住宅楼各一栋，要求建筑布局紧凑，使拟建建筑物与古树及与城市道路的距离尽可能的大。

建筑物均为条形建筑，正南向布局，拟建建筑物的剖面及尺寸如图 2-8（a）所示。保护建筑的耐火等级为三级，其他已建、拟建建筑物均为二级。

当地居住建筑的日照间距系数为1.5。

应满足国家有关规范要求。

【任务要求】

根据设计条件在场地剖面图上绘出拟建建筑物。

标注各建筑物之间及建筑物与A点、城市道路红线之间的距离。

下列单选题每题只有一个最符合题意的选项，从各题中选择一个与作图结果对应的选项，用黑色绘图笔将选项对应的字母填写在括号中，同时用2B铅笔将答题卡对应题号选项信息点涂黑，二者必须一致，缺项不予评分。

【选择题】

1.配套用房与保护建筑的间距为：（　　　）（4分）

[A] 6.0m　　　　　[B] 7.0m　　　　　[C] 8.0m　　　　　[D] 9.0m

2.已建商业建筑与会所的间距为：（　　　）（4分）

[A] 6.0m　　　　　[B] 9.0m　　　　　[C] 10.0m　　　　　[D] 13.0m

3.沿城市道路拟建建筑物与道路红线的距离为：（　　　）（5分）

[A] 6.0m　　　　　[B] 7.5m　　　　　[C] 10.0m　　　　　[D] 11.5m

4.A点与北向的最近拟建建筑物的距离为：（　　　）（5分）

[A] 33.0m　　　　　[B] 36.0m　　　　　[C] 38.0m　　　　　[D] 40.0m

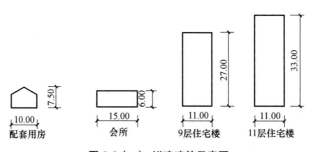

图2-8（a）　拟建建筑示意图

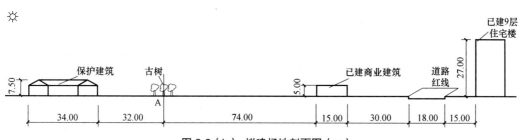

图2-8（b）　拟建场地剖面图（m）

【解题步骤和方法】

1. 梳理题目信息

拟建：配套用房，会所，9 层住宅楼，11 层住宅楼各一栋。

要求：建筑布局紧凑，使拟建建筑物与古树及与城市道路的距离尽可能的大。

退线：拟建建筑物与城市道路的距离尽可能的大。

日照：1.5。

原有建筑信息：图面和文字中给出。

耐火等级：保护建筑为 3 级，其余均为二级。

2. 确定配套用房的位置

（1）题目要求，拟建建筑物与古树的距离尽可能的大，即拟建配套用房与南侧拟建保护建筑的距离尽可能的小。

（2）根据《建筑设计防火规范》GB 50016—2006 多层与多层为 7m（保护建筑耐火等级为 3 级）。则南侧拟建保护建筑与配套用房的距离为 7.00m，配套用房与古树 A 点的距离为：32-7-10=15.00m。如图 2-8（c）所示。

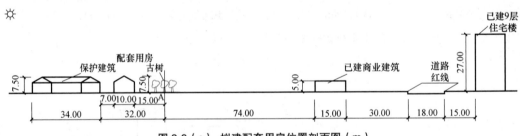

图 2-8（c） 拟建配套用房位置剖面图（m）

3. 确定 9 层住宅楼的位置

（1）如果距离原有已建 9 层住宅楼的拟建建筑为 11 层住宅楼。则拟建 11 层住宅楼距离道路距离为：H（建筑高度）$\times L$（日照间距系数）$=33\times1.5=49.50m$，二者之间的场地距离为 30+18+15=63m。63-49.5-11=2.5m ＜已建商业建筑与 11 层住宅的防火间距 9m 和日照间距 7.5m。

（2）所以，此位置需布置 9 层住宅楼，题目要求，拟建建筑物与古树及与城市道路的距离尽可能的大。所以，拟建 9 层住宅楼和原有商业建筑只需满足日照间距 $5\times1.5=7.5m$ 即可（9 层住宅楼为多层公建，与原有商业建筑的防火间距为 6m）。拟建 9 层住宅楼与道路红线的距离为 30-7.5-11=11.5m。此时，拟建 9 层住宅楼的日照阴影范围为：$27\times1.5=40.5m$ ＜二者间距 63-7.5-11=44.5m。如图 2-8（d）所示。

4. 确定会所的位置

根据"影含公建"的原理，拟建会所需就近布置在拟建商业的南侧，二者之间的防火间距为 6m。如图 2-8（e）所示。

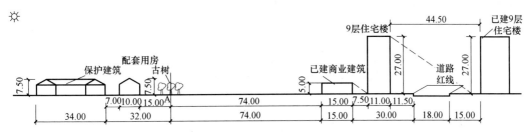

图2-8（d） 拟建9层住宅楼位置剖面图

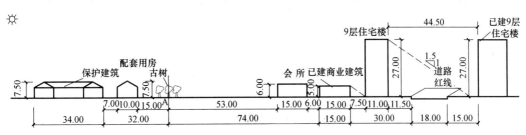

图2-8（e） 拟建会所位置剖面图（m）

5. 确定11层住宅楼的位置

（1）拟建11层住宅楼与拟建9层住宅楼的日照间距为：H（建筑高度）$\times L$（日照间距系数）$=33 \times 1.5 = 49.50$m。该拟建建筑与会所的防火间距为9m。则两栋拟建住宅楼的间距为：$9+15+6+15+7.5 = 52.50$m $>$ 日照间距49.50m，选取最大值52.50m。

（2）此时，古树A点与拟建11层住宅楼的间距为：$74-6-15-9-11 = 33.00$m。如图2-8（f）所示。

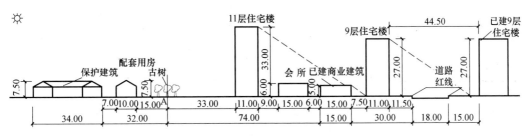

图2-8（f） 拟建场地剖面完成图（m）

6. 做出选择题答案

（1）配套用房与保护建筑的间距为：（B）（4分）

[A]6.0m　　　　[B]7.0m　　　　[C]8.0m　　　　[D]9.0m

（2）已建商业建筑与会所的间距为：（A）（4分）

[A]6.0m　　　　[B]9.0m　　　　[C]10.0m　　　　[D]13.0m

（3）沿城市道路拟建建筑物与道路红线的距离为：（D）（5分）

[A] 6.0m　　　　[B] 7.5m　　　　[C] 10.0m　　　　[D] 11.5m

（4）A点与北向的最近拟建建筑物的距离为：（A）（5分）

[A] 33.0m　　　　[B] 36.0m　　　　[C] 38.0m　　　　[D] 40.0m

习题2-6　2018年考题

【设计条件】

场地剖面 A-B-C-D 如图 2-9（b）所示。

已知 A-B 段地坪标高为 5.50m，C-D 段地坪标高为 25.50m；其中 C-D 之间有已建住宅一栋。

拟在场地 B-C 之间平整出一级平台，台地与 A-B、C-D 地坪均用坡度为 1∶3 的斜坡连接。

拟在场地 A-C 范围内布置住宅楼，住宅楼的层高为 3m，层数可为 6 层或 11 层，高层分别为 18m、33m。如图 2-9（a）所示。

要求住宅楼与台地坡顶线、坡底线、用地红线（A、C）的间距均不小于 8m。

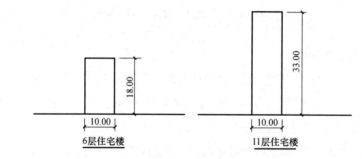

图 2-9（a）　拟建建筑示意图

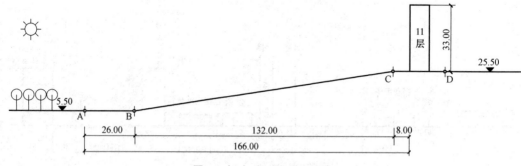

图 2-9（b）　拟建场地剖面图

拟建、已建建筑均为条形建筑，正南北向布置，耐火等级均不低于二级。

当地住宅建筑的日照间距系数为 2.0（作图时建筑室内外高差及女儿墙的高度不计）。

应符合国家现行规范要求。

【任务要求】

绘制平整后的场地剖面图，要求土方平衡，并标注台地标高。

在平整后的场地剖面上绘制拟建住宅楼，要求建筑面积最大，并标注住宅楼的层数、高度及楼间距等相关尺寸。

下列单选题每题只有一个最符合题意的选项，从各题中选择一个与作图结果对应的选项，用2B铅笔将答题卡对应题号选项信息点涂黑。

【选择题】

1. 场地平整后中间台地的标高为：（　　　　）（5分）

[A] 10.00m　　　　[B] 10.50m　　　　[C] 15.50m　　　　[D] 20.50m

2. 平整场地需要挖方的截面面积为：（　　　　）（5分）

[A] 120m² 　　　　[B] 180m² 　　　　[C] 330m² 　　　　[D] 360m²

3. 场地剖面中拟建各住宅楼的层数之和为：（　　　　）（10分）

[A] 18层　　　　[B] 23层　　　　[C] 28层　　　　[D] 33层

【解题步骤和方法】

1. 梳理题目信息

拟建：整理一级台地。拟建住宅楼，11层和6层，栋数未知。

要求：平整后的台地土方平衡、场地建筑面积最大。

退线：住宅楼与台地坡顶线、坡底线、用地红线（A、C）的间距均不小于8m。

日照：2.0。

原有建筑信息：图面和文字中给出。

耐火等级：二级。

2. 确定平整后的一级平台

题目给出，整理后台地与A-B、C-D地坪均用坡度为1：3的斜坡连接，说明此级平台与A-B为斜坡，与C-D为斜坡，且土方平衡。

分别从B和C两点做1：3的斜坡，与高程5.5+（25.5−5.5）/2=15.5的平台相接，形成满足要求的平台，平台标高为15.50，填挖方面积平衡，面积为180m²。如图2-9（c）所示。

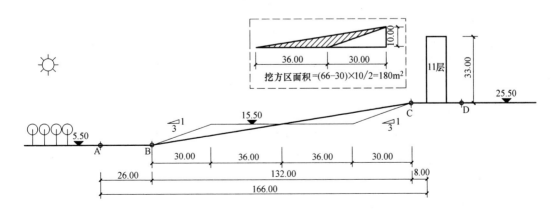

图2-9（c）　平整后的一级平台剖面图

3. 确定拟建住宅的位置和数量

（1）题目要求住宅楼与台地坡顶线、坡底线、用地红线（A、C）的间距均不小于8m。

则距 A 点 B 点均不小于 8m，AB 段距离为 26m，拟建住宅进深为 10m，如果拟建为 6 层住宅，高度为 18m，日照为 18×2.0=36m，阴影线落在 1∶3 的斜坡上。如果为 11 层住宅，33m 高。日照距离为（33−10）×2.0=46m，刚好满足要求。所以 A-B 之间为 11 层住宅。

（2）平台上拟建建筑需要考虑和原有 11 层住宅的日照，根据①中算出的 11 层住宅的日照距离 46m，则求出 B-C 段的北侧拟建 11 层住宅的位置。

（3）现在两栋拟建 11 层住宅之间需要再拟建一栋住宅，11 层住宅的日照距离为 33×2.0=66m，距离超过要求，所以只能摆放一栋 6 层住宅。如图 2-9（d）所示。此时层数之和为 11+6+11=28 层。

4. 做出选择题答案

（1）场地平整后台地的标高为：（C）（5分）

　[A] 10.00m　　　　[B] 10.50m　　　　[C] 15.50m　　　　[D] 20.50m

（2）平整场地需要挖方的截面面积为：（B）（5分）

　[A] 120m　　　　　[B] 180m　　　　　[C] 330m　　　　　[D] 360m

（3）场地剖面中拟建各住宅楼的层数之和为：（C）（10分）

　[A] 18 层　　　　　[B] 23 层　　　　　[C] 28 层　　　　　[D] 33 层

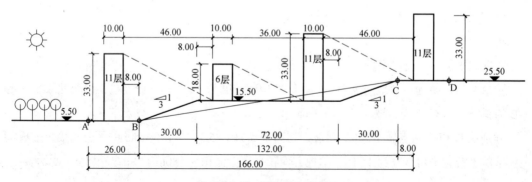

图 2-9（d）　拟建场地剖面图

习题 2-7　2019 年考题

【设计条件】

场地剖面 A-B-C-D-E，如图 2-10（a）所示。

场地 A-B 段内有一组保护建筑，耐火等级为三级，地坪标高为 ±0.00m。

场地 D-E 段内有 1 栋既有住宅楼，耐火等级为二级，地坪标高为 6.00m。

在 B-C 段内拟建多层公共建筑，耐火等级为二级。

规划要求在保护建筑庭院内，距地面 2.00m 高范围内不应看到拟建建筑；拟建建筑与保护建筑间距不应小于 5.00m，距 C 点不应小于 9.00m。

当地住宅建筑的日照间距系数为 2.0。

应满足国家现行规范要求。

【任务要求】

绘制拟建建筑的剖面最大可建范围（用斜线表示 ▨）。

标注拟建建筑剖面最大可建范围各顶点标高及相关尺寸。

标注拟建建筑剖面最大可建范围与周边建筑的间距。

下列单选题每题只有一个最符合题意的选项，从各题中选择一个与作图结果对应的选项，用 2B 铅笔将答题卡对应题号选项信息点涂黑。

【选择题】

（1）拟建建筑剖面最大可建范围与保护建筑的间距为：（　　　）（3 分）

[A] 5.00m　　　　[B] 6.00m　　　　[C] 7.00m　　　　[D] 9.00m

（2）拟建建筑剖面最大可建范围距保护建筑最近的顶点标高为：（　　　）（4 分）

[A] 12.67　　　　[B] 13.00　　　　[C] 13.67　　　　[D] 15.00

（3）拟建建筑剖面最大可建范围最高的顶点标高为：（　　　）（6 分）

[A] 23.99　　　　[B] 24.00　　　　[C] 26.99　　　　[D] 27.00

（4）拟建建筑剖面最大可建范围距既有住宅楼最近的顶点标高为：（　　　）（7 分）

[A] 13.50　　　　[B] 15.00　　　　[C] 19.50　　　　[D] 24.00

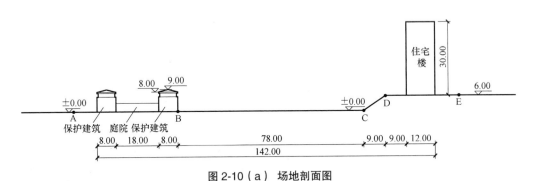

图 2-10（a）　场地剖面图

【解题步骤和方法】

1. 梳理题目信息

拟建：多层公共建筑的剖面最大可建范围。

要求：在保护建筑庭院内，距地面 2.00m 高范围内不应看到拟建建筑；

退线：拟建建筑与保护建筑间距不应小于 5.00m，距 C 点不应小于 9.00m。

日照：2.0。

原有建筑信息：图面和文字中给出。

耐火等级：保护建筑为三级，其他建筑为二级。

2. 确定拟建建筑的最大可建范围

（1）题目要求场地 A-B 段内有一组保护建筑，耐火等级为三级，地坪标高为 ±0.00m。

根据《建筑设计防火规范》GB 50016—2014（2018 版），三级耐火等级的多层保护建筑与二级耐火等级的多层拟建建筑距离为 7.00m，拟建建筑距 C 点距离为 9.00m。由此得到拟建建筑的两侧位置。

（2）题目要求在保护建筑庭院内、距地面 2.00m 高范围内不应看到拟建建筑；那么，在庭院内的保护建筑垂直边线上的 2.00m 的高度位置与保护建筑的檐口连线延长，得到辅助线。

因为题目的日照系数为 2.0，所以从北侧既有住宅楼做 2.0 的日照辅助线。

两条辅助线与拟建多层建筑的 24.00m 的高度控制线相交，得到最终的剖面最大可建范围。

（3）根据相似三角形，拟建建筑剖面最大可建范围距保护建筑最近的顶点标高为 13.00m。拟建建筑剖面最大可建范围距既有住宅楼最近的顶点标高为 19.50m。

（4）如图 2-10（b）所示。

3. 做出选择题答案

（1）拟建建筑剖面最大可建范围与保护建筑的间距为：（C）（3分）

[A] 5.00m   [B] 6.00m   [C] 7.00m   [D] 9.00m

（2）拟建建筑剖面最大可建范围距保护建筑最近的顶点标高为：（B）（4分）

[A] 12.67   [B] 13.00   [C] 13.67   [D] 15.00

（3）拟建建筑剖面最大可建范围最高的顶点标高为：（B）（6分）

[A] 23.99   [B] 24.00   [C] 26.99   [D] 27.00

（4）拟建建筑剖面最大可建范围距既有住宅楼最近的顶点标高为：（C）（7分）

[A] 13.50   [B] 15.00   [C] 19.50   [D] 24.00

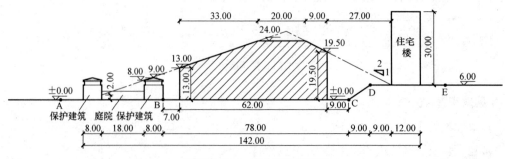

图 2-10（b）场地剖面完成图

习题 2-8 2012 年考题

【设计条件】

某场地沿正南北向的剖面如图 2-11（a）所示。

在城市道路与已建 10 层商住楼之间拟建一栋各层层高均为 4.5m，平屋面（室内外高差及女儿墙高度不计）的商业建筑。

拟建商业建筑和已建 10 层商住楼均为条形建筑，且正南北向布置；耐火等级多层为二级。

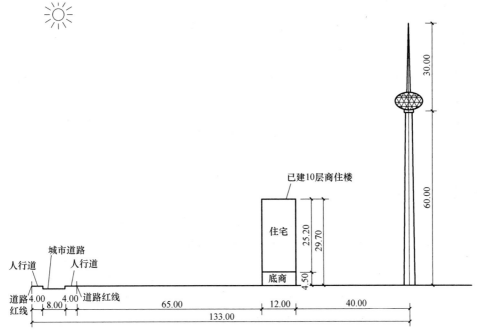

图 2-11（a） 拟建场地剖面图（m）

城市规划要求拟建建筑退后道路红线不小于 15m，并保证在人行道上视点高度 1.5m 处可看到观光塔 60m 以上部分。

当地住宅建筑的日照间距系数为 1.5。

应满足国家有关规范要求。

【任务要求】

根据设计条件，在场地剖面图上绘出拟建商业建筑的剖面最大可建层数范围（用 ▨▨ 表示），并标注相关尺寸，计算一、二层剖面面积。

下列单选题每题只有一个最符合题意的选项，从各题中选择一个与作图结果对应的选项，用黑色绘图笔将选项对应的字母填写在括号中，同时用 2B 铅笔将答题卡对应题号选项信息点涂黑，二者必须一致，缺项不予评分。

【选择题】

1. 拟建商业建筑与已建商住楼的最小间距为：（   ）（4分）

　［A］6m 　　　　　［B］9m 　　　　　［C］10m 　　　　　［D］13m

2. 拟建商业建筑的最大可建层数为：（   ）（4分）

　［A］2层 　　　　　［B］3层 　　　　　［C］4层 　　　　　［D］5层

3. 拟建商业建筑一层的最大剖面面积为：（   ）（5分）

　［A］167m² 　　　　　［B］185m² 　　　　　［C］195m² 　　　　　［D］198m²

4. 拟建商业建筑二层的最大剖面面积为：（　　　）（5分）

[A] 167m² 　　　[B] 185m² 　　　[C] 195m² 　　　[D] 198m²

【解题步骤和方法】

1. 梳理题目信息

拟建：拟建商业建筑的剖面最大可建层数范围。

要求：剖面最大可建层数范围。

退线：拟建建筑退后道路红线不小于15m，并保证在人行道上视点高度1.5m处可看到观光塔60m以上部分。

日照：1.5。

原有建筑信息：图面和文字中给出。

耐火等级：题目未给出。

2. 确定拟建建筑的高度

将人行道上视点高度1.5m处与观光塔60m处连线，与原有10层商住楼的日照线交于A点，过A点作与地面的垂线，与过原有10层商住楼的日照起始点C点作平行线与垂线交于B点。列出二元二次方程：

AB/BC=1/1.5

（AB+4.5-1.5）/（60-1.5）=（65-BC）/（65+12+40）

得出 AB=16.86m

则拟建建筑高度为：16.86+4.5=21.36m＜24.00m，为多层建筑。如图2-11（b）所示。

3. 确定拟建商业建筑的剖面最大可建范围

（1）确定拟建建筑层高为4层。4×4.5=18.00m。

拟建建筑原有商住楼的日照间距为：

一、二层：H（建筑高度）×L（日照间距系数）=（4.5×2-4.5）×1.5=6.75m

三层：H（建筑高度）×L（日照间距系数）=（4.5×3-4.5）×1.5=13.5m

四层：H（建筑高度）×L（日照间距系数）=（4.5×4-4.5）×1.5=20.25m

拟建多层建筑与原有10层商住楼（高层）的防火间距为9.00m。一层、二层距离均小于防火间距9.00m。

（2）拟建建筑退后道路红线不小于15m。

一、二层与人行道的距离为：

（65+12+40）×（9-1.5）/（60-1.5）=15.00m，满足道路退线要求。

三层与人行道的距离为：（65+12+40）×（4.5×3-1.5）/（60-1.5）=24.00m，满足道路退线要求，并选取最大值。

四层与人行道的距离为：（65+12+40）×（4.5×4-1.5）/（60-1.5）=33.00m，满足道路退线要求，并选取最大值。

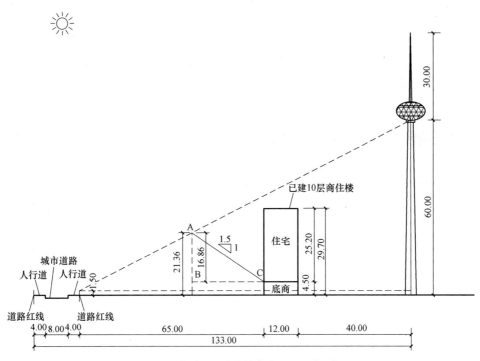

图2-11（b） 拟建建筑高度剖面图（m）

4. 连线并且在最大可建范围内绘制斜线，如图 2-11（c）所示

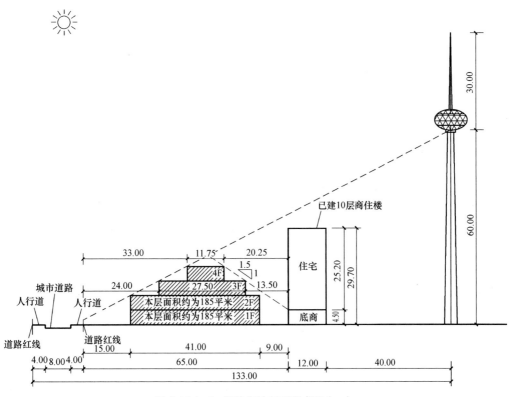

图2-11（c） 拟建场地剖面完成图（m）

5. 做出选择题答案

（1）拟建商业建筑与已建商住楼的最小间距为：（B）（4分）

[A] 6m   [B] 9m   [C] 10m   [D] 13m

（2）拟建商业建筑的最大可建层数为：（C）（4分）

[A] 2层   [B] 3层   [C] 4层   [D] 5层

（3）拟建商业建筑一层的最大剖面面积为：（B）（5分）

[A] 167m²   [B] 185m²   [C] 195m²   [D] 198m²

（4）拟建商业建筑二层的最大剖面面积为：（B）（5分）

[A] 167m²   [B] 185m²   [C] 195m²   [D] 198m²

一、二层的剖切面面积为（65-9-15）×4.5=184.5m²

第3章 停车场设计

3.1 知识脉络——构建思维导图

停车场设计要求考生在给定的基地中按要求布置停车位，安排出入口和配套服务用房，包括相应数量的残疾人车位和人行通道等，考察考生对停车位的布置方式，基本尺度和规范要求等掌握的熟练程度。

如图 3-1 所示，停车场分成三种情况：常规停车场、停车场场地带坡度、停车场内有建筑。

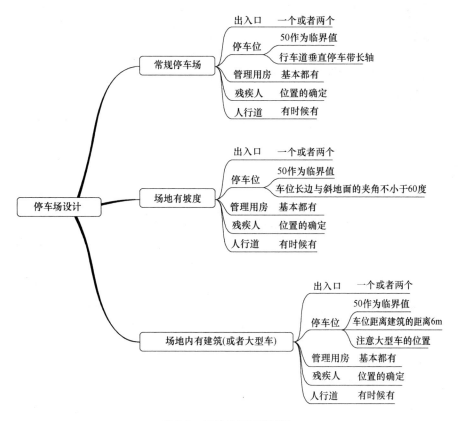

图 3-1　场地分析思维导图

历年考试中的停车场难度呈现螺旋式加大的趋势，但是很有规律，我们通过做练习到考题的规律，辅以思考和总结，是我们解决停车场设计题目的最佳途径。

2018年及以后的考试题目中未涉及停车场的内容，但是有在综合题中涉及停车场设计，所以同样不能掉以轻心。

3.2 内容归纳——覆盖考试要点

3.2.1 了解停车场

（1）术语理解

停车场设计中涉及的名词术语 表 3-1

停车场	供机动车与非机动车停放的场所及地上、地下构筑物。一般由出入口、停车位、通道和附属设施
机动车停车场	供机动车停放的停车场
非机动车停车场	供非机动车停放的停车场
建筑物配建停车场	建筑物依据建筑物配建停车位指标所附设的面向本建筑物使用者和公众服务的供机动车、非机动车停放的停车场
城市公共停车场	位于道路红线以外的独立占地的面向公众服务的停车场和由建筑物代建的不独立占地的面向公众服务的停车场
停车位	为停放车辆而划分的停车空间或机械停车设备中停放车辆的部位。由车辆本身的尺寸加四周必需的空间组成

（2）停车场分类

停车场按照规划管理方式分为城市公共停车场和建筑物配建停车场，按服务对象分为机动车停车场和非机动车停车场。

在我们的考试中，公共停车场和建筑物配建停车场都曾经考察过。

随着城市的发展，停车场作为城市整体交通管理系统中的一种工具，在城市的规划管理中起了重要的作用。

3.2.2 停车场的合理选址

（1）考试中如果给出两个地块，我们就要根据图示和文字提示要求，和我们对停车场的规范了解，进行分析和选择。

如图3-2所示，在这两块基地中，地块二与城市道路的接触长度只有19m，出入口宽度为5～7m，两个出入口距离大于10m，我们只能布置一个出入口。但是根据停车数量预判，地块二的面积为（41×19+47×12）/47=2753/47＞50辆，需要两个出入口。所以我们确定只能将停车场布置在地块一。

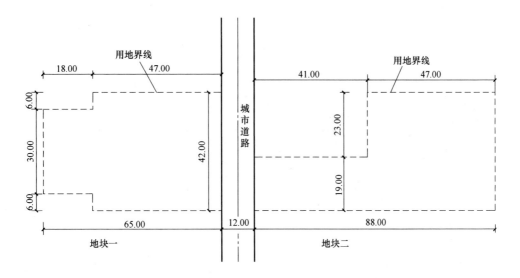

图 3-2　停车场的合理选址（m）

（2）或者题目要求选择在一个场地中哪个位置作为停车场，即我们的综合题中，停车场都是作为一个拟建场地，需要进行选择，2017 年综合中题目要求需要进行具体车位布置。我们将在第 5 章中进行详细讲解。

3.2.3　停车场的出入口

（1）出入口位置

停车场的出入口位置确定，我们需要分析出入口和周围环境的关系。

1）基地机动车出入口位置应符合下列规定：

① 中等城市、大城市的主干路交叉口，自道路红线交叉点起沿线 70.0m 范围内不应设置机动车出入口；

② 距人行横道、人行天桥、人行地道（包括引道、引桥）的最近边缘线不应小于 5.0m；

③ 距地铁出入口、公共交通站台边缘不应小于 15.0m；

④ 距公园、学校及有儿童、老年人、残疾人使用建筑的出入口最近边缘不应小于 20.0m。

2）公共停车场（在大型公共建筑、交通枢纽、人流车流量大的广场等处）出入口位置应符合下列规定：

机动车停车场的出入口不宜设在主干路上，可设在次干路或支路上，并应远离交叉口；不得设在人行横道、公共交通停靠站及桥隧引道处。出入口的缘石转弯曲线切点距铁路道口的最外侧钢轨外缘不应小于 30m。距人行天桥和人行地道的梯道口不应小于 50m。

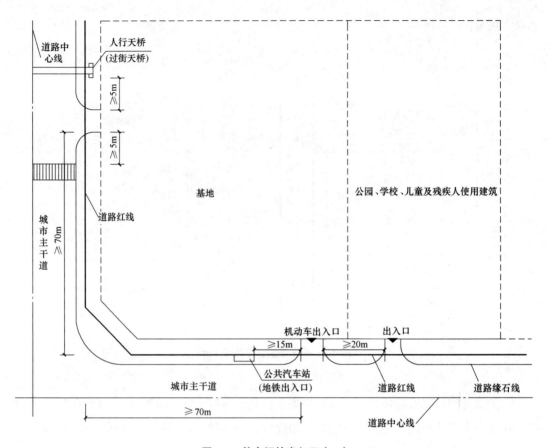

图3-3 停车场的出入口（m）

注：本图是按大中城市的交通条件考虑的。70m距离的起量点是采用交叉口道路红线的交点。

城市公共停车场机动车出入口的位置（距离道路交叉口宜大于80m）距离人行过街天桥、地道、桥梁或隧道等引道口应大于50m；距离学校、医院、公交车站等人流集中的地点应大于30m。

（2）出入口的数量和宽度

1）室外机动车停车场的出入口数量及其宽度

①停车场的汽车疏散出口不应少于2个；停车数量不大于50辆时，可设置1个；宜为双向行驶的出入口。

②大于300辆停车位的停车场，各出入口的间距不应小于15.0m；单向行驶的出入口宽度不应小于4.0m，双向行驶的出入口宽度不应小于7.0m。

2）城市公共停车场（在大型公共建筑交通枢纽、人流车流量大的广场等处）的数量和宽度

①停车场出入口位置及数量应根据停车容量及交通组织确定，且不应少于2个，其净距宜大于30m；条件困难或停车容量小于50辆时，可设一个出入口，但其进出口应满足双向行

驶的要求。

② 大、中型停车场出入口不得少于 2 个，特大型停车场出入口不得少于 3 个，并应设置专用人行出入口。

③ 停车场进出口净宽，单向通行的不应小于 5m，双向通行的不应小于 7m。

（3）两个出入口的间距距离尽量远，大、中型停车场两个机动车出入口之间的净距不小于 15m。

（4）出入口的视通要求

停车场出入口应有良好的通视条件，视距三角形范围内的障碍物应清除。具体内容详见第 1 章。

3.2.4 停车位的数量和防火间距

停车场的汽车宜分组停放，每组的停车数量不宜大于 50 辆，组之间的防火间距不应小于 6m。停车场与建筑物的防火间距具体内容详见第 1 章。

3.2.5 停车场的竖向设计

（1）排水坡度

① 停车场平面设计应有效地利用场地，合理安排停车区及通道，应满足消防要求，并留出辅助设施的位置。

② 停车场的竖向设计应与排水相结合，坡度宜为 0.3% ～ 3.0%。

③ 机动车停车场出入口及停车场内应设置指明通道和停车位的交通标志、标线。

（2）停车场坡度的考试要求

为避免出现溜车现象，所以停车场的竖向设计应结合排水设计布置。此类题型都会给出排水坡度，同时会出现"停车位长轴中线与场地坡向之间的夹角不应小于 60 度"之类的要求，我们以题目要求为准。

3.2.6 停车场的布置原则

（1）内部流线组织

停车场布置应保证内部交通遵循"右进右出"的原则，进出车辆不能交叉。

（2）行车道布置

行车道采用环通式布局，停车数量最多。如图 3-4、图 3-5 所示。

（3）停车带布置

停车带布置的目的是在满足题目条件的前提下，达到停车量最大化。

通常情况下，每条行车道对应双面停车带且停车带（停车位长边）垂直于行车道，是最佳布置原则。尽量避免单侧停车或者车道旁边无停车位的情况。考试大多数考垂直停车，偶尔有坡度的场地有平行停车。斜角停车未考过。

如图3-6所示（以垂直式停车为例）。

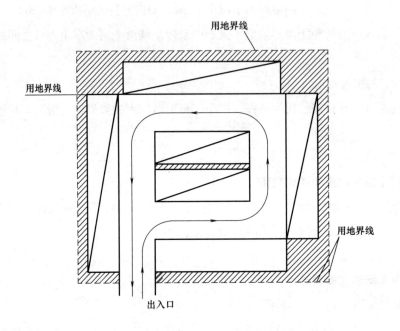

图 3-4　环通式布局（一个出入口）

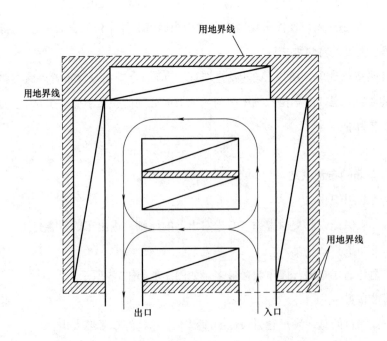

图 3-5　环通式布局（两个口）

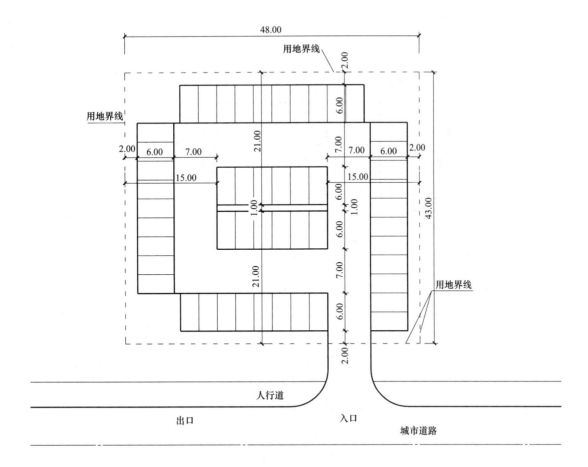

图 3-6 停车带布置（垂直式）（m）

注：单面停车带的宽度为 2+6+7=15m

双面停车带的宽度为 2+6+7+6=21m

由此，我们可以看出一个标配停车场的尺寸大概为 48m×43m 左右。

3.2.7 残疾人的停车位布置

（1）无障碍机动车停车位一侧，应设宽度不小于 1.20m 的通道，供乘轮椅者从轮椅通道直接进入人行道和到达无障碍出入口。如图 3-7 所示。

（2）无障碍机动车停车位要求通行方便、行走距离路线最短，即"目的地原则"。

① 基地内有建筑物，建筑物作为目的地。

② 基地内有人行道，人行道作为目的地。

③ 基地内有坡度时，残疾人车位地面坡度不应大于 1：50。

④ 以上条件均没有的情况下，以出入口作为目的地。

⑤ 如果没有限制条件，放在哪里都适用，以停车位数量最多为原则。

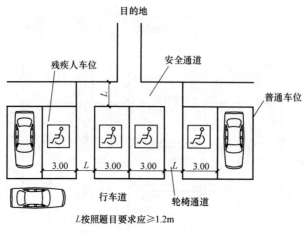

图 3-7　残疾人车位的布置（m）

（3）无障碍机动车停车位的地面应涂有停车线、轮椅通道线和无障碍标志。

3.2.8　管理用房的布置

（1）为了方便停车场的管理，通常需要在停车场内布置管理用房。在我们的考试中，管理用房的尺寸均已给出，我们只需要进行位置确定。

（2）管理用房通常布置出入口处，方便进行管理和收费，以方便司机缴费刷卡为原则。

①当出入口分别设置的时候，管理用房建议布置在出口处，方便调度。

②当设置一个出入口的时候，管理用房设置在出车车流一侧。

③如果可以设置的位置很多，以停车数量最多为前提条件。

④管理用房应结合残疾人车位布置，方便管理和照顾残疾人。

3.3　规范规定——方便理解记忆

3.3.1　了解停车场

停车场设计规范一览表　　　　　　　　　　　　　　表 3-2

规　范	内　容
《城市停车规划规范》 GB/T 51149—2016	5.2.2　停车场应建设信息管理系统，提供停车位分布、规模、收费标准、交通组织、利用率等信息，可建设智能化管理和诱导标识系统，提升信息化服务水平。 5.2.3　停车场应结合电动车辆发展需求、停车场规模及用地条件，预留充电设施建设条件，具备充电条件的停车位数量不宜小于停车位总数的10%。 5.2.14　停车场应设置无障碍专用停车位和无障碍设施，应符合现行国家标准《无障碍设计规范》GB 50763 的规定。

规　范	内　容
《民用建筑设计统一标准》GB 50352—2019	4.2.4　建筑基地机动车出入口位置，应符合所在地控制性详细规划，并应符合下列规定： 1　中等城市、大城市的主干路交叉口，自道路红线交叉点起沿线70.0m范围内不应设置机动车出入口； 2　距人行横道、人行天桥、人行地道（包括引道、引桥）的最近边缘线不应小于5.0m； 3　距地铁出入口、公共交通站台边缘不应小于15.0m； 4　距公园、学校及有儿童、老年人、残疾人使用建筑的出入口最近边缘不应小于20.0m。 5.2.6　室外机动车停车场的出入口数量应符合下列规定： 1　当停车数为50辆及以下时，可设1个出入口，宜为双向行驶的出入口； 2　当停车数为51辆～300辆时，应设置2个出入口，宜为双向行驶的出入口； 3　当停车数为301辆～500辆时，应设置2个双向行驶的出入口； 4　当停车数大于500辆时，应设置3个出入口，宜为双向行驶的出入口。 5.2.7　室外机动车停车场的出入口设置应符合下列规定： 1　大于300辆停车位的停车场，各出入口的间距不应小于15.0m； 2　单向行驶的出入口宽度不应小于4.0m，双向行驶的出入口宽度不应小于7.0m。 5.2.8　室外非机动车停车场应设置在基地边界线以内，出入口不宜设置在交叉路口附近，停车场布置应符合下列规定： 1　停车场出入口宽度不应小于2.0m； 2　停车数大于等于300辆时，应设置不少于2个出入口； 3　停车区应分组布置，每组停车区长度不宜超过20.0m。
《城市道路工程设计规范》CJJ 37—2012（2016年版）	11.2.5　机动车停车场的设计应符合下列规定： 2　机动车停车场内车位布置可按纵向或横向排列分组安排，每组停车不应超过50veh。当各组之间无通道时，应留出大于或等于6m的防火通道。 3　机动车停车场的出入口不宜设在主干路上，可设在次干路或支路上，并应远离交叉口；不得设在人行横道、公共交通停靠站及桥隧引道处。出入口的缘石转弯曲线切点距铁路道口的最外侧钢轨外缘不应小于30m。距人行天桥和人行地道的梯道口不应小于50m。 4　停车场出入口位置及数量应根据停车容量及交通组织确定，且不应少于2个，其净距宜大于30m；条件困难或停车容量小于50veh时，可设一个出入口，但其进出口应满足双向行驶的要求。 5　停车场进出口净宽，单向通行的不应小于5m，双向通行的不应小于7m。 6　停车场出入口应有良好的通视条件，视距三角形范围内的障碍物应清除。 7　停车场的竖向设计应与排水相结合，坡度宜为0.3%～3.0%。 8　机动车停车场出入口及停车场内应设置指明通道和停车位的交通标志、标线。 11.2.6　非机动车停车场的设计应符合下列规定： 1　非机动车停车场出入口不宜少于2个。出入口宽度宜为2.5m～3.5m。场内停车区应分组安排，每组场地长度宜为15m～20m。 2　非机动车停车场坡度宜为0.3%～4.0%。停车区宜有车棚、存车支架等设施。
《汽车库、修车库、停车场设计防火规范》GB 50067—2014	4.2.1　除本规范另有规定外，汽车库、修车库、停车场之间及汽车库、修车库、停车场与除甲类物品仓库外的其他建筑物的防火间距，不应小于表4.2.1的规定。其中，高层汽车库与其他建筑物，汽车库、修车库与高层建筑的防火间距应按表4.2.1的规定值增加3m；汽车库、修车库与甲类厂房的防火间距应按表4.2.1的规定值增加2m。 表4.2.1　汽车库、修车库、停车场之间及汽车库、修车库、停车场与除甲类物品仓库外的其他建筑物的防火间距（m） <table><tr><td rowspan="2">名称和耐火等级</td><td colspan="2">汽车库、修车库</td><td colspan="3">厂房、仓库、民用建筑</td></tr><tr><td>一、二级</td><td>三级</td><td>一、二级</td><td>三级</td><td>四级</td></tr><tr><td>一、二级汽车库、修车库</td><td>10</td><td>12</td><td>10</td><td>12</td><td>14</td></tr><tr><td>三级汽车库、修车库</td><td>12</td><td>14</td><td>12</td><td>14</td><td>16</td></tr><tr><td>停车场</td><td>6</td><td>8</td><td>6</td><td>8</td><td>10</td></tr></table>注：防火间距应按相邻建筑物外墙的最近距离算起，如外墙有凸出的可燃物构件时，则应从其凸出部分外缘算起，停车场从靠近建筑物的最近停车位置边缘算起。

规　范	内　容
《汽车库、修车库、停车场设计防火规范》GB 50067—2014	4.2.2　汽车库、修车库之间或汽车库、修车库与其他建筑之间的防火间距可适当减少，但应符合下列规定： 　1　当两座建筑相邻较高一面外墙为无门、窗、洞口的防火墙或当较高一面外墙比较低一座一、二级耐火等级建筑屋面高15m及以下范围内的外墙为无门、窗、洞口的防火墙时，其防火间距可不限； 　2　当两座建筑相邻较高一面外墙上，同较低建筑等高的以下范围内的墙为无门、窗、洞口的防火墙时，其防火间距可按本规范表4.2.1的规定值减小50%； 　3　相邻的两座一、二级耐火等级建筑，当较高一面外墙的耐火极限不低于2.00h，墙上开口部位设置甲级防火门、窗或耐火极限不低于2.00h的防火卷帘、水幕等防火设施时，其防火间距可减小，但不应小于4m； 　4　相邻的两座一、二级耐火等级建筑，当较低一座的屋顶无开口，屋顶的耐火极限不低于1.00h，且较低一面外墙为防火墙时，其防火间距可减小，但不应小于4m。 4.2.3　停车场与相邻的一、二级耐火等级建筑之间，当相邻建筑的外墙为无门、窗、洞口的防火墙，或比停车部位高15m范围以下的外墙均为无门、窗、洞口的防火墙时，防火间距可不限。 4.2.5　甲、乙类物品运输车的汽车库、修车库、停车场与民用建筑的防火间距不应小于25m，与重要公共建筑的防火间距不应小于50m。甲类物品运输车的汽车库、修车库、停车场与明火或散发火花地点的防火间距不应小于30m，与厂房、仓库的防火间距应按本规范表4.2.1的规定值增加2m。 　汽车库、修车库、停车场与甲类物品仓库的防火间距不应小于该规范表4.2.4的规定。 4.2.10　停车场的汽车宜分组停放，每组的停车数量不宜大于50辆，组之间的防火间距不应小于6m。 6.0.14　除室内无车道且无人员停留的机械式汽车库外，相邻两个汽车疏散出口之间的水平距离不应小于10m；毗邻设置的两个汽车坡道应采用防火隔墙分隔。 6.0.15　停车场的汽车疏散出口不应少于2个；停车数量不大于50辆时，可设置1个。
《车库建筑设计规范》JGJ 100—2015	3.1.6　车库基地出入口的设计应符合下列规定： 　5　机动车库基地出入口应具有通视条件，与城市道路连接的出入口地面坡度不宜大于5%； 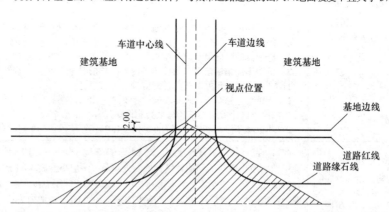 　基地出入口必须保证良好的通视条件，并在车辆出入口设置明显的减速或停车等交通安全标识，提醒驾驶员出入口的存在，以保证行车辆出入时的安全。机动车经基地出入口汇入城市道路时，驾驶员必须保证良好的视线条件，通视要求参照行业标准《城市道路工程设计规范》CJJ 37—2012第11.2.9条，不应有遮挡视线障碍物的范围，应控制在距离出入口边线以内2m处作视点的120°范围内。如上图所示，设计应保证驾驶员在视点位置可以看到全部通视范围内的车辆、行人情况。人行道的行道树不属于遮挡视线障碍物。
《无障碍设计规范》GB 50763—2012	3.14.1　应将通行方便、行走距离路线最短的停车位设为无障碍机动车停车位。 3.14.2　无障碍机动车停车位的地面应平整、防滑、不积水，地面坡度不应大于1：50。 3.14.3　无障碍机动车停车位一侧，应设宽度不小于1.20m的通道，供乘轮椅者从轮椅通道直接进入人行道和到达无障碍出入口。 3.14.4　无障碍机动车停车位的地面应涂有停车线、轮椅通道和无障碍标志。

续表

规 范	内 容
《城市公共停车场工程项目建设标准》128—2010	第十条　城市公共停车场规模按照停车位数量划分为特大型、大型、中型和小型四类。 第十九条　大、中型停车场出入口不得少于2个，特大型停车场出入口不得少于3个，并应设置专用人行出入口，且两个机动车出入口之间的净距不小于15m。 第二十一条　城市公共停车场出入口要具有良好的视野，机动车出入口的位置（距离道路交叉口宜大于80m）距离人行过街天桥、地道、桥梁或隧道等引道口应大于50m；距离学校、医院、公交车站等人流集中的地点应大于30m。

3.4　真题解析——掌握考试技巧

3.4.1　题目要求

如图 3-8 所示。

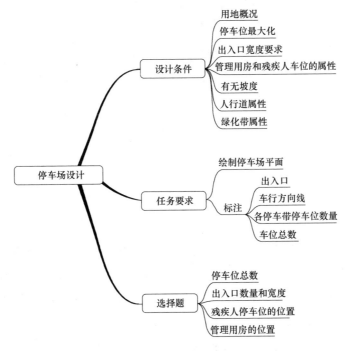

图 3-8　题目要求思维导图

3.4.2　解题步骤

（1）第一步，确定出入口的数量和宽度。

我们首先要对场地停车数量进行估算，50辆作为临界值，≤50辆为一个出入口，在根据题目条件，一般两个口时，出入口宽度为5m，一个口时，出入口宽度为7m。注意两个口时5m宽度与7m行车道的交接处的处理。

（2）第二步，确定行车道和停车带的布置方向。

根据题目条件，看场地有没有坡度，再根据"环通式行车道布置方式停车最多，每条行车道对应双面停车带且停车带（停车位长边）垂直于行车道"的布置原则布置停车带。同时根据场地的长度和宽度，计算出单双向停车带的尺寸，做出正确的布置。

（3）第三步，残疾人车位和管理用房的布置。

根据"残疾人车位就近到达目的地"的布置原则，同时与管理用房综合考虑。

（4）第四步，计算车位数量。

计算每条停车带的停车数量，再计算出总数，文字表示在图面上。

（5）第五步，做出选择题，标注相关尺寸，出入口位置，每条停车带停车数量和停车位总数。

附停车场设计题目的"七言绝句"：

> 车数预判放在先，出入口数提前算
>
> 面积除以四十七，口数临界值五十
>
> 再定出入口位置，两个口距尽量远
>
> 题目给出口宽度，图示条件定口部
>
> 环通行车布的多，一行车道两排车
>
> 两停车带夹绿化，车位长边垂车道
>
> 残疾车位靠口位，综合定位管理房
>
> 最后做出选择题，车数尺寸标仔细

习题 3-1　2017 年考题

【设计条件】

某文化馆（建筑耐火等级为二级）拟建机动车停车场，场地平面如图 3-9（a）所示。

在用地范围内尽可能多布置停车位（含残疾人停车位 4 个）

停车场应分别设置人行、车行出入口，车行出入口可由城市道路引入（可穿越绿地），也可利用内部车行道，但不应通过人行广场。

停车场内车行道要求贯通，宽度不应小于 7m。停车方式采用垂直式，停车尺寸及布置要求如图 3-9（b）所示。

停车场设一个机动车出入口时，车道宽度不小于 7m；设置两个机动车出入口时，车道宽度不小于 5m。

停车场用地红线内侧需留出不小于 2m 宽的绿化带，出入口通道处可不设。

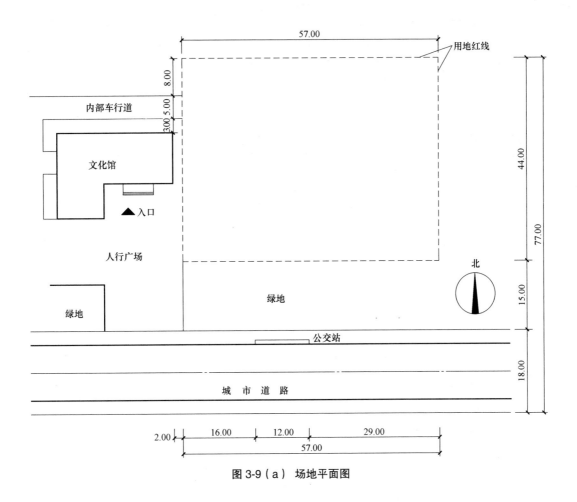

图 3-9（a） 场地平面图

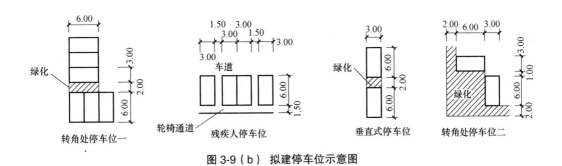

图 3-9（b） 拟建停车位示意图

【任务要求】

根据上述条件绘制停车场平面，注明停车场人行、车行出入口，并注明停车场内车行方向。

标注相关尺寸，各停车位（可不绘停车线）的停车数量及停车场的车位总数。

下列单选题每题只有一个最符合题意的选项，从各题中选择一个与作图结果对应的选项，用黑色绘图笔将选项对应的字母填写在括号中，同时用2B铅笔将答题卡对应题号选项信息点涂黑，二者必须一致，缺项不予评分。

【选择题】

1. 停车位总数为：（　　　）（10分）

[A] 48～50个　　　[B] 51～56个　　　[C] 57～62个　　　[D] 63～66个

2. 停车场机动车出入口的数量和位置：（　　　）（4分）

[A] 1个南侧　　　[B] 1个西侧　　　[C] 2个南侧　　　[D] 2个南侧西侧各一个

3. 残疾人停车位位于停车场的：（　　　）（4分）

[A] 东侧　　　　[B] 西侧　　　　[C] 南侧　　　　[D] 北侧

【解题步骤和方法】

1. 梳理题目信息

拟建：停车场平面。

要求：尽可能多布置停车位（残疾人车位4个）。

退线：绿化带。

车行入口宽度：一个口7m，两个口5m。

原有场地信息：图面和文字中给出。

耐火等级：二级。

2. 确定出入口数量和宽度

（1）估算拟建场地停车数量，确定出入口数量。

场地总面积为：57×44=2508m²。停车位数量=2508/47=53.36＞50辆，确定为两个口，根据题目条件，确定为出入口宽度为5m。

（2）确定出入口的位置。

题目要求，车行出入口可由城市道路引入（可穿越绿地），也可利用内部车行道，但不应通过人行广场。

根据《民用建筑设计通则》GB 50352—2005中4.1.5.3规定，基地机动车出入口位置距地铁出入口、公共交通站台边缘不应小于15m，图示中计算得出，南侧出入口只能由东南角引入，而另一个出入口则由场地原有车行道引入。

3. 确定停车带和行车道的布置方向

根据"环通式行车道布置方式停车最多，每条行车道对应双面停车带且停车带（停车位长边）垂直于行车道"的布置原则布置停车带，同时根据《汽车库、修车库、停车场设计防火规范》GB 50067—2014表4.2.1中规定，停车场与民用建筑（一二级）防火间距为6m，从靠近建筑物的车位位置边缘算起，确定场地左侧不应布置停车位。

场地宽度=44m=2+（6+7+6）+2+（6+7+6）+2，满足要求。

如图3-9（c）所示。

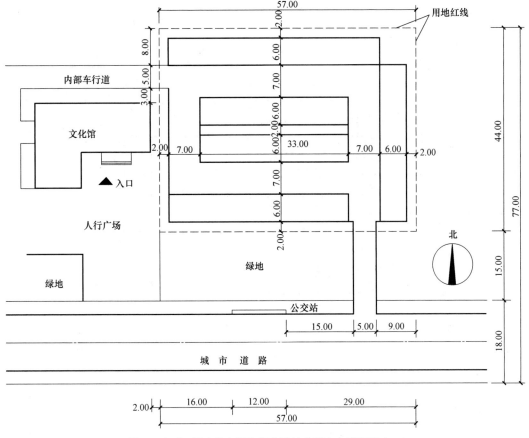

图 3-9（c） 拟建停车带和行车道的布置方向示意图（m）

4. 确定残疾人车位的位置

根据"残疾人车位就近到达目的地"的布置原则，残疾人车位布置需要靠近人行广场和建筑入口。残疾人停车位位于场地西南角。

5. 计算停车位数量

根据场地尺寸，可以计算出每一条停车带的停车数量及停车总数。残疾人4辆所占尺寸为：3+1.5+3+3+1.5+3=15.00m。

共停车为60辆。

6. 标注相关尺寸、出入口位置、每条停车带停车数量及停车总数，如图 3-9（d）所示

7. 做出选择题答案

（1）停车位总数为：（C）（10分）

[A] 48～50个　[B] 51～56个　　[C] 57～62个　　[D] 63～66个

（2）停车场机动车出入口的数量和位置：（D）（4分）

［A］1个南侧　　［B］1个西侧　　　　［C］2个南侧　　　　［D］2个南侧西侧各一个

（3）残疾人停车位位于停车场的：（C）（4分）

［A］东侧　　　　［B］西侧　　　　　［C］南侧　　　　　　［D］北侧

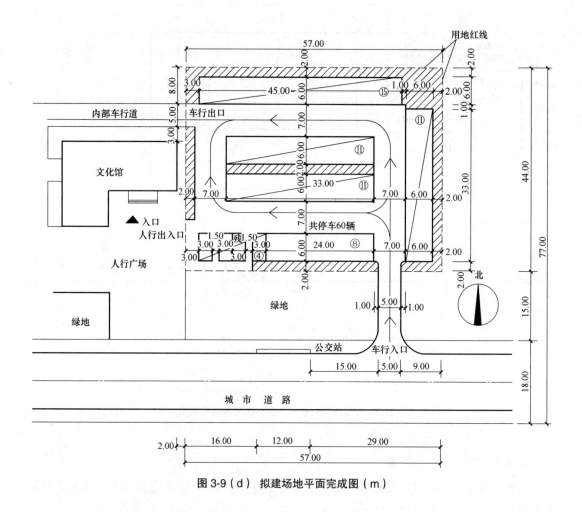

图 3-9（d）　拟建场地平面完成图（m）

习题 3-2　2010 年考题

【设计条件】

某单位拟建停车场，如图 3-10（a）所示。

停车场车行出入口由城市道路接入，停车方式采用垂直式，小型车车行道宽度不小于 7m，且应贯通，中型客车车行道宽度不小于 12m。

停车场与道路红线之间需留出 12m 宽的绿化带，停车位布置需考虑与已有建筑物之间的防火间距。

停车带与用地界线之间需留出不小于 2m 宽的绿化带（乘客通道、残疾人车位及出入口处可不设）。

停车场内应尽可能多布置停车位，其中应设中型客车停车位和残疾人停车位各4个，布置要求见3-10（b）所示。

【任务要求】

根据设计条件绘制停车场平面，并标出车行出入口。

注明相关尺寸，标明各停车带（可不绘制停车位线）的停车数量及停车场的车位当量总数。

下列单选题每题只有一个最符合题意的选项，从各题中选择一个与作图结果对应的选项，用黑色绘图笔将选项对应的字母填写在括号中，同时用2B铅笔将答题卡对应题号选项信息点涂黑，二者必须一致，缺项不予评分。

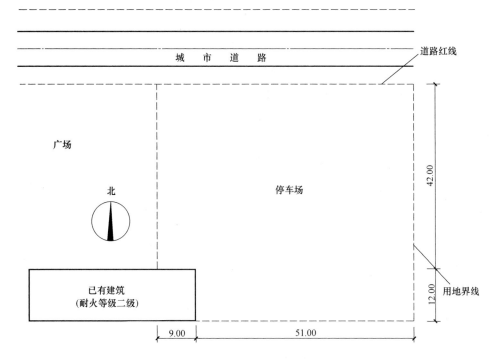

图 3-10（a） 拟建场地平面图（m）

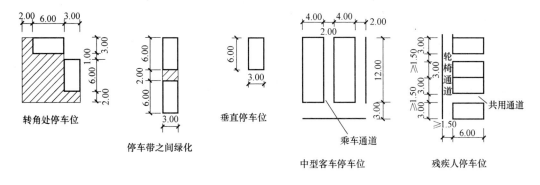

图 3-10（b） 拟建停车位示意图（m）

【选择题】

1. 车位当量总数（每个中型车车位按 2 个车位当量计算）：（　　　）（8 分）

[A] 42～45 个　　　[B] 46～49 个　　　[C] 50～52 个　　　[D] 53～55 个

2. 汽车停车位与已有建筑物之间的防火间距为：（　　　）（4 分）

[A] 3m　　　　　　[B] 5m　　　　　　[C] 6m　　　　　　[D] 9m

3. 中型客车停车位位于停车场的：（　　　）（3 分）

[A] 东侧　　　　　[B] 南侧　　　　　[C] 西侧　　　　　[D] 北侧

4. 残疾人停车位位于停车场的：（　　　）（3 分）

[A] 东北侧　　　　[B] 东南侧　　　　[C] 西北侧　　　　[D] 西南侧

【解题步骤和方法】

1. 梳理题目信息

拟建：停车场平面（含有中型客车 4 辆）。

要求：尽可能多布置停车位（残疾人车位 4 个）。

退线：绿化带，停车场与道路红线之间的绿化带。

车行入口宽度：小型车 7m，中型客车 12m。

原有场地信息：图面和文字中给出。

耐火等级：二级。

2. 确定出入口数量和宽度

（1）估算拟建场地停车数量，确定出入口数量。

场地总面积为（51+9）×（42+12-12）-9×12=2412m²。停车位数量 =2412/47=51.32 > 50 辆，确定为两个口，但是根据题目条件，场地停靠根据题目条件，场地需停靠中型客车 4 辆，行车道宽度为 12m，以此确定为一个出口，出入口宽度为 12m。

（2）确定出入口的位置。

根据题目图示，场地只能从北面引入出入口，而中型客车需靠近原有建筑物和广场，方便人流引入，又避免车流交叉，所以把出入口放在北侧西部。

3. 确定停车带和行车道的布置方向

根据"环通式行车道布置方式停车最多，每条行车道对应双面停车带且停车带（停车位长边）垂直于行车道"的布置原则布置停车带，同时根据《汽车库、修车库、停车场设计防火规范》GB 50067—2014 表 3-2 中规定，停车场与民用建筑（一二级）防火间距为 6m，确定距离原有建筑 6m 范围内不应布置停车位。

场地宽度 =42m=2+（6+7+6）+2+（6+7+6），满足要求。

如图 3-10（c）所示。

4. 确定中型客车车位的位置

根据中型客车需靠近原有建筑物和广场，方便人流引入，又避免车流交叉，所以中型客车放在场地的西侧。

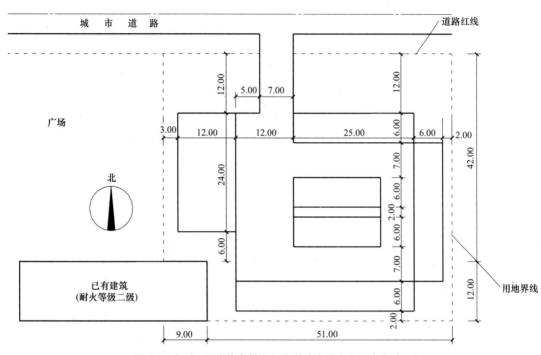

图 3-10（c）　拟建停车带和行车道的布置方向示意图（m）

5. 确定残疾人车位的位置

根据"残疾人车位就近到达目的地"的布置原则，残疾人车位布置需要靠近广场和建筑入口。残疾人停车位位于场地西南角。

6. 计算停车位数量

根据场地尺寸，可以计算出每一条停车带的停车数量及停车总数。残疾人4辆所占尺寸为：3+1.5+3+3+1.5+3=15.00m。

共停车为48辆（其中中型客车占两个车位当量）。

7. 标注相关尺寸、出入口位置、每条停车带停车数量及停车总数，如图 3-10（d）所示

8. 做出选择题答案

（1）车位当量总数（每个中型车车位按 2 个车位当量计算）：（B）（8分）

[A] 42～45 个　　　[B] 46～49 个　　　[C] 50～52 个　　　[D] 53～55 个

（2）汽车停车位与已有建筑物之间的防火间距为：（C）（4分）

[A] 3m　　　　[B] 5m　　　　[C] 6m　　　　[D] 9m

（3）中型客车停车位位于停车场的：（C）（3分）

[A] 东侧　　　[B] 南侧　　　[C] 西侧　　　[D] 北侧

（4）残疾人停车位位于停车场的：（D）（3分）

　[A]东北侧　　　　　[B]东南侧　　　　　[C]西北侧　　　　　[D]西南侧

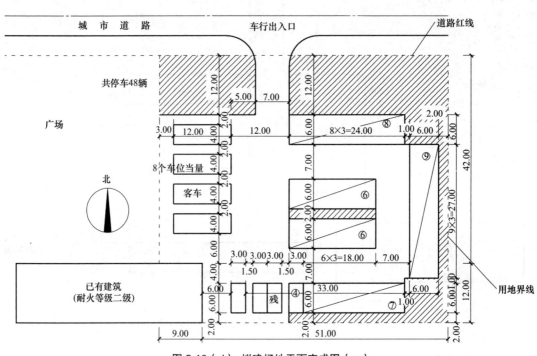

图 3-10（d）　拟建场地平面完成图（m）

习题 3-3　2011 年考题

【设计条件】

某地拟建停车场，用地如图 3-11（a）所示。

要求在用地范围内尽可能多布置停车位（含残疾人停车位 4 个），停车位大小及布置要求如图 3-11（b）所示。

停车场内车行道宽度不小于 7m，要求车行道贯通，停车方式采用垂直式和平行式均可。

停车带与用地界线间需留出 2m 宽的绿化带，残疾人停车位处可以不设。

停车场出入口由城市道路引入，引道宽度单车道为 5m，双车道为 7m，要求引道尽可能少占用市政绿化用地。

停车场内设置一处管理用房，平面尺寸为 6m×6m。

【任务要求】

根据上述条件在 3-11（a）上绘制停车场平面图，要求表示行车方向和出入口位置。

标注相关尺寸，各停车带（可不绘制车位线）的停车数量及停车场的车位总数。

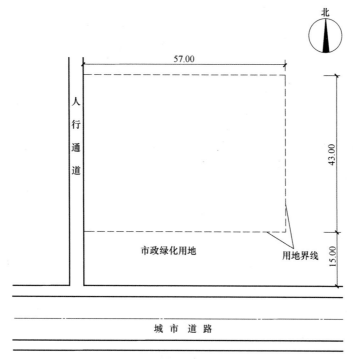

图 3-11（a） 拟建场地平面图（m）

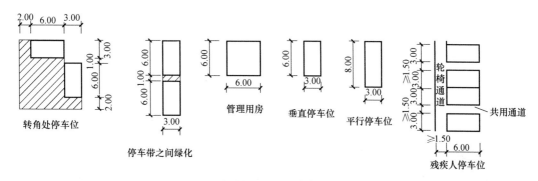

图 3-11（b） 拟建停车位示意图（m）

下列单选题每题只有一个最符合题意的选项，从各题中选择一个与作图结果对应的选项，用黑色绘图笔将选项对应的字母填写在括号中，同时用 2B 铅笔将答题卡对应题号选项信息点涂黑，二者必须一致，缺项不予评分。

【选择题】

1. 车位总数为：（　　　）（8 分）

[A] 50～54 个　　　　[B] 55～57 个　　　　[C] 58～61 个　　　　[D] 62～65 个

2. 出入口数量及引道宽度分别为：（   ）（4分）

　[A]1个，7m　　　[B]1个，5m　　　[C]2个，7m　　　[D]2个，5m

3. 管理用房位于停车场的：（   ）（3分）

　[A]东侧　　　　　[B]南侧　　　　　[C]西侧　　　　　[D]北侧

4. 残疾人停车位位于停车场的：（   ）（3分）

　[A]东侧　　　　　[B]南侧　　　　　[C]西侧　　　　　[D]北侧

【解题步骤和方法】

1. 梳理题目信息

拟建：停车场平面。

要求：尽可能多布置停车位（残疾人车位4个）。

退线：绿化带。

车行入口宽度：单车道5m，双车道7m。

原有场地信息：图面和文字中给出。

管理用房：要求场地内设置。

2. 确定出入口数量和宽度

（1）估算拟建场地停车数量，确定出入口数量。

场地总面积为 $57 \times 43 = 2451 m^2$。停车位数量 $= 2451/47 = 52.15 > 50$ 辆，确定为两个口。出入口宽度为 5m。

（2）确定出入口的位置

根据题目图示，场地只能从南面引入出入口，所以把出入口放在南侧。

3. 确定停车带和行车道的布置方向

根据"环通式行车道布置方式停车最多，每条行车道对应双面停车带且停车带（停车位长边）垂直于行车道"的布置原则布置停车带，场地宽度 $=43m=2+（6+7+6）+1+（6+7+6）+2$，满足要求。

如图 3-11（c）所示。

4. 确定残疾人车位的位置

根据"残疾人车位应靠近人行道"的布置原则，残疾人停车位位于场地西侧，且靠近出入口方便管理。

5. 确定管理用房的位置

管理用房应尽量放在出口的司机位方向，方便停车缴费。

6. 计算停车位数量

根据场地尺寸，可以计算出每一条停车带的停车数量及停车总数。残疾人4辆所占尺寸为：$3+1.5+3+3+1.5+3=15.00m$。

共停车为 59 辆。

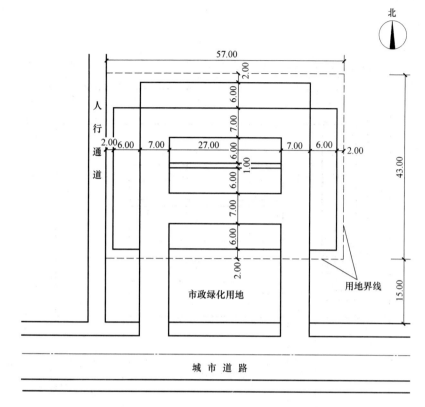

图 3-11（c） 拟建停车带和行车道的布置方向示意图（m）

7. 标注相关尺寸、出入口位置、每条停车带停车数量及停车总数，以及行车方向线，如图 3-11（d）所示

8. 做出选择题答案

（1）车位总数为：（C）（8分）

[A] 50 ~ 54 个　　　　　　　　　　[B] 55 ~ 57 个

[C] 58 ~ 61 个　　　　　　　　　　[D] 62 ~ 65 个

（2）出入口数量及引道宽度分别为：（D）（4分）

[A] 1 个，7m　　　　　　　　　　　[B] 1 个，5m

[C] 2 个，7m　　　　　　　　　　　[D] 2 个，5m

（3）管理用房位于停车场的：（B）（3分）

[A] 东侧　　　　　　　　　　　　　[B] 南侧

[C] 西侧　　　　　　　　　　　　　[D] 北侧

（4）残疾人停车位位于停车场的：（C）（3分）

[A] 东侧　　　　　　　　　　　　　[B] 南侧

[C] 西侧　　　　　　　　　　　　　[D] 北侧

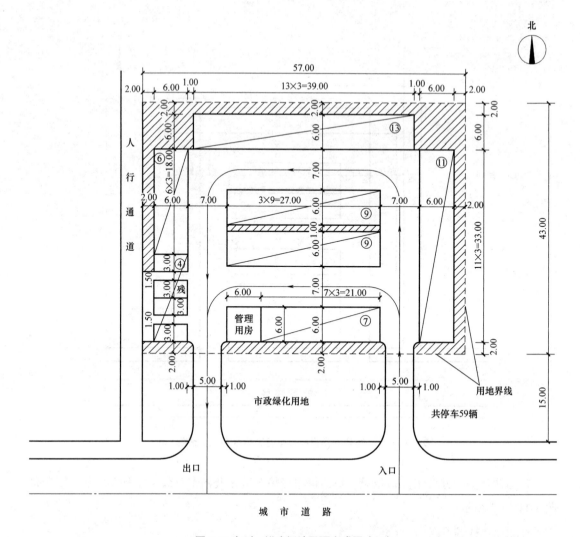

北

图 3-11（d） 拟建场地平面完成图（m）

习题 3-4　2014 年考题

【设计条件】

某公园拟建免费机动车停车场，用地平面如图 3-12（a）所示。

要求在用地范围内尽可能多布置停车位（含残疾人停车位 4 个），并设管理用房一处，停车位与管理用房要求如图 3-12（b）所示。

车行出入口由城市道路引入，采用右进右出的交通组织方式。

车场内车行道宽度不小于 7m，车行道要求贯通，停车方式采用垂直式、平行式均可。

场地坡度大于等于 5% 时，停车位长轴中线与场地坡向之间的夹角不应小于 60 度。

停车场设一个出入口时，其宽度不应小于 7m；设两个出入口时，其宽度不应小于 5m。

停车场留出通往公园入口广场的人行出入口，宽度不少于 3m。

用地界线四周内侧需留出 2m 宽的绿化带，出入口通道、残疾人停车位处可不设。

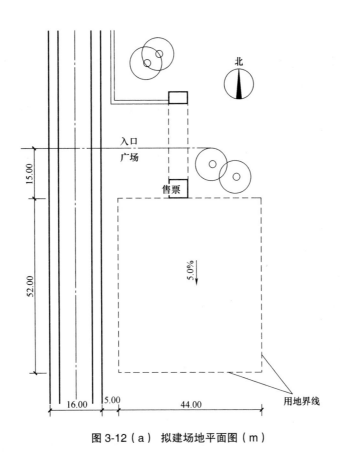

图 3-12（a） 拟建场地平面图（m）

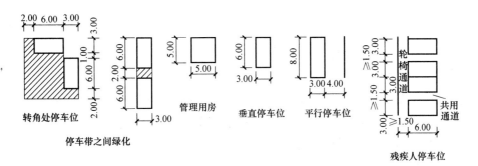

图 3-12（b） 拟建停车位示意图（m）

【任务要求】

根据上述条件绘制停车场平面图。标注停车场出入口以及停车场内车行方向。

标注相关尺寸，各停车带（可不绘制车位线）的停车位数量及停车位总数。

下列单选题每题只有一个最符合题意的选项，从各题中选择一个与作图结果对应的选项，用黑色绘图笔将选项对应的字母填写在括号中，同时用 2B 铅笔将答题卡对应题号选项信息点涂黑，二者必须一致，缺项不予评分。

【选择题】

1. 停车位总数为：（　　　）（8分）

[A] 41～43个　　　[B] 44～46个　　　[C] 47～50个　　　[D] 51～53个

2. 停车场出入口数量及宽度为：（　　　）（6分）

[A] 一个，7m　　　[B] 一个，5m　　　[C] 两个，7m　　　[D] 两个，5m

3. 残疾人停车位位于停车场的：（　　　）（4分）

[A] 西北角　　　[B] 西南角　　　　[C] 北侧中部　　　[D] 西侧中部

【解题步骤和方法】

1. 梳理题目信息

拟建：停车场平面。

要求：尽可能多布置停车位（残疾人车位4个）。

退线：绿化带。

车行入口宽度：两个口5m，一个口7m。

原有场地信息：图面和文字中给出。

管理用房：要求场地内设置。

其他：场地带坡度。

2. 确定出入口数量和宽度

（1）估算拟建场地停车数量，确定出入口数量。

场地总面积为44×52=2288m²。停车位数量=2288/47=48.7＜50辆，确定为一个口。出入口宽度为7m。

（2）确定出入口的位置。

根据题目图示，场地只能从西面引入出入口，所以把出入口放在西侧。

3. 确定停车带和行车道的布置方向

根据"环通式行车道布置方式停车最多，每条行车道对应双面停车带且停车带（停车位长边）垂直于行车道"的布置原则布置停车带和行车道，题目要求，场地坡度大于等于5%时，停车位长轴中线与场地坡向之间的夹角不应小于60度。因此得出，车位长轴只能为东西向。

如图3-12（c）所示。

4. 确定残疾人车位的位置

根据"残疾人车位应靠近入口广场"的布置原则，残疾人停车位位于场地西北侧，靠近出入口入口广场方便购票进入公园。

5. 确定管理用房的位置

管理用房应尽量放在出口处，方便停车缴费。

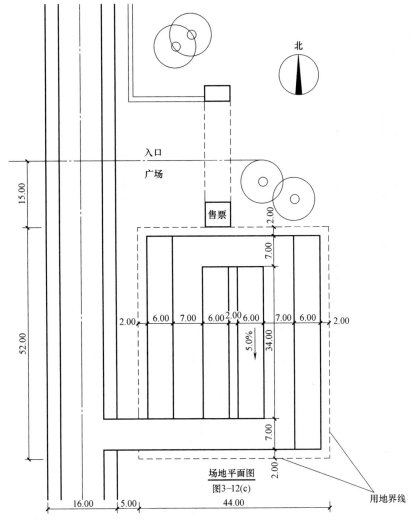

图 3-12（c） 拟建停车带和行车道的布置方向示意图（m）

6.计算停车位数量

根据场地尺寸，可以计算出每一条停车带的停车数量及停车总数。残疾人4辆所占尺寸为：3+1.5+3+3+1.5+3=15.00m。

共停车为59辆。

7.标注相关尺寸、出入口位置、每条停车带停车数量及停车总数，以及行车方向线，如图 3-12（d）所示

8.做出选择题答案

（1）停车位总数为：（C）（8分）

[A] 41～43个   [B] 44～46个

[C] 47～50个   [D] 51～53个

（2）停车场出入口数量及宽度为：（A）

[A]一个，7m　　　[B]一个，5m　　　[C]两个，7m　　　[D]两个，5m

（3）残疾人停车位位于停车场的：（A）

[A]西北角　　　　[B]西南角　　　　[C]北侧中部　　　　[D]西侧中部

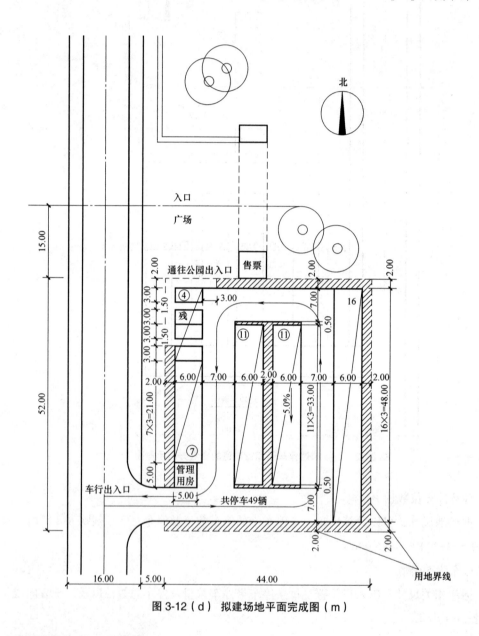

图 3-12（d）　拟建场地平面完成图（m）

习题 3-5　2013 年考题

【设计条件】

某城市拟建机动车停车场，场地平面如图 3-13（a）所示，要求场地地形不变，保留场地内树木，树冠投影范围不布置停车位：

118

要求在用地范围内尽可能多布置停车位（含残疾人停车位 4 个），并设管理用房一处，停车位与管理用房要如图 3-13（b）所示

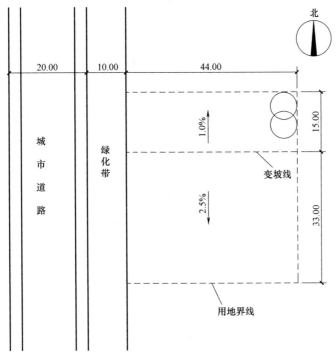

图 3-13（a） 拟建场地平面图（m）

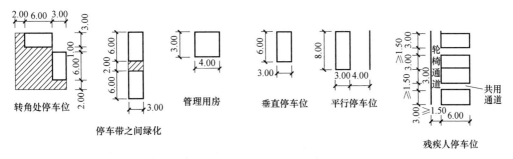

图 3-13（b） 拟建停车位示意图（m）

停车场内车行道宽度不小于 7m，要求车行道贯通，停车方式采用垂直式，平行式均可。

停车场出入口由城市道路引入，允许穿越绿化带，应采用右进右出的交通组织方式。

停车场设一个出入口时，其宽度不应小于 9m，设两个出入口时，其宽度不应小于 5m。

残疾人停车位地面坡度不应大于 1∶50。

停车带与用地界线之间需留出 2m 宽的绿化带，残疾人停车位处可不设。

【任务要求】

根据上述条件绘制停车场平面图。标注停车场出入口以及停车场内车行方向：

标注相关尺寸，各停车带（可不绘制车位线）的停车数量及停车位总数。

下列单选题每题只有一个最符合题意的选项，从各题中选择一个与作图结果对应的选项，用黑色绘图笔将选项对应的字母填写在括号中，同时用2B铅笔将答题卡对应题号选项信息点涂黑，二者必须一致，缺项不予评分。

【选择题】

1. 停车位总数为：（   ）（10分）

[A] 43～45个   [B] 46～48个   [C] 49～50个   [D] 51～53个

2. 停车场出入口数量及宽度为：（   ）（4分）

[A] 一个，9m   [B] 一个，7m   [C] 两个，7m   [D] 两个，5m

3. 残疾人停车位位于停车场的：（   ）（4分）

[A] 东侧   [B] 南侧   [C] 西侧   [D] 北侧

【解题步骤和方法】

1. 梳理题目信息

拟建：停车场平面。

要求：尽可能多布置停车位（残疾人车位4个）。

退线：绿化带。

车行入口宽度：两个口5m，一个口9m。

原有场地信息：图面和文字中给出。

管理用房：要求场地内设置。

其他：场地带坡度。

2. 确定出入口数量和宽度

（1）估算拟建场地停车数量，确定出入口数量。

场地总面积为 $44 \times 48 = 2112m^2$。停车位数量 $= 2112/47 = 44.9 < 50$ 辆，确定为一个口。出入口宽度为9m。

（2）确定出入口的位置。

根据题目图示，场地只能从西面引入出入口，所以把出入口放在西侧。

3. 确定停车带和行车道的布置方向

根据"环通式行车道布置方式停车最多，每条行车道对应双面停车带且停车带（停车位长边）垂直于行车道"的布置原则布置停车带和行车道。如图3-13（c）所示。

4. 确定残疾人车位的位置

题目要求，残疾人停车位地面坡度不应大于1:50。残疾人停车位位于场地北侧，即坡度1%的位置内。且靠近管理用房和出入口。

5. 确定管理用房的位置

管理用房应尽量放在出口处，方便停车缴费，并靠近残疾人方便管理。

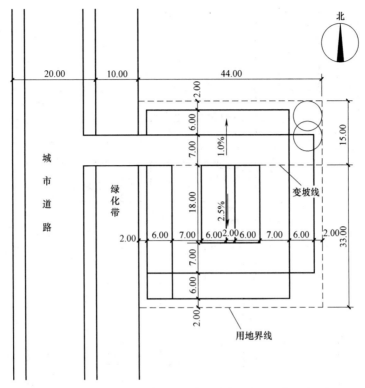

图3-13（c） 拟建停车带和行车道的布置方向示意图（m）

6.计算停车位数量

根据场地尺寸，可以计算出每一条停车带的停车数量及停车总数。残疾人4辆所占尺寸为：3+1.5+3+3+1.5+3=15.00m。

共停车为47辆。

7.标注相关尺寸、出入口位置、每条停车带停车数量及停车总数，以及行车方向线，如图3-13（d）所示。

8. 做出选择题答案

（1）停车位总数为：（B）（10分）

[A] 43～45个   [B] 46～48个

[C] 49～50个   [D] 51～53个

（2）停车场出入口数量及宽度为：（A）（4分）

[A] 一个，9m   [B] 一个，7m

[C] 两个，7m   [D] 两个，5m

（3）残疾人停车位位于停车场的：（D）（4分）

[A] 东侧   [B] 南侧

[C] 西侧   [D] 北侧

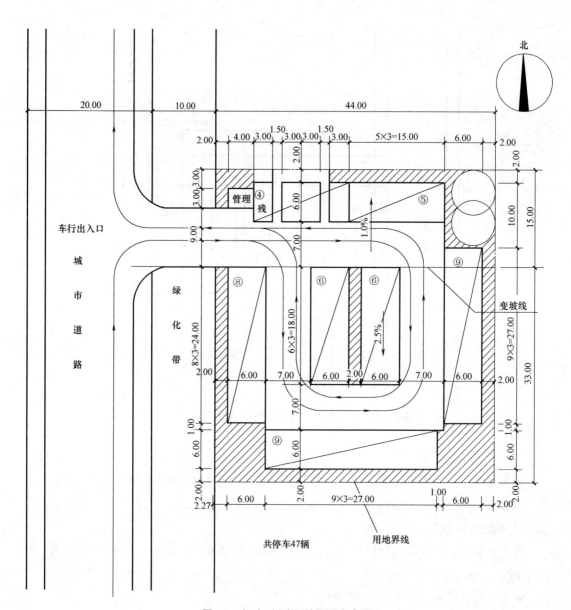

图 3-13（d） 拟建场地平面完成图

第 4 章　地 形 设 计

4.1　知识脉络——构建思维导图

地形设计一般是要求考生调整等高线，估算土方的填挖方量，做到土方平衡，布置护坡、排水沟等，目的是考察考生高程和竖向设计的基本概念，控制土方平衡，组织场地排水等综合能力。

如图4-1所示，地形设计可分成两大类型，一类为等高线设计，另一类为高程设计。

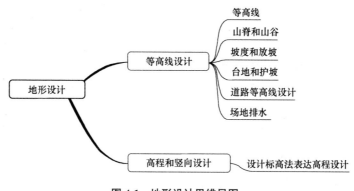

图 4-1　地形设计思维导图

4.2　内容归纳——覆盖考试要点

4.2.1　等高线设计

自然界中，不存在完全平整的面，比如山丘、河流等，都存在起伏，为了更好地理解和应用我们的三维世界，我们用等高线把三维世界进行了二维的表达。

等高线是实际上不存在的线，是人为的一种描述大地起伏特征的工具。

（1）等高线

1）定义：是在设定某固定点或临时参考点为最底面高程（即零点高程）的基础上，将相同高程的点连接而成的曲线。

2）等高线有两个特点：

第一，等高线是封闭的，图纸上看到的往往只是其中的一段，不代表没封闭。第二，等高线上的高程注记数值字头朝上坡方向。如图4-2所示。

3）等高线有两个附属概念：

等高线间距：相邻两条等高线，二者的水平距离。

等高距：二者的垂直距离（高差）。

在我们实际的工程图纸中，等高距是固定的数值，而等高线间距一般是变化不定的。如图4-3所示。

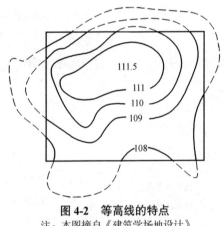

图4-2 等高线的特点
注：本图摘自《建筑学场地设计》
（第三版）图1.1.3

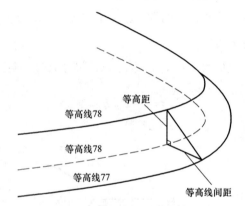

图4-3 等高线间距和等高距
注：本图摘自《建筑学场地设计》
（第三版）图1.1.4

4）规则坡地和不规则坡地的等高线间距。

① 当用等高线表示的坡地呈斜平面或近似斜平面时，其全部的等高线间距是相同的；当等高线表示的坡地呈有规则凹凸的平曲面时，每两个相邻等高线的等高线间距是近似相同的数值，此时等高线之间的等高线间距是不一定相同的。此时，等高线间距的长度就是在相邻等高线之间垂直于等高线的线段水平长度值。如图4-4所示。

② 大多数时候坡地都是不规则的，此时的等高线间距各不相同，这时其中某一处的等高线间距不能代表整体的等高线间距，如图4-5所示，$a \neq b$。

③ 等高线间距的大小相当于坡地自然坡度线的水平长度，或者说是A点流水到等高线54形成的痕迹简化成的水平长度。而不是A点到等高线54做垂线的垂直长度。如图4-6所示。

④ 通过模拟实验观察，可以得出，在不规则坡地上，勾画等高线间距位置的规律：等高线间距位置与上下相邻等高线切线形成的夹角近似相等。如图4-7所示。

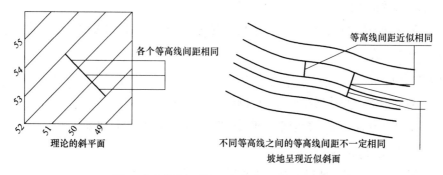

图 4-4 呈斜平面或近似斜平面坡地的等高线
注：本图摘自《建筑学场地设计》（第三版）图 1.2.10

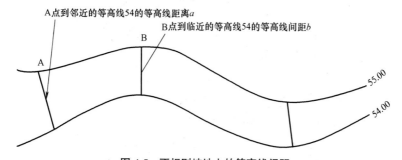

图 4-5 不规则坡地上的等高线间距
注：本图摘自《建筑学场地设计》（第三版）图 1.2.11

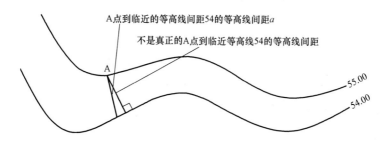

图 4-6 等高线间距取得的正误
注：本图摘自《建筑学场地设计》（第三版）图 1.2.12

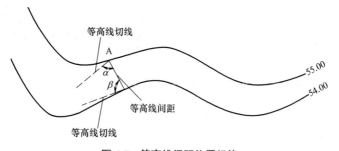

图 4-7 等高线间距位置规律
注：本图摘自《建筑学场地设计》（第三版）图 1.2.14

5）等高线的剖断面。

这是一种对地形题的识别方式，为了更直观地研究地形，我们采用了给平面的等高线地形图画剖断面的方式。

① 画出切面。

② 根据等高线间距和计划的竖向比例画出平行线。

③ 从等高线与切面的交点投射平行垂线到断面图上相应的平行线上。

④ 连接这些点完成断面图。

由此，便得到了直观的地形某处位置的剖断面，如图4-8所示。

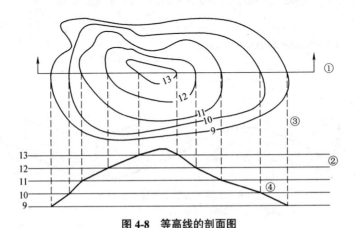

图4-8 等高线的剖面图

注：本图摘自《风景建筑学场地工程》（图1.6）

（2）山脊和山谷

1）定义：等高线明显弯曲，并且等高线凸出的方向指向海拔低处，就是山脊。

等高线明显弯曲，并且等高线凸出的方向指向海拔高处，就是山谷。

山脊和山谷是常见的山地地貌状态，如图4-9所示。

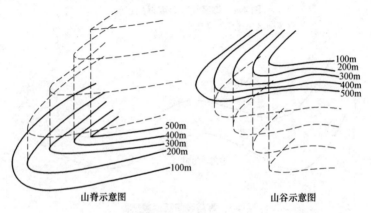

图4-9 山脊和山谷示意图

2）实际的山地地形，通常是连绵起伏的，凸起的脊背状走向和凹下的带状走向连续出现。我们根据雨水或者流水在山脊或者山谷处的不同走向而形成的流线来快速识别凹凸并且认知分水线和合水线，如图 4-10 所示。

① 在地形中的每一个凸起的地方画折线。

② 分别在折线的两侧，从高程的高点的任意一点向对应的低点画箭头指示方向，近似寻找等高线间距的方法。

③ 观察两侧箭头的指示方向与折线的关系，是背离还是汇合。

④ 如为背离，则该处地形为凸起状态，该折线为分水线（山脊线）；如为汇合，则该处地形为凹下状态，该折线为合水线（山谷线）。

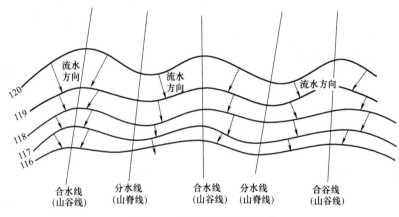

图 4-10　快速识别山脊和山谷

（3）坡度和放坡

1）坡度是一个与重力有关的概念。用以表达某处面体或者线体相对于大地水平面的倾斜度。

坡度常用百分数表达，也可用分数比值方式和小数点方式表达。也称坡度比值。如图 4-11 所示。

2）放坡：坡的水平值与垂直高度值相比的数值。和坡度成倒数关系。

常用（:）表达。

坡度系数公式：

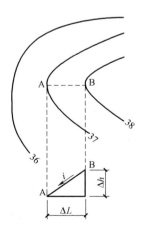

AB 两点之间的坡度公式：
$$i=\Delta h/\Delta L$$
i—A 点和 B 点的坡度值
Δh—B 点到 A 点的垂直高差
ΔL—B 点到 A 点的水平高差

图 4-11　坡度公式

$$1/i=\Delta L/\Delta h$$

i——A 点和 B 点的坡度值

Δh——B 点到 A 点的垂直高差

ΔL——B 点到 A 点的水平高差

在我们的地形设计考试中，坡度的概念经常出现，充分理解这个概念，对于我们做对题目尤为关键。放坡和坡度为倒数关系。例如20%的坡度，即坡度为1∶5，相当于为5∶1放坡；如果竖向 Δh 为1，那么横向 ΔL 为5。

在等高线地形图中，密集的等高线代表陡坡地，在等高距相等的条件下，等高线间距小，该处的自然坡度大；反之，疏松的等高线代表缓坡地，在等高距相等的条件下，等高线间距大，该处的自然坡度小。

3）内插法：通过已知点得到在它们之间的其他点的未知的方法。它是在进行场地竖向研究，求某条等高线位置时经常用到的方法。实际上是运用三角形相似性的原理计算的。

如图4-12所示，我们根据这个公式可以求出两条等高线之间的辅助等高线或者等高线间其中的某一点。

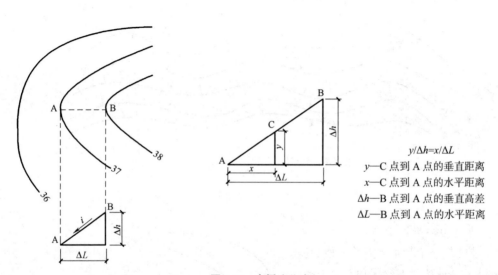

$y/\Delta h=x/\Delta L$

y—C 点到 A 点的垂直距离

x—C 点到 A 点的水平距离

Δh—B 点到 A 点的垂直高差

ΔL—B 点到 A 点的水平距离

图 4-12　内插法公式

4）路径最短距离。

在实际的场地设计中，有时要求在保证道路中心线坡度不超过最大限制值的情况下，所开辟的道路能够最短，以达到工程量较少和行走时间较短的目的。而要达到这种目的，则在设计中，应能够使道路所有段的中心线坡度尽量靠近或等于最大坡度限制值。

从坡度公式 $i=\Delta h/\Delta L$ 分析可知，等高距 Δh 是固定值，道路坡度 i 也有限制，则求出的等高线间距 ΔL 也为固定值。即要求 $I' \leqslant k\%$（设 $k\%$ 为道路坡度上限值），相当于要求道路等高线间距 $\Delta L' \geqslant \Delta h/k\%$。当 $\Delta L'=\Delta h/k\%$ 时，路径最短。

从某等高线一点以 $\Delta L'$ 水平长度到达相邻等高线有三种情况，如图4-13所示。

① 当 $\Delta L'= \Delta S$ 时，以 A 点为圆心，$\Delta L'$ 为半径画圆，圆与45等高线相切，说明有一条路径符合要求，为最短路径。

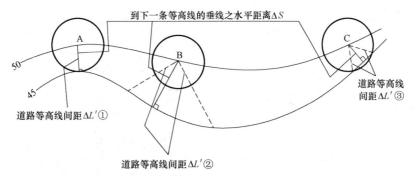

图 4-13　从某等高线一点以 ΔL' 水平长度到达相邻等高线的三种情况
注：本图摘自《建筑学场地设计》（第三版）（图 1.2.17）

② 当 ΔL' < ΔS 时，以 B 点为圆心，ΔL' 为半径画圆，圆与 45 等高线不相交，说明原地形坡度小于道路坡度，所有路径均符合要求，但是 ΔS 最短。

③ 当 ΔL' > ΔS 时，以 C 点为圆心，ΔL' 为半径画圆，圆与 45 等高线相交与两点，说明有两条路径符合要求，ΔS 虽然最短，但是道路坡度过陡，不符合要求。

我们在解决此类问题的时候，如果每两条等高线设立一个路径方向控制点，则问题就变得过于复杂，手工计算无法满足其繁琐的筛选。所以，一般情况下，每 5 倍等高距设立一个路径方向控制点即可（即每两条路径方向控制点之间有 4 条以内的等高线）。一般对于 5 条等高线以内的路径设计，比较容易控制，符合短时间内人工解决问题的能力范围。

5）坡度范围划分（坡度分析）。

在实际的坡地中，其上各处的坡度往往是互不相同的。自然地形的坡度可以分为平坡、缓坡、中坡、陡坡和急坡五种类型。

而我们进行场地设计，对场地都需要有坡度要求，例如，用地自然坡度小于 5% 时，宜规划为平坡式；用地自然坡度大于 8% 时，宜规划为台阶式；用地自然坡度为 5%～8% 时，宜规划为混合式。

所以，我们需要进行场地设计，首先要对场地地形坡度进行范围划分，即进行坡度分析。

某场地等高线图中，等高距为 0.5m，要求在场地范围内，按 $i \leqslant 5\%$ 和 $i > 20\%$ 及 $5\% < i \leqslant 20\%$ 三种情况进行地形坡度范围分析，如图 4-14 所示。

① $i \leqslant 5\%$ 时，根据坡度公式 $i \leqslant \Delta h / \Delta L$，那么，$\Delta L \geqslant \Delta h/i$=0.5/5%=10m。用比例尺在图中寻找等高线间距为 10m 的位置，大于等于 10m 的位置就是所找寻的 $i \leqslant 5\%$ 的范围。

② 和 $i > 20\%$ 时，根据坡度公式 $i > \Delta h / \Delta L$，那么，$\Delta L < \Delta h/i$=0.5/20%=2.50m。用比例尺在图中寻找等高线间距为 2.5m 的位置，小于 2.5m 的位置就是所找寻 $i > 20\%$ 的范围。

③ $5\% < i \leqslant 20\%$ 时，得出 2.5m ≤ ΔL < 10m。用比例尺在图中寻找等高线间距为 2.5～10m 的位置，就是所找寻 $5\% < i \leqslant 20\%$ 的范围。

等高线间距的取得方法，为不规则坡地的等高线间距取得方法，而不是随意取得的。

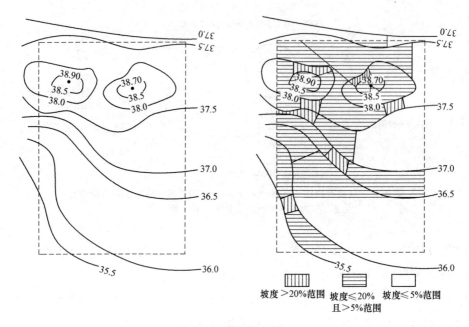

图 4-14 坡度范围分析

注：本图摘自《建筑学场地设计》（第三版）图 1.3.6

6）土石方平衡。

土石方工程包括用地的场地平整、道路及室外工程等的土石方估算与平衡。土石方平衡应遵循"就近合理平衡"的原则，根据规划建设时序，分工程或分地段充分利用周围有利的取土和弃土条件进行平衡。这是竖向布置设计的主要工作。土石方平衡遵循两个原则：

① 土方量最小。在不考虑场地规划限制、场地坡度、土的疏松性等因素影响的情况下，场地平整达到土石方平衡时，容易接近土石方量最小。

② 就近平衡。即尽量原地进行填挖方处理，减少运土时间，提高施工效率，且填挖方量不增不减。

如图 4-15 所示，第三种情况土石方平衡时，总土方量接近最小。

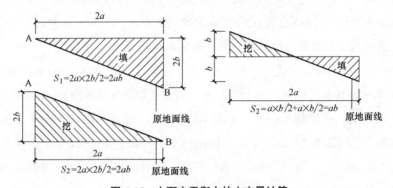

图 4-15 土石方平衡中的土方量计算

注：本图摘自《建筑学场地设计》（第三版）（图 2.6.2）

在场地平衡的前提下，在同样的场地范围下，随着所处原地面坡度的增加，总土方量也会增加，如图4-16所示。

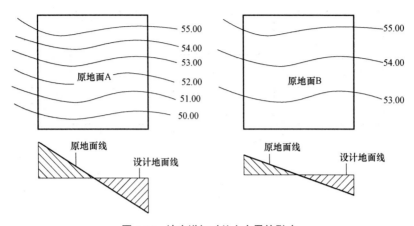

图 4-16　坡度增加对总土方量的影响
注：本图摘自《建筑学场地设计》（第三版）（图 2.6.3）

7）场地选址。

在等高线地形图中，密集的等高线代表陡坡地，在等高距相等的条件下，等高线间距小，该处的自然坡度大；反之，疏松的等高线代表缓坡地，在等高距相等的条件下，等高线间距大，该处的自然坡度小。

在起伏变化不剧烈的地面上，以填挖方平衡为前提选择设计场地位置，可以参考下列选址规则：

① 在选择设计场地位置时，使设计场地在原地形图上进行移动判别，当设计场地范围内包含的原地面等高线越少，其总土方量越小；当包含的原地面等高线最少，可以认为其总土方量也最少。

② 在①中，在不同的选址上，当设计场地包含的原地面等高线数目相同时，增加辅助等高线进一步判别。当设计场地范围内包含的原地面等高线（包含辅助等高线）最少，可以认为其总土方量也最少（辅助等高线的画法需要通过内插法来取得）。

有时，原地形比较简单有序，也可以通过观察目测的方式，直接找到原地面等高线最稀疏的地方，即土石方最少的选址。

如图4-17所示，在某一坡地上准备修整出一个40m×40m的场地，要求取得场地位置，场地方向南北向。在土方平衡的前提下，要求动土方最少。

首先我们用透明纸按照原地形的比例剪裁出40m×40m的正方形纸片，用纸片在地形图上移动，可以找到包含原地面等高线最少的选址 B 处（选址 A 处为 5 条，选址 B 处为 4 条，选址 C 处为 6 条）。

对于起伏变化比较剧烈的地面，总土方量最小的场地选址，最终通过计算来决定。

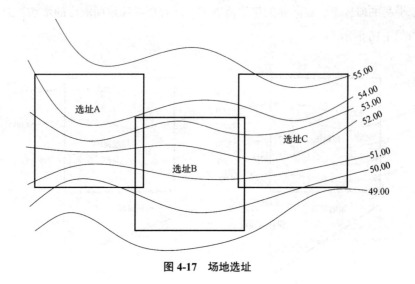

图 4-17　场地选址

（4）台地与护坡

1）定义。

台地是指四周有陡崖、直立于邻近低地、顶面基本平坦似台状的地貌。

边坡是指为保证路基稳定，在路基两侧做成的具有一定坡度的坡面。

护坡是指为防止用地土体边坡变迁而设置的斜坡式防护工程。在坡面上所做的各种铺砌和栽植的统称。

挡土墙是指支承路基填土或山坡土体、防止填土或土体变形失稳的构造物。

2）台地。

在场地设计中，尤其是地形起伏比较大时，常常需要或大或小的台地作为建筑或外场的基地。这样就会出现台地平面或者高于自然地面或者低于自然地面的情况。当这些高差出现时，给边坡做护坡是最常见的处理台地边缘构造的方法。

台地是平坦场地，处理台地的方法有完全填方、部分填挖方和完全挖方，如图 4-18 所示。

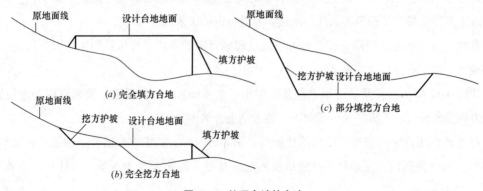

图 4-18　处理台地的方法

（a）完全填方台地；（b）部分填挖方台地；（c）完全挖方台地

完全填方的情况并不多见，如水塔、气象塔等。完全挖方的情况也并不多见，如下沉广场等。

部分填挖方的情况很多，考试一般都考此类，挖方区和填方区的交线称为零线。

3）边坡分为人工边坡和自然边坡，而护坡则称为斜坡式防护工程，如砌石护坡、混凝土护坡、喷浆护坡等。

护坡本身基本上不承担土压，只是能够防止雨水冲刷及水土流失而已。挡土墙能够承受其墙背后面那块楔形的土压力。抵抗除风压以外的侧向压力而建造的墙，尤指一道防止滑坡的墙。粗虚线代表被挡土的一侧。

填挖边坡和挡土墙的平面表示法在规范中有图例表示，如图4-19所示。

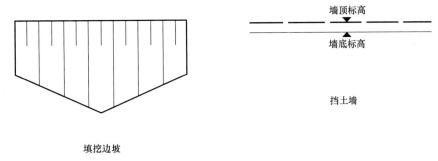

图 4-19　填挖边坡和挡土墙在规范中的图例

填挖边坡和挡土墙的平面表示法在考试的图中，如图4-20所示。

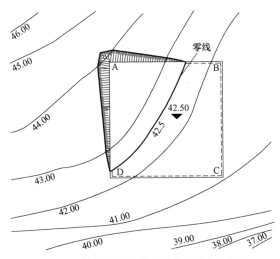

图 4-20　填挖边坡和挡土墙在考试中的画法

4）台地四周边坡的护坡设计。

此节内容为画出台地护坡的范围线，即为台地护坡坡面和原自然地面相交产生的交线。

考试曾经考过。考试中称为画出边坡范围。一般有两种方法：截面法和平行线法。

① 截面法为最直观的表示方法。即一次在台地边缘上取得点，然后通过这些点做垂直于护坡坡面的截面，从各个截面上得到台地护坡坡面和原自然地面的交点，称为截面取点法。得到这些点后连接得到的就是该边缘对应的台地护坡坡面和自然地面的交线。

截面法能够迅速找出对某些特殊点的护坡设计。如图 4-21 举例说明。

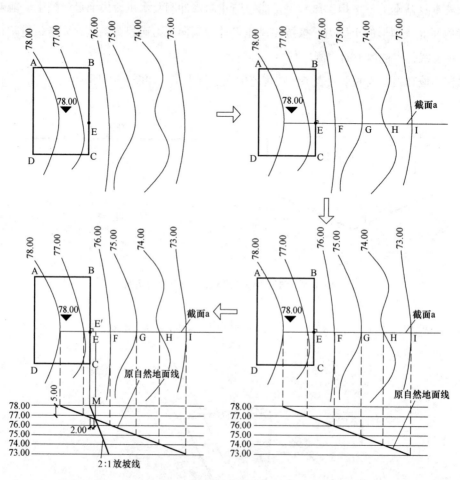

图 4-21 截面法在护坡中的取点（本题截面样图中等高距假设为 5m，放坡仍然为 2m 不变）
注：本图参照《建筑学场地设计》（第三版）图 1.4.2。

在下面的地形图中，有一水平台地，高程为 78.00m，边缘 BC 为填方区。填方护坡按照 10:1 放坡，E 点为边缘上一点，要求取得 E 点在 BC 边缘处护坡的范围边线上对应的 E′的位置，等高距为 1m。

解析：

a. 首先通过 E 点作垂直于 BC 线的垂线，即截面 a，分别交各条等高线于 F、G、H、I、四点。

b. 在平面图 E 点下方空白处，进行截面样图分析。在截面样图上反应台地护坡的自然地面线。

在平行排列高程线的截面样图上，从 73.00 到 78.00 依次排列，等高距可以为 1m，也可以为其他距离，不影响计算结果，但是等高距之间是相同的。从截面 a 上面的 E、F、G、H、I 点分别向截面样图做垂线，相交于对应的点，注意交点不要取错。

c.从台地边缘 BC 上面的 E 点做一条线垂直于截面样图中的 78.00m 的高程线，交于 M 点。在截面样图上通过 M 点以 1∶2 做线，代表护坡面在截面 a 上的位置，与原地面线交于一点。此时通过此点向截面 a 做垂线，交点即为所求的 E′点。

d.测量 EE′的水平长度，就是 E 点到 BC 处护坡范围边线上对应的点 E′离开台地边缘的位置。

② 平行线法：由于截面法取点过于复杂，所以不是护坡设计的常用方法，我们通常使用平行线法作为确定护坡范围线的方法，实用、便捷而有效。

台地边缘水平，由此从边缘线出发的护坡坡面上的等高线，都与该边缘线平行。根据这个特性，我们使用平行线法做护坡。护坡上的等高线存在的原则：护坡上的一条等高线或形成自我封闭，或与原地面同高程的等高线相交，否则不存在。

（例一） 已有的斜坡上有一个坡度为 3% 的建设用地。要求所有填方的边坡坡度按 1∶3 砌筑，设计等高距为 1.0m。做出护坡的范围线。如图 4-22（a）所示。

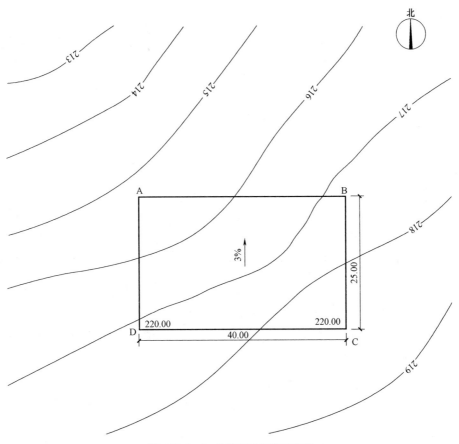

图 4-22（a） 拟建建设用地平面图

解析：

a. 台地坡度为3%，根据坡度公式 $i=\Delta h/\Delta L$ 得出，$\Delta h=\Delta L\times i=25\times3\%=0.75$，则A点B点高程为219.25m。如图4-22（b）所示。

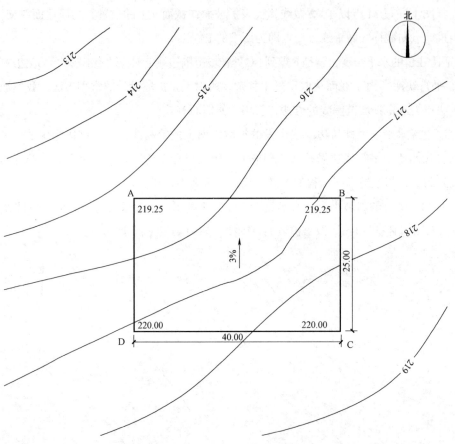

图4-22（b） A、B点在图中的高程

b. 分别确定台地南北边线到219.00m高程等高线的距离。

根据坡度公式 $i=\Delta h/\Delta L$ 得出，$\Delta L=\Delta h/i=0.25/（1:3）=0.75m$，则做距离AB边线0.75m的平行线。同理，计算得出距离CD边线平行线的距离为 $\Delta L=\Delta h/i=1.00/（1:3）=3m$。

c. 同时各自以A、B两点为圆心，0.75m为半径做圆，以C、D两点为圆心，3m。

半径做圆，与南北平行线相交，再做两个圆的公切线，形成封闭的219.00高程的等高线。如图4-22（c）所示。

d. 以此类推，做出高程218.00m、217.00m、216.00m、215.00m、214.00m的等高线，分别与原地形同高程等高线交于E、F、G、H、I、J、K、L点，如图4-22（d）所示。

e. 因为设计护坡219.00m和214.00m高程等高线与原地形等高线不相交，所以用截面法求出M、N两点，为较为准确的护坡与原地形的交点。如图4-22（e）所示。

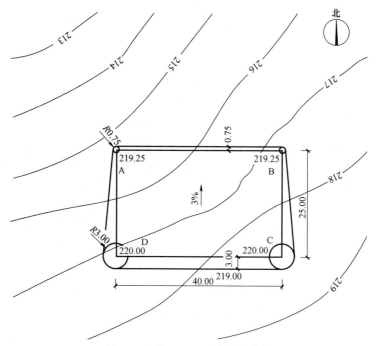

图 4-22（c） 219.00 高程的等高线

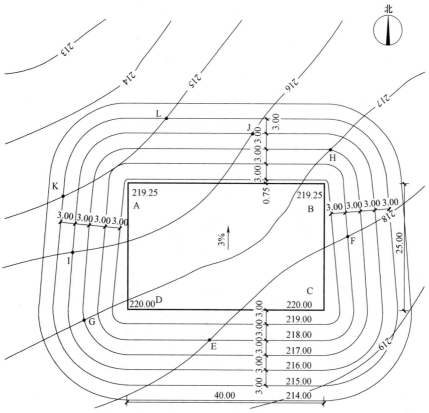

图 4-22（d） 各个高程的等高线与原地形的交点

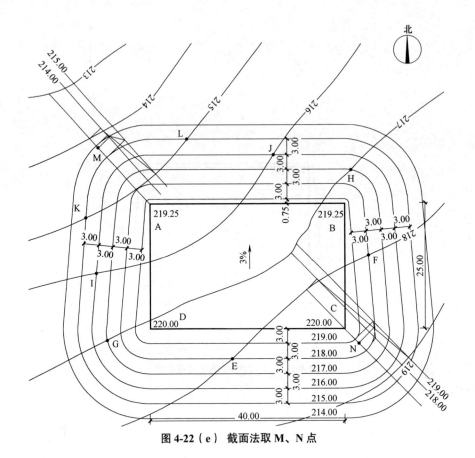

图 4-22（e） 截面法取 M、N 点

f.连接 E、F、G、H、I、J、K、L、M、N 各个点，得出护坡范围线。根据规范图例补充完整图面。如图 4-22（f）所示。B、D 点外角平分线的交点，也可用截面法求出。

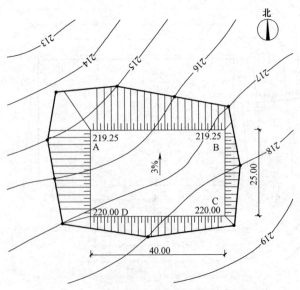

图 4-22（f） 拟建建设用地护坡范围线完成图

5）台地四周边坡的等高线调整。

与护坡设计不同，台地四周边坡等高线调整注重于边坡与原地面更加协调、更加自然地衔接。其设计原理和护坡设计相同。

（例二）已有的斜坡上有一个坡度为3%的建设用地。要求所有填方的边坡坡度按1：3砌筑，设计等高距为1.0m，绘出修整后的台地边坡的设计等高线。如图4-23（a）所示。

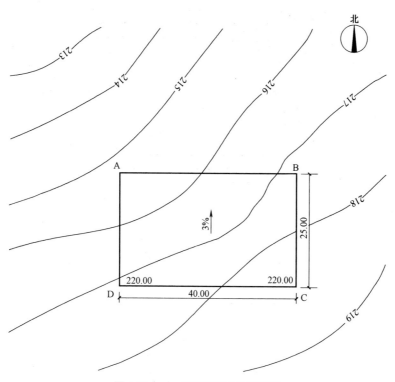

图4-23（a）拟建建设用地平面图

解析：

a. 前五步与例一相同，如图4-22（a）～（f）所示。

b. 平滑连接相同高程的等高线，得到调整后的高程为291.00m、218.00m、217.00m、216.00m、215.00m的等高线。如图4-23（b）所示。

（5）道路等高线设计

1）路面分为刚性路面和柔性路面，其设计等高线各自有不同的表示方法。

刚性路面一般是指水泥混凝土路面。刚度大，荷载作用下变形小。

柔性路面一般是指沥青混凝土路面。刚度相对较小，荷载作用下变形较大。

如图4-24所示，左图为刚性路面，右图为柔性路面。

2）道路形成倾斜面主要是由道路横坡坡度和纵坡坡度两个数值确定。利用我们前面学的等高线知识，可以对道路坡面利用等高线进行表达。如图4-25所示。

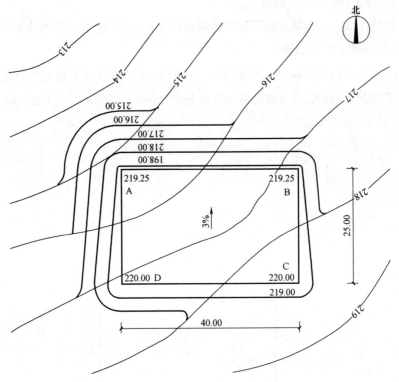

图 4-23（b） 修正后的台地边坡的等高线

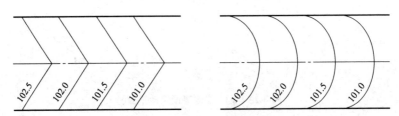

图 4-24 刚性路面和柔性路面

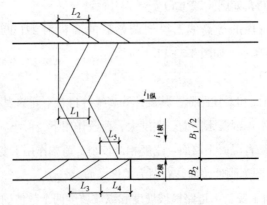

图 4-25 道路等高线计算公式

L_1——道路中心线处等高线间距（m）

L_2——道路边缘至拱顶同名等高线的水平距离（m）

L_3——人行道外缘线处等高线的间距（m）

L_4——人行道内缘至外缘同名等高线的水平距离（m）

L_5——人行道与路面同名等高线的水平距离（m）

$I_{1纵}$——纵道路纵坡度（%）

$i_{1横}$——道路横坡度（%）

B_1——道路路面宽度（m）

B_2——人行道宽度（m）

$i_{2横}$——人行道横坡度（%）

Δh——设计等高距（m）

$h_{路}$——路缘石高度（m）

设计计算公式如下：

$L_1=L_3=\Delta h/i_{1纵}$

$L_2=(B_1/2\times i_{1横})/i_{1纵}$

$L_4=(B_2\times i_{2横})/i_{1纵}$

$L_5=h_{路}/i_{1纵}$

（例题）假设道路路面宽度为16m，人行道宽度为2.5m，路缘石高度为0.15m，道路等高距为0.5m，道路纵坡度为5.0%，道路横坡度为2.5%，人行道横坡度为2.0%。如图4-26（a）所示。

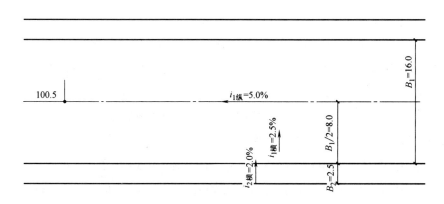

图4-26（a） 拟建道路平面图

① 求等高线间距 L_1 的距离。

根据坡度公式 $i=\Delta h/\Delta L$ 推导出 $\Delta L=\Delta h/i$，从而得出 $L_1=\Delta h/i_{1纵}=0.5/5\%=10m$。A点高程为100.5+0.5=101.0m。如图4-26（b）所示。

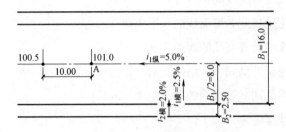

图 4-26（b） 等高线间距 L_1 的距离

② 求道路边缘至拱顶同名等高线 L_2 的水平距离。

根据坡度公式 $i=\Delta h/\Delta L$ 推导出 $\Delta h=\Delta L \times i$，从而得出 $\Delta h=\Delta L \times i_{1横}=（16/2）\times 2.5\%=0.2m$。B 点高程为 100.5-0.2=100.3。则道路边缘高程为 100.50 的 C 点与 B 点的水平距离为（100.5-100.3）/5%=4m。即 $L_2=\Delta h \times i_{1纵}=0.2/5\%=4m$。

如图 4-26（c）所示。

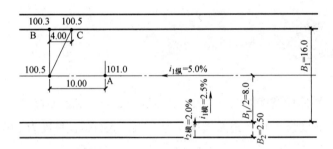

图 4-26（c） 道路边缘至拱顶同名等高线 L_2 的水平距离

③ 求人行道内缘至外缘同名等高线的水平距离 L_4。

B 点在人行道上的高程为 100.45m，根据坡度公式 $i=\Delta h/\Delta L$ 得出，$\Delta h= \Delta L \times i=2.5 \times 2.0\%=0.05m$。D 点高程为 100.45+0.05=100.50m。则人行道高程为 100.50 的 F 点与 B 点的水平距离为（100.5-100.45）/5%=1m。

即 $L_4=（B_2 \times i_{2横}）/i_{1纵}=2.5 \times 2.0\% /5.0\%=1m$，如图 4-26（d）所示。

④ 求人行道与路面同名等高线的水平距离 L_5。

C 点在路面上的高程为 100.50m，在人行道上的高程 101.50+0.15=101.65m。

则人行道高程为 100.50 的 F 点与 C 点的水平距离为（100.65-100.50）/5%=3m。

即 $L_5=h_{路}/i_{1纵}=0.15/5\%=3m$，如图 4-26（d）所示。

⑤ 求人行道外缘线处等高线的间距 L_2。

根据坡度公式 $i=\Delta h/\Delta L$ 得出，$\Delta L= \Delta h/i=0.5/5\%=10m$。F 点高程为 101.0m。（即 $L_3=\Delta h/i_{1纵}=0.5/5\%=10m$）如图 4-26（e）所示。

最后结果如图 4-26（f）所示。

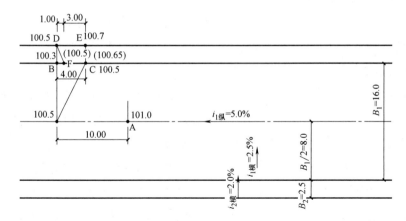

图 4-26（d） 人行道内缘至外缘同名等高线的水平距离 L_4 和人行道与路面同名等高线的水平距离 L_5

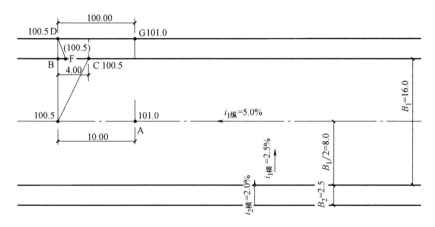

图 4-26（e） 人行道外缘处等高线的间距 L_2

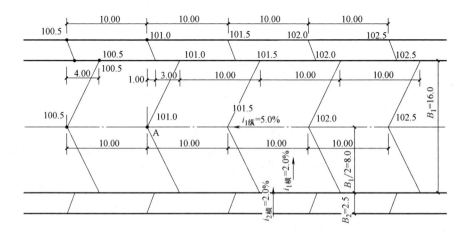

图 4-26（f） 拟建道路等高线完成图

（6）排水挖沟等高线设计

有时候为了避免场地内的流水流向相邻的地界内，以及为了使流水达到某处，在场地中常常要进行挖排水沟工程，引导流水的走向。对排水沟进行等高线设计避免了人工排水渠的生硬感觉，使场地整体性比较强。

根据土壤性质、水流速度等因素，对排水挖沟的坡度有所限制。排水挖沟的坡度是指排水沟上标高最低的纵向线（即排水沟中心线）的坡度。在这里，把原地形中最高处和最低处的差值和两者水平距离之比值定义为原地形的基本坡度。

根据排水沟中心线的坡度限制范围，结合原地形的基本坡度，得到排水沟的设计原则。

① 当原地面的基本坡度大于排水沟中心线的坡度范围时，从原地面最低处设计排水沟。

② 当原地面的基本坡度小于排水沟中心线的坡度范围时，从原地面最高处设计排水沟。

③ 当原地面的基本坡度在排水沟中心线的坡度范围内时，一般排水沟的坡度可以按照原地面的坡度情况调整设计。

④ 排水沟中心线的坡度和原地面坡度应尽量接近，保持一致，以减少土石填挖方量和便于排水沟的设计。

如图 4-27 所示。

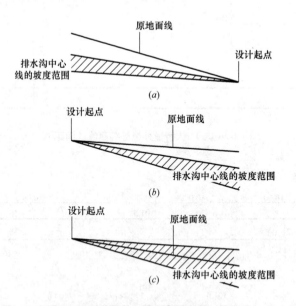

图 4-27 排水沟设计原则
（a）从原地面最低处设计排水沟；（b）从原地面最高处设计排水沟；（c）按照原地面的坡度情况进行调整设计
注：本图摘自《建筑学场地设计》（第三版）图 2.4.4。

（7）场地排水设计

1）排水根据雨水收集的方式分为自然排水和人工排水。

自然排水是指根据自然地形的坡度进行排水，一般较少采用。

人工排水是指人为控制水的流向。人工排水又分为明沟排水和暗管排水。

明沟排水适用于下列情况：①适用于明沟排水的地面坡度；②场地边缘的地段，或多尘易堵的场地；③采用重点平土方式的场地；④埋设下水管道不经济的岩石地段；⑤没有设置雨污水管道系统的郊区或待开发区域。

暗管排水是城区最常用的一种排水方式。适用于下列情况：①场地面积较大、地形平坦、不适于采用明沟排水者；②采用雨水管道系统与城市管道系统相适用者；③建筑物和构筑物比较集中，交通路线复杂或地下工程管线密集的场地；④大部分建筑屋面采用内排水的；⑤地下水位较高的；⑥场地环境美化或者建设项目对环境洁净要求较高的。

另外还有一种明沟与暗管相结合的混合排水方式，根据自然地形，两者有机结合起来，迅速排出场地雨水。

2）排水根据水流方向分成向边排水和向角排水。

① 向边排水。

有一边排水、两边排水、三边排水和四边排水四种方式。如图4-28所示。

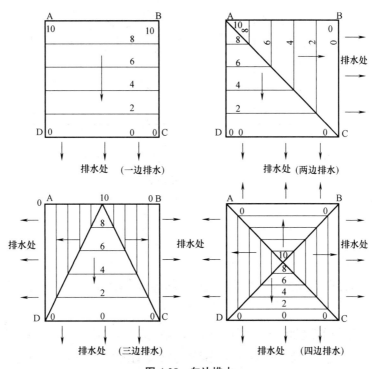

图4-28 向边排水

注：本图摘自《建筑学场地设计》（第三版）。

② 向角排水。

应该说，向角处排水不是很严格的说法，因为不同方式排向角处的流水，常常在边界没有阻挡时，会有部分从边界流出场地。此时的状态是平面流水方向的总趋势，尽量使流水方向向角处靠拢，利用实际的雨水口对流水的收集，减少流水对边界遮挡物的冲刷。

向角排水分为一角排水、两角排水、三角排水和四角排水。考试中主要考察一角排水和二角排水的排水方案设计。如图 4-29 所示。

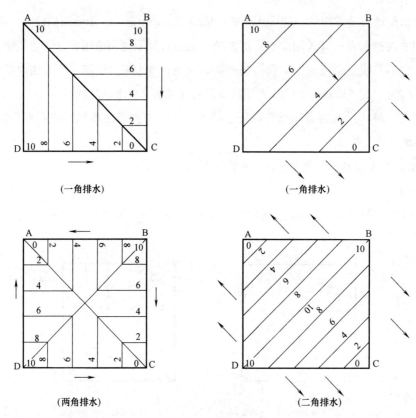

（一角排水）　　　　　　　　　　（一角排水）

（两角排水）　　　　　　　　　　（二角排水）

图 4-29　向角排水

注：本图摘自《建筑学场地设计》（第三版）。

4.2.2　高程设计

竖向设计有两种表示方法，一种即前面讲到的等高线设计，另一种则是设计标高法（高程箭头法）。

设计等高线法是用等高线表示设计地面，道路、广场、停车场和绿地等地形设计情况。其表达清楚明了，且完整。多用于对室外场地要求较高的情况。

设计标高法是指根据地形上所指示的地面高程，确定道路控制点（起止点和交叉口）与变坡点的设计标高和建筑室内外地坪的设计标高，以及场地内地形控制点的标高，将其标注在图上。设计道路的坡度坡向和排水符号（箭头）表示不同地段、不同坡面地表水的排除方向。此方法多用于建筑基地和施工图中总平面的绘制。在近几年考试中应用很多。

如图 4-30 所示。

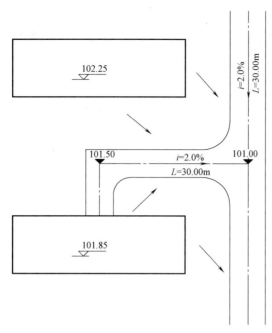

图 4-30 设计标高法表达高程设计

4.3 规范规定——方便理解记忆

地形设计规范一览表

表 4-1

规范	内 容
《民用建筑设计统一标准》 GB 50352—2019	5.3.1　建筑基地场地设计应符合下列规定： 1　当基地自然坡度小于 5% 时，宜采用平坡式布置方式；当大于 8% 时，宜采用台阶式布置方式，台地连接处应设挡墙或护坡；基地临近挡墙或护坡的地段，宜设置排水沟，且坡向排水沟的地面坡度不应小于 1%。 2　基地地面坡度不宜小于 0.2%；当坡度小于 0.2% 时，宜采用多坡向或特殊措施排水。 3　场地设计标高不应低于城市的设计防洪、防涝水位标高；沿江、河、湖、海岸或受洪水、潮水泛滥威胁的地区，除设有可靠防洪堤、坝的城市、街区外，场地设计标高不应低于设计洪水位 0.5m，否则应采取相应的防洪措施；有内涝威胁的用地应采取可靠的防、排内涝水措施，否则其场地设计标高不应低于内涝水位 0.5m。 4　当基地外围有较大汇水汇入或穿越基地时，宜设置边沟或排（截）洪沟，有组织进行地面排水。 5　场地设计标高宜比周边城市市政道路的最低路段标高高 0.2m 以上；当市政道路标高高于基地标高时，应有防止积水进入基地的措施。 6　场地设计标高应高于多年最高地下水位。 7　面积较大或地形较复杂的基地，建筑布局应合理利用地形，减少土石方工程量，并使基地内填挖方量接近平衡。 5.3.2　建筑基地内道路设计坡度应符合下列规定： 1　基地内机动车道的纵坡不应小于 0.3%，且不应大于 8%，当采用 8% 坡度时，其坡长不应大于 200.0m。当遇特殊困难纵坡小于 0.3% 时，应采取有效的排水措施；个别特殊路段，

规范	内 容
《民用建筑设计统一标准》GB 50352—2019	坡度不应大于11%，其坡长不应大于100.0m，在积雪或冰冻地区不应大于6%，其坡长不应大于350.0m；横坡宜为1%~2%。 2 基地内非机动车道的纵坡不应小于0.2%，最大纵坡不宜大于2.5%；困难时不应大于3.5%，当采用3.5%坡度时，其坡长不应大于150.0m；横坡宜为1%~2%。 3 基地内步行道的纵坡不应小于0.2%，且不应大于8%，积雪或冰冻地区不应大于4%；横坡应为1%~2%；当大于极限坡度时，应设置为台阶步道。 4 基地内人流活动的主要地段，应设置无障碍通道。 5 位于山地和丘陵地区的基地道路设计纵坡可适当放宽，且应符合地方相关标准的规定，或经当地相关管理部门的批准。 5.3.3 建筑基地地面排水应符合下列规定： 1 基地内应有排除地面及路面雨水至城市排水系统的措施，排水方式应根据城市规划的要求确定。有条件的地区应充分利用场地空间设置绿色雨水设施，采取雨水回收利用措施。 2 当采用车行道排泄地面雨水时，雨水口形式及数量应根据汇水面积、流量、道路纵坡等确定。 3 单侧排水的道路及低洼易积水的地段，应采取排雨水时不影响交通和路面清洁的措施。 5.3.4 下沉庭院周边和车库坡道出入口处，应设置截水沟。 5.3.5 建筑物底层出入口处应采取措施防止室外地面雨水回流。
《城乡建设用地竖向规划规范》CJJ 83—2016	4.0.1 城乡建设用地选择及用地布局应充分考虑竖向规划的要求，并应符合下列规定： 1 城镇中心区用地应选择地质、排水防涝及防洪条件较好且相对平坦和完整的用地，其自然坡度宜小于20%，规划坡度宜小于15%； 2 居住用地宜选择向阳、通风条件好的用地，其自然坡度宜小于25%，规划坡度宜小于25%； 3 工业、物流用地宜选择便于交通组织和生产工艺流程组织的用地，其自然坡度宜小于15%，规划坡度宜小于10%； 4 超过8m的高填方区宜优先用作绿地、广场、运动场等开敞空间； 5 应结合低影响开发的要求进行绿地、低洼地、滨河水系周边空间的生态保护、修复和竖向利用； 6 乡村建设用地宜结合地形，因地制宜，在场地安全的前提下，可选择自然坡度大于25%的用地。 4.0.2 根据城乡建设用地的性质、功能，结合自然地形，规划地面形式可分为平坡式、台阶式和混合式。 4.0.3 用地自然坡度小于5%时，宜规划为平坡式；用地自然坡度大于8%时，宜规划为台阶式；用地自然坡度5%～8%时，宜规划为混合式。 4.0.7 高度大于2m的挡土墙和护坡，其上缘与建筑物的水平净距不应小于3m，下缘与建筑物的水平净距不应小于2m；高度大于3m的挡土墙与建筑物的水平净距还应满足日照标准要求。

规范	内 容
《城乡建设用地竖向规划规范》 CJJ 83—2016	6.0.2　城乡建设用地竖向规划应符合下列规定： 1　满足地面排水的规划要求；地面自然排水坡度不宜小于0.3%；小于0.3%时应采用多坡向或特殊措施排水； 2　除用于雨水调蓄的下凹式绿地和滞水区等之外，建设用地的规划高程宜比周边道路的最低路段的地面高程或地面雨水收集点高出0.2m以上，小于0.2m时应有排水安全保障措施或雨水滞蓄利用方案。
	8.0.2　土石方工程包括用地的场地平整、道路及室外工程等的土石方估算与平衡。土石方平衡应遵循"就近合理平衡"的原则，根据规划建设时序，分工程或分地段充分利用周围有利的取土和弃土条件进行平衡。 8.0.3　街区用地的防护应与其外围道路工程的防护相结合。 8.0.4　台阶式用地的台地之间宜采用护坡或挡土墙连接。相邻台地间高差大于0.7m时，宜在挡土墙墙顶或坡比值大于0.5的护坡顶设置安全防护设施。 8.0.5　相邻台地间的高差宜为1.5～3.0m，台地间宜采取护坡连接，土质护坡的坡比值不应大于0.67，砌筑型护坡的坡比值宜为0.67～1.0；相邻台地间的高差大于或等于3.0m时，宜采取挡土墙结合放坡方式处理，挡土墙高度不宜高于6m；人口密度大、工程地质条件差、降雨量多的地区，不宜采用土质护坡

4.4　真题解析——掌握考试技巧

4.4.1　题目要求

如图4-31所示（以2014年真题为例）。

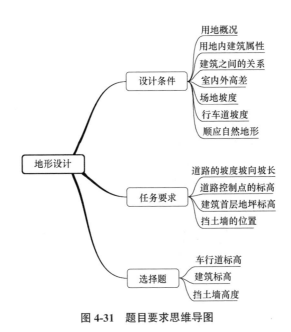

图4-31　题目要求思维导图

4.4.2 解题步骤

地形设计题目种类很多，没有通用的解题步骤，详细参考后面真题解析部分。

附地形设计题目的"七言绝句"：

> 认清山脊和山谷，排水方向定谷脊。
> 坡度放坡概念清，万能公式每题用。
> 等高线间要定点，内插法做辅助线。
> 场地选址看线少，最短路径画半径。
> 土方平衡如何定，就近最小为原则。
> 平行线法画护坡，虚线在高挡土墙。
> 道路设计等高线，万能公式做推导。
> 实际工程考得多，高程设计要会做。

习题 4-1 2017 年考题

【设计条件】

湖岸山坡场地地形如图 4-32（a）所示。

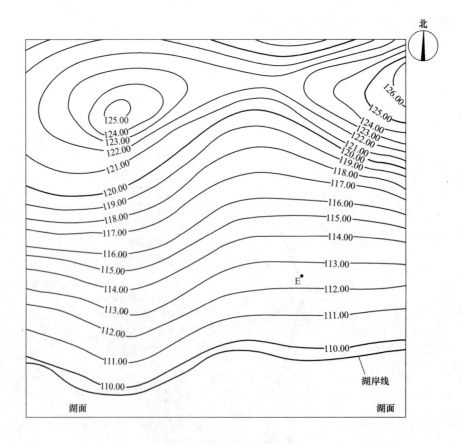

图 4-32（a） 拟建场地平面图

拟在该场地范围内选择一块坡度不大于10%，面积不小于1000m²的集中建设场地。

当地常年水位标高为110.50m，建设用地最低标高应高于常年洪水位标高0.5m。

【任务要求】

绘制出所选择建设用地的最大范围，用▨▨▨表示。

标注所选择建设用地的最高和最低处标高。

标注山坡场地中E点的标高。

下列单选题每题只有一个最符合题意的选项，从各题中选择一个与作图结果对应的选项，用黑色绘图笔将选项对应的字母填写在括号中，同时用2B铅笔将答题卡对应题号选项信息点涂黑，二者必须一致，缺项不予评分。

【选择题】

1. 建设用地的面积为：（　　　）（8分）

[A] 1000～1400m²　　　　　　　　[B] 1400～1800m²

[C] 1800～2200m²　　　　　　　　[D] 2200～2600m²

2. 建设用地的最大高差为：（　　　）（6分）

[A] 2.0m　　　　　　　　　　　　[B] 3.0m

[C] 4.0m　　　　　　　　　　　　[D] 5.0m

3. 图中E点的标高为：（　　　）（4分）

[A] 112.00m　　　　　　　　　　[B] 112.10m

[C] 112.50m　　　　　　　　　　[D] 113.00m

【解题步骤和方法】

1. 梳理题目信息

拟建：集中建设场地。

要求：最大范围。

退线：建设用地最低标高应高于常年洪水位标高0.5m。

原有场地信息：图面和文字中给出。

2. 确定建设用地的位置

（1）题目要求，当地常年水位标高为110.50m，建设用地最低标高应高于常年洪水位标高0.5m。所以，建设用地最低标高应为110.50+0.5=111.0m。

（2）题目要求，选择一块坡度不大于10%，面积不小于1000m²的集中建设场地。图示中已知条件，等高距为$\Delta h=1.0$m，$i \leqslant 10\%$，根据公式$i \leqslant \Delta h/\Delta L$，推出$\Delta L \geqslant \Delta h/i=1.0/10\%=10.00$m。此时，满足题目要求的地形坡度不大于10%的要求。用比例尺在图纸上寻找等高线间距ΔL为10.0m的位置，并用直线相连，得到建设用地范围。

此范围在标高110.0m～114.0m之间。建设用地的最大高差为114.0-111.0=3.0m。在图中标注最高点114.0m和最低点111.0m的标高。

（3）此时，得到建设用地的面积估算值为 1400 ～ 1800m²。如图 4-32（b）所示。

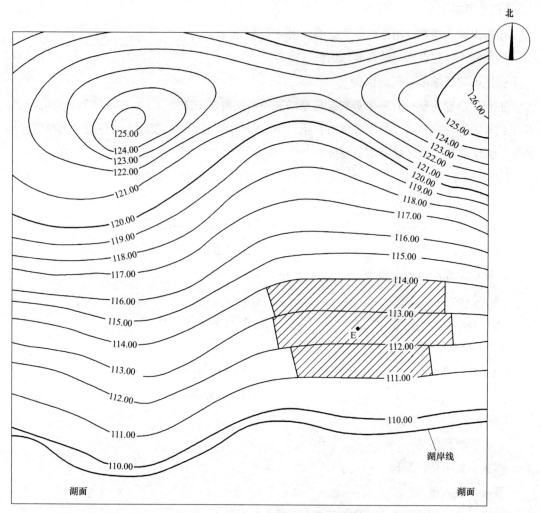

图 4-32（b） 拟建建设用地位置平面图

3. 确定 E 点的标高

E 点标高在 112.0m 和 113.0m 之间，根据内插法公式：$y/\Delta h=x/\Delta L$ 求 E 点标高，推出 $y=x\Delta h/\Delta L=5 \times 1.0/10.0=0.5m$。所以 E 点接近标高 112.0 和 113.0 的中间点。E 点标高为 112.5m。在图中标注 112.5m 的标高。如图 4-32（c）所示。

4. 做出选择题答案

（1）建设用地的面积为：（B）（8分）

［A］1000 ～ 1400m²　［B］1400 ～ 1800m²　［C］1800 ～ 2200m²　［D］2200 ～ 2600m²

（2）建设用地的最大高差为：（B）（6分）

［A］2.0m　　　　　［B］3.0m　　　　　［C］4.0m　　　　　［D］5.0m

（3）图中 E 点的标高为：（C）（4分）

[A] 112.00m　　　　[B] 112.10m　　　　[C] 112.50m　　　　[D] 113.00m

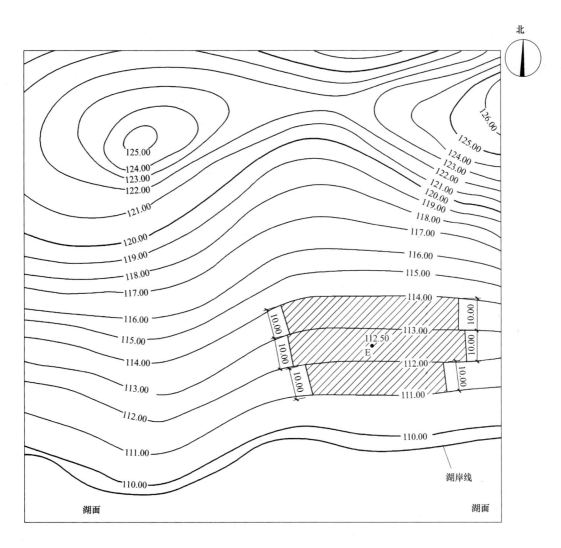

图 4-32（c）　拟建场地平面完成图

习题 4-2　2014 年考题

【设计条件】

某坡地上拟建多层住宅，建筑、道路及场地地形如图 4-33（a）所示。

住宅均为 6 层，高度均为 18.00m；当地日照间距系数为 1.5。

每个住宅单元均建在各自高程的场地平台上，单元场地平台之间高差需采用挡土墙处理，场地平台、住宅单元入口引路与道路交叉点取相同标高，建筑室内外高差为 0.30m。

车行道坡道为 4.0%，本题不考虑场地与道路的排水关系。

场地竖向设计应顺应自然地形。

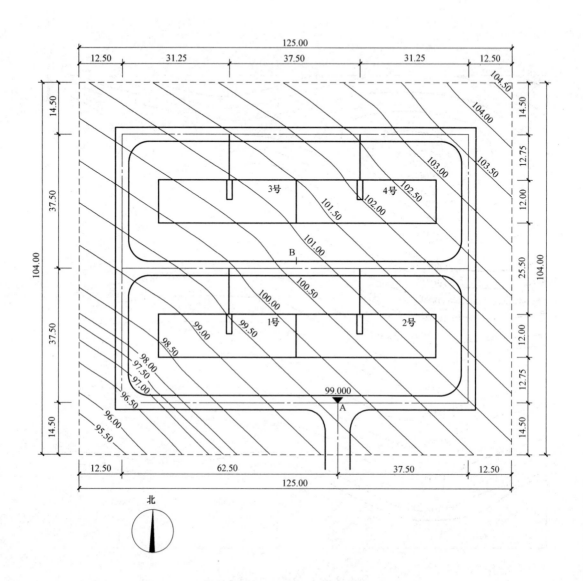

图 4-33（a） 拟建场地平面图

【任务要求】

依据 A 点标注道路控制点标高及控制点间道路的坡向、坡度、坡长。

标注每个住宅单元建筑地面首层地坪标高（±0.00）的绝对标高。

绘制 3 号、4 号住宅单元室外场地平台周边的挡土墙，并标注室外场地平台的绝对标高。

下列单选题每题只有一个最符合题意的选项，从各题中选择一个与作图结果对应的选项，用黑色绘图笔将选项对应的字母填写在括号中，同时用2B铅笔将答题卡对应题号选项信息点涂黑，二者必须一致，缺项不予评分。

【选择题】

1. 场地内车行道最高点的绝对标高为：(   )（3分）

[A] 103.00m　　　　[B] 103.50m　　　　[C] 104.00m　　　　[D] 104.50m

2. 场地内车行道最低点的绝对标高为：(   )（3分）

[A] 96.00m　　　　[B] 96.50m　　　　[C] 97.00m　　　　[D] 97.50m

3. 4# 住宅单元建筑地面首层地坪标高（±0.00）的绝对标高为：(   )（6分）

[A] 101.50m　　　　[B] 102.00m　　　　[C] 102.50m　　　　[D] 102.55m

4. B点挡土墙最大高度为：(   )（6分）

[A] 1.50m　　　　[B] 2.25m　　　　[C] 3.00m　　　　[D] 4.50m

【解题步骤和方法】

1. 梳理题目信息

拟建：

道路控制点标高及控制点间道路的坡向、坡度、坡长。

标注每个住宅单元建筑地面首层地坪标高（±0.00）的绝对标高。

绘制3号、4号住宅单元室外场地平台周边的挡土墙，并标注室外场地平台的绝对标高。

要求：场地竖向设计应顺应自然地形。

原有场地信息：图面和文字中给出。

2. 预判场地排水方向

题目要求，场地竖向设计应顺应自然地形。如图4-33（a）所示，场地等高线呈现从西北角到东南角逐渐走低，那么预判场地排水方向为东北角排至西南角（根据"等高线方向垂直于排水方向"的原则得出）。则道路西南角高程最低，东北角高程最高。

3. 确定道路各转折点的标高

（1）题目已经给出A点标高为99.00m，车行道坡道为4.0%，那么，根据公式 $i=\Delta h/\Delta L$，推出 $\Delta h=\Delta L\times i=62.50\times4.0\%=2.50m$。则西南角点标高为 99.00−2.50=96.50m。

（2）东南角的标高为 99.00+37.50×4.0%=100.50m。

东北角的标高为 100.50+（104.00−14.50−14.50）×4.0%=103.50m。

西北角的标高为 103.50−（125.0−12.5−12.5）×4.0%=99.50m。

（3）以此类推，求出单元路口引路与道路中线交点的标高。如图4-33（b）所示。

4. 确定每个住宅单元建筑地面首层地坪标高（±0.00）的绝对标高

（1）题目要求，每个住宅单元均建在各自高程的场地平台上，场地平台、住宅单元入口引路与道路交叉点取相同标高，建筑室内外高差为0.30m。

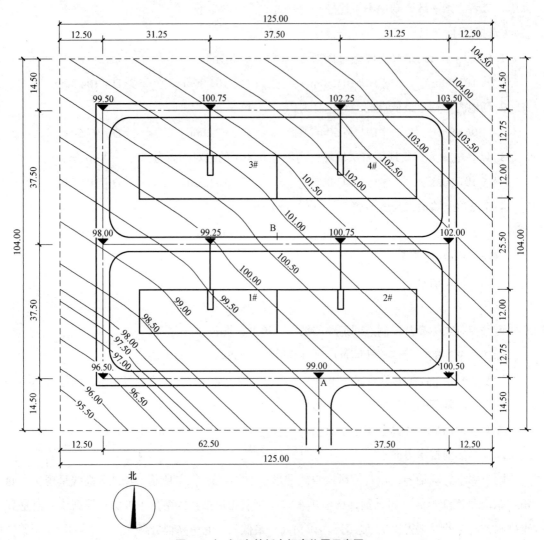

图 4-33（b） 各转折点标高位置示意图

（2）则 1 号住宅单元入口引路与道路交叉点标高为 99.25m，该部分场地平台标高为 99.25m，1 号住宅单元建筑地面首层地坪标高（±0.00）的绝对标高为 99.25+0.3=99.55m。

（3）则 2 号住宅单元入口引路与道路交叉点标高为 100.75m，该部分场地平台标高为 100.75m，1 号住宅单元建筑地面首层地坪标高（±0.00）的绝对标高为 100.75+0.3=101.05m。

（4）则 3 号住宅单元入口引路与道路交叉点标高为 100.75m，该部分场地平台标高为 100.75m，3 号住宅单元建筑地面首层地坪标高（±0.00）的绝对标高为 100.75+0.3=101.05m。

（5）则 4 号住宅单元入口引路与道路交叉点标高为 102.25m，该部分场地平台标高为 102.25m，1 号住宅单元建筑地面首层地坪标高（±0.00）的绝对标高为 102.25+0.3=102.55m。

（6）题目给出，住宅均为6层，高度均为18.00m；当地日照间距系数为1.5。本题需符合是否符合日照间距的要求。（18-1.5）×1.5=24.75＜二者间距25.50，满足要求。

如图4-33（c）所示。

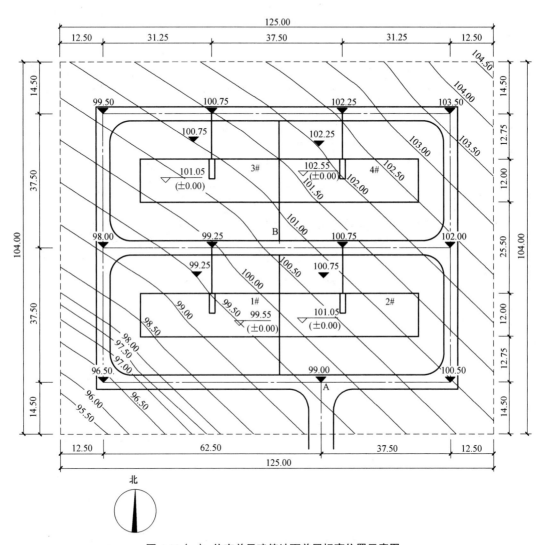

图4-33（c）住宅单元建筑地面首层标高位置示意图

5.绘制3号、4号住宅单元室外场地平台周边的挡土墙

（1）前面求出，3号住宅单元室外平台的标高为100.75m，找出100.75m的变坡点，根据"虚线在高处"的原则画出挡土墙。

（2）同理，4号住宅单元室外平台的标高为102.25m，找出102.25m的变坡点，根据"虚线在高处"的原则画出挡土墙。

（3）B点垂直方向有三个标高，一个为道路上的标高100.00m，一个为3号住宅单元外平台的标高100.75m，一个为4号住宅单元外平台的标高102.25m，所以，B点挡土墙的高度为102.25-100.00=2.25m，如图4-33（d）所示。

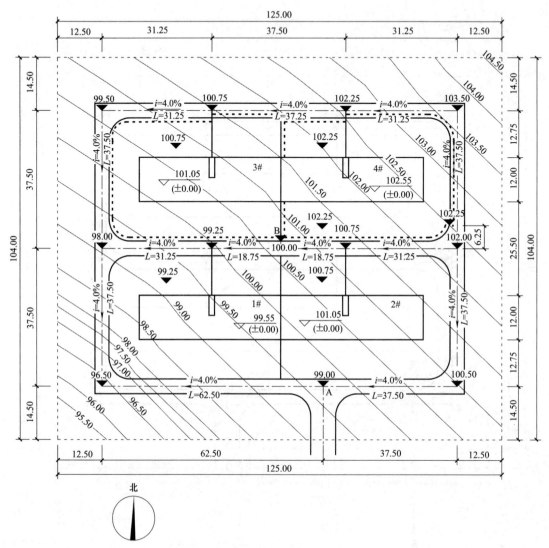

图4-33（d） 拟建场地完成平面图

6. 做出选择题答案

（1）场地内车行道最高点的绝对标高为：（B）（3分）

　[A] 103.00m　　　[B] 103.50m　　　[C] 104.00m　　　[D] 104.50m

（2）场地内车行道最低点的绝对标高为：（B）（3分）

　[A] 96.00m　　　[B] 96.50m　　　[C] 97.00m　　　[D] 97.50m

（3）4号住宅单元建筑地面首层地坪标高（±0.00）的绝对标高为：（D）（6分）

[A] 101.50m　　　　[B] 102.00m　　　　[C] 102.50m　　　　[D] 102.55m

（4）B点挡土墙最大高度为：（B）（6分）

[A] 1.50mm　　　　[B] 2.25mm　　　　[C] 3.00mm　　　　[D] 4.50mm

习题 4-3　2012 年考题

【设计条件】

　　某坡地上拟建3栋住宅楼及1层地下车库，其平面布局，场地出入口处A、B点标高，场地等高线及高程，如图4-34（a）所示。

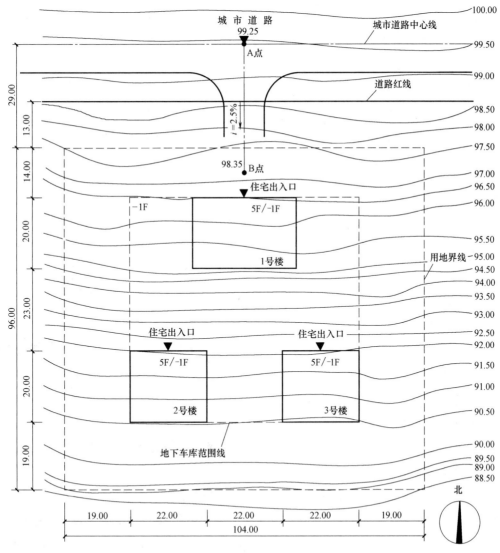

图 4-34（a）　拟建场地平面图

用地范围内建筑周边布置环形车道，车行道距离用地界线不小于5m，车行道宽度为4m，转弯半径为8m。除南侧车行道不考虑道路纵向坡度外，其余车道纵坡坡度不大于5.0%。南侧车行道外3m处设置挡土墙。挡土墙顶标高与该车行道标高一致（不考虑道路横坡），建筑外场地均做自然放坡。不考虑道路外场地的竖向设计。

地下车库底板标高与车库出入口相邻车行道标高一致。

要求地下车库填方区土方量最小。

【任务要求】

绘制环形车行道，并标注车行道各控制点标高、道路坡度、坡向及相关尺寸。

绘制挡土墙并标注挡土墙顶标高。

用▨▨▨绘出地下车库填方区范围，并标注地下车库出入口位置。

根据作图结果，在下列单选题中选择一个对应答案并用铅笔将所选选项的字母涂黑，同时用2B铅笔填涂答题卡对应题号的字母；二者选项必须一致，缺一不予评分。

【选择题】

1. 地下车库出入口位置及标高分别为：（　　　）（5分）

[A] 南侧，92.00m
[B] 南侧，92.50m
[C] 东侧、西侧，93.00m
[D] 东侧、西侧，93.50m

2. 地下车库范围填方区面积大约为：（　　　）（5分）

[A] 500m²
[B] 1300m²
[C] 1600m²
[D] 4100m²

3. 南侧挡土墙高度为：（　　　）（4分）

[A] 1.5m
[B] 2.0m
[C] 2.5m
[D] 3m

4. 地下车库开挖最大深度为：（　　　）（4分）

[A] 3.00m
[B] 3.50m
[C] 4.00m
[D] 4.50m

【解题步骤和方法】

1. 梳理题目信息

拟建：环形车道和挡土墙以及车库填方区，车库出入口。

要求：地下车库填方区土方量最小。

原有场地信息：图面和文字中给出。

2. 确定车行道位置以及各控制点标高

（1）题目要求：车行道距离用地界线不小于5m，车行道宽度为4m，转弯半径为8m。根据题目要求画出道路位置。

（2）题目要求：除南侧车行道不考虑道路纵向坡度外，其余车道纵坡坡度不大于5.0%。根据公式 $i=\Delta h/\Delta L$，推出 $\Delta h=\Delta L\times i=(104/2-5-2)\times5.0\%=2.25m$。则北侧道路中心线的标高为98.35-2.25=96.10m。继续推出南侧道路中心线的标高为96.1-（96-5-2-2-5）×5.0%=96.1-4.1=92.00m。

如图 4-34（b）所示。

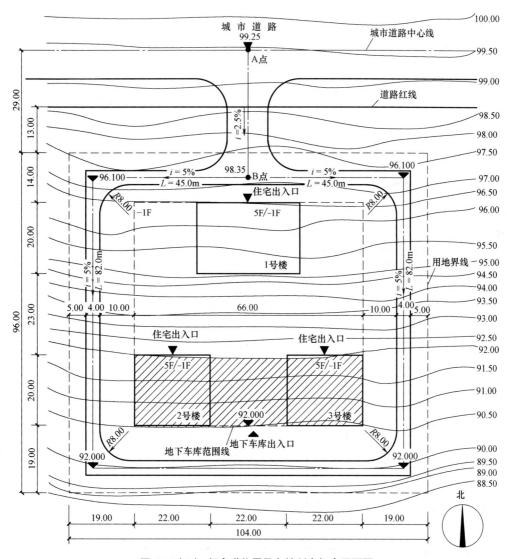

图 4-34（b） 行车道位置及各控制点标高平面图

3. 确定地下车库出入口位置和标高

（1）题目要求：地下车库底板标高与车库出入口相邻车行道标高一致。前面求出场地地形最低点应为南侧道路中心线标高 92.00m，即为地下车库出入口的标高。

（2）题目要求：南侧车行道外 3m 处设置挡土墙。挡土墙顶标高与该车行道标高一致（不考虑道路横坡）。找出车行道外 3m 位置，正好在高程 89.5m 的等高线位置上，根据"虚线在高处"的原则布置挡土墙。挡土墙顶标高为 92.00m。挡土墙高：92−89.5=2.5m。

4. 确定地下车库填方范围

（1）题目要求地下车库填方区土方量最小。地下车库底板标高为 92.00m，则高于 92.00m 为挖方位置，低于92.00m为填方位置。在图中找到场地地形中高程为92.00m的等高线即为零线。

地下车库最大开挖深度为96.5-92.0=4.5m。

（2）填方区面积为（22+22+22）×20=1320m²。

如图4-34（c）所示。

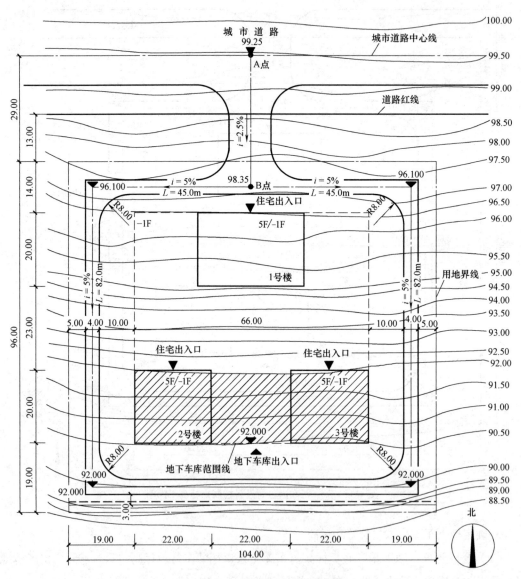

图4-34（c） 拟建场地平面完成图

5. 做出选择题答案

（1）地下车库出入口位置及标高分别为：（A）（5分）

[A] 南侧，92.00m　　　　　　　　[B] 南侧，92.50m

[C] 东侧、西侧，93.00m　　　　　[D] 东侧、西侧，93.50m

（2）地下车库范围填方区面积大约为：（B）（5分）

　[A] 500m²　　　　[B] 1300m²　　　　[C] 1600m²　　　　[D] 4100m²

（3）南侧挡土墙高度为：（C）（4分）

　[A] 1.5m　　　　[B] 2.0m　　　　[C] 2.5m　　　　[D] 3m

（4）地下车库开挖最大深度为：（D）（4分）

　[A] 3.00m　　　　[B] 3.50m　　　　[C] 4.00m　　　　[D] 4.50m

习题 4-4　2010 年考题

【设计条件】

湖滨路南侧 A、B 土丘之间拟建广场，场地地形如图 4-35（a）所示。

要求广场紧靠道路红线布置。正面为正方形，面积最大，标高为 5.00m，广场与场地之间的高差采用挡土墙处理，挡土墙高度不应大于 3m。

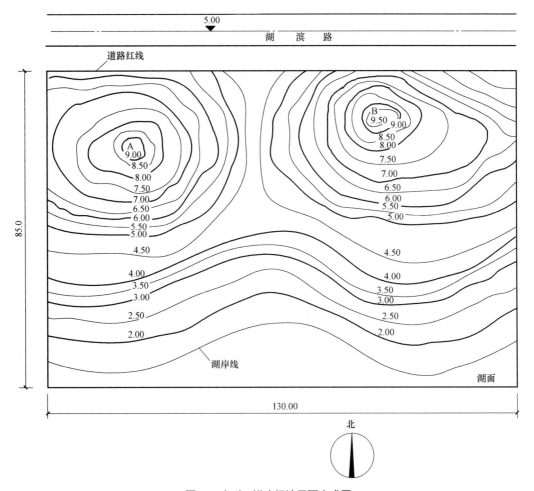

图 4-35（a）　拟建场地平面完成图

【任务要求】

在场地内绘制广场平面并标注尺寸、标高，绘制广场东、南、西侧挡土墙。

在广场范围内绘制出 5m 方格网，并表示填方区范围（用 ▨ 表示）。

下列单选题每题只有一个最符合题意的选项，从各题中选择一个与作图结果对应的选项，用黑色绘图笔将选项对应的字母填写在括号中，同时用 2B 铅笔将答题卡对应题号选项信息点涂黑，二者必须一致，缺项不予评分。

【选择题】

1. 广场平面尺寸为:（　　　　）（5分）

　[A] 30m×30m　　　　　　　　　　　　　　[B] 40m×40m

　[C] 50m×50m　　　　　　　　　　　　　　[D] 60m×60m

2. 广场与 A 土丘间挖方区范围挡土墙长度约为:（　　　　）（4分）

　[A] 45m　　　　　　　　　　　　　　　　　[B] 50 m

　[C] 55m　　　　　　　　　　　　　　　　　[D] 60m

3. 广场南侧挡土墙的最大高度为:（　　　　）（4分）

　[A] 1.0m　　　　　　　　　　　　　　　　　[B] 2.0m

　[C] 2.5m　　　　　　　　　　　　　　　　　[D] 3.0m

4. 广场填方区面积为:（　　　　）（5分）

　[A] 650～750m²　　　　　　　　　　　　　[B] 1100～1200m²

　[C] 1800～1900m²　　　　　　　　　　　　[D] 2300～2400m²

【解题步骤和方法】

1. 梳理题目信息

拟建:A、B 土丘之间拟建广场。

要求:广场紧靠道路红线布置。正面为正方形，广场与场地之间的高差采用挡土墙处理。

原有场地信息:图面和文字中给出。

2. 确定平台位置和尺寸

（1）题目要求，广场紧靠道路红线布置。正面为正方形，面积最大，标高为 5.00m，广场与场地之间的高差采用挡土墙处理，挡土墙高度不应大于 3m。则平台不能建在高程大于 8.00m 和小于 2.00m 的等高线上。

（2）看图示寻找等高线高程 8.00m 的位置，东西两侧距离为 50.00m。题目要求正方形，从紧靠道路的北侧向南做 50.00m 的辅助线，在高程为 3.00m 的等高线上，广场南侧挡土墙的最大高度为 5.00-3.00=2.00m。

该辅助线与东西侧辅助线相交，得到平台位置。平台标高为 5.00m。尺寸为 50m×50m。如图 4-35（b）所示。

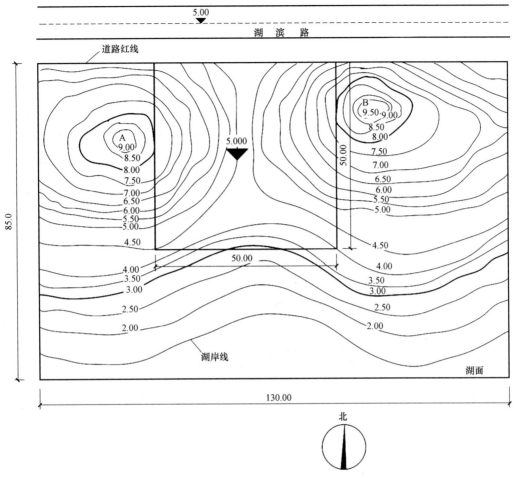

图 4-35（b） 平台位置平面图

3. 绘制东南西侧挡土墙

（1）画出题目要求的 5m 的方格网。

（2）平台标高为 5.00m，找到平台与场地等高线相交的零线位置，即高程 5.00m 的等高线与平台的交点。

（3）根据挡土墙"虚线在高处"的原则，画出东南西侧挡土墙。

4. 表示填方区的范围

（1）由图可知，广场内等高线小于 5.00 的位置为填方区，大于 5.00 的位置为挖方区。广场与 A 土丘间挖方区范围挡土墙长度约为 45.00m。

（2）画出填方区的斜线，并估算填方区的面积为 1100 ～ 1200m² 如图 4-35（c）所示。

5. 做出选择题答案

（1）广场平面尺寸为：（C）（5 分）

[A] 30m × 30m　　　[B] 40m × 40m　　　[C] 50m × 50m　　　[D] 60m × 60m

（2）广场与 A 土丘间挖方区范围挡土墙长度约为：（A）（4 分）

[A] 45m	[B] 50m	[C] 55m	[D] 60m

（3）广场南侧挡土墙的最大高度为：（B）（4分）

[A] 1.0m	[B] 2.0m	[C] 2.5m	[D] 3.0m

（4）广场填方区面积为：（B）（5分）

[A] 650～750m²　　　　　　　　[B] 1100～1200m²

[C] 1800～1900m²　　　　　　　[D] 2300～2400m²

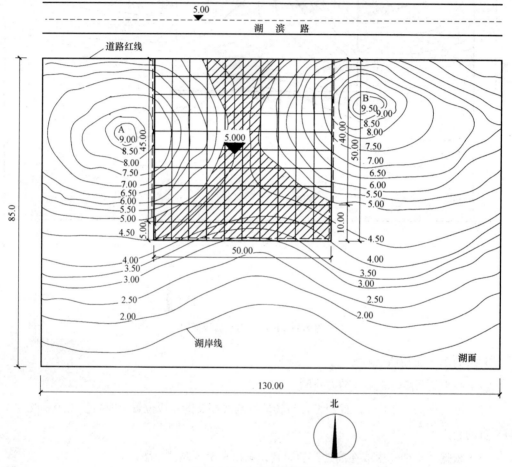

图 4-35（c）　场地平面图

习题 4-5　2019 年考题

【设计条件】

道路及其东侧地形如图 4-36（a）所示，道路纵坡坡向如图 4-36（a）所示。坡度为 3.0%（横坡不计），道路上 A 点标高为 101.20m。

拟在道路东侧平整出三块场地（Ⅰ、Ⅱ、Ⅲ），要求三块场地分别与道路上 B、C、D 点标高一致。

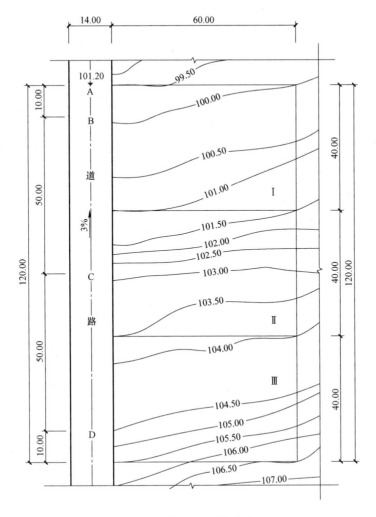

图 4-36（a） 场地地形图

平整出的三块场地范围内（不含西侧）高差大于等于 1.00m 时采用挡土墙处理。

【任务要求】

标注平整后三块场地的标高。

绘出场地范围内高度大于等于 1.00m 的挡土墙（用 ┈┈▼┈┈ 表示），并标注标高。

墙顶标高

墙底标高

绘制场地填方区的范围（用 ▨ 表示）。

下列单选题每题只有一个最符合题意的选项，从各题中选择一个与作图结果对应的选项，用 2B 铅笔将答题卡对应题号选项信息点涂黑。

【选择题】

1. 平整后场地 I 的标高为:（　　　）（4分）

[A] 100.00　　　　[B] 100.50　　　　[C] 101.00　　　　[D] 101.50

2. 平整后场地Ⅱ与场地Ⅲ之间的高差为：（　　　）（4分）

［A］0.50m　　　　　［B］1.00m　　　　　［C］1.50m　　　　　［D］2.00m

3. 平整后填方区挡土墙的最大高度为：（　　　）（6分）

［A］1.00m　　　　　［B］1.50m　　　　　［C］2.00m　　　　　［D］2.50m

4. 平整后挖方区挡土墙的最大高度为：（　　　）（6分）

［A］0.50m　　　　　［B］1.00m　　　　　［C］1.50m　　　　　［D］2.00m

【解题步骤和方法】

1. 梳理题目信息

拟建：平整后三块场地的标高、填方区范围、挡土墙及其对应标高。

要求：三块场地分别与道路上 B、C、D 点标高一致。

　　　　高差大于等于 1.00m 时采用挡土墙处理。

原有信息：图面和文字中给出。

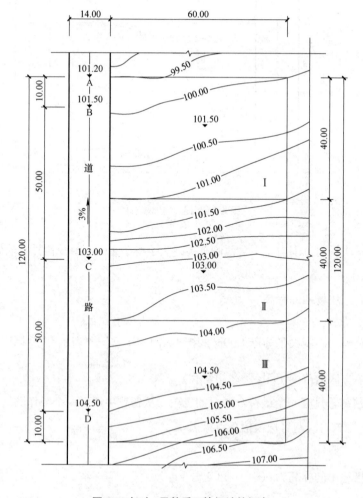

图 4-36（b）　平整后三块场地的标高

2.求出平整后三块场地的标高

根据公式 $i=\Delta h/\Delta L$，推出 $\Delta h=\Delta L\times i=10.00\times3.0\%=0.30m$，则道路上面 B 点的标高为 101.50m，对应的场地 I 的标高为 101.50m。同理推出 $\Delta h=\Delta L\times i=50.00\times3.0\%=1.50m$，得出道路上 C、D 点的标高为 103.00m、104.50m，则对应的场地 II、III 的标高为 103.00m、104.50m。场地 II、III 的高差为 1.5m。如图 4-36（b）所示。

3.绘制填方区的范围

根据已经求出的场地的标高和原有的地形高程，我们可以求出场地填方区的范围。

场地 I 中，原始地形均小于 101.50，所以该场地需要整体填充。

场地 II 中，原始地形中找出 103.00，小于 103.00 的位置为填方区范围。

场地 III 中，原始地形中找出 104.50，小于 104.50 的位置为填方区范围。

如图 4-36（c）所示。

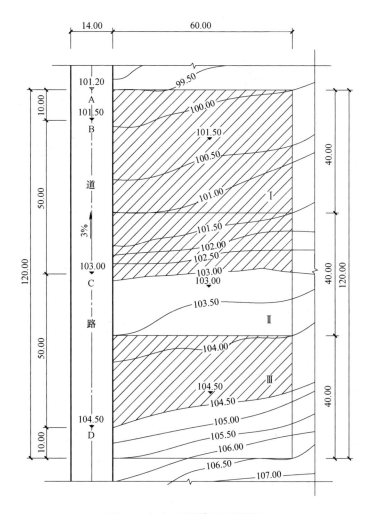

图 4-36（c）　场地填方区的范围

4.绘出场地范围内高度大于等于1.00m的挡土墙并标注标高

场地Ⅰ中，场地标高为101.50m，找到100.50的等高线，画出高度大于等于1.00m的挡土墙。

场地Ⅱ中，场地标高为103.00m，找到102.00的等高线，画出高度大于等于1.00m的挡土墙。

场地Ⅲ中，场地标高为104.50m，找到103.50的等高线，画出高度大于等于1.00m的挡土墙。

找到三块场地中挡土墙与等高线交点的位置，分别标出挡土墙的标高。平整后填方区挡土墙的最大高度为2.00m（场地Ⅰ挡土墙与99.50等高线的相交位置区域）。平整后挖方区挡土墙的最大高度为2.00m（场地Ⅲ挡土墙与106.50等高线的相交位置区域）。

如图4-36（d）所示。

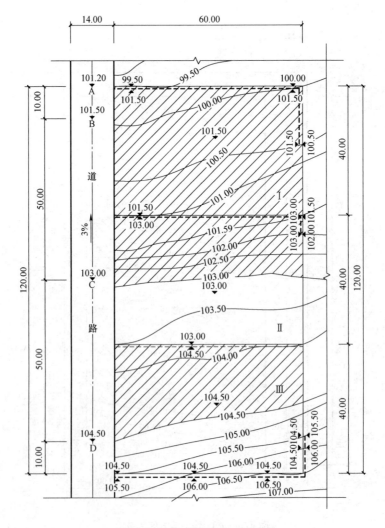

图4-36（d） 场地地形完成图

5. 做出选择题答案

（1）平整后场地 I 的标高为：（D）（4分）

[A] 100.00m   [B] 100.50m   [C] 101.00m   [D] 101.50m

（2）平整后场地 II 与场地 III 之间的高差为：（C）（4分）

[A] 0.50m   [B] 1.00m   [C] 1.50m   [D] 2.00m

（3）平整后填方区挡土墙的最大高度为：（C）（6分）

[A] 1.00m   [B] 1.50m   [C] 2.00m   [D] 2.50m

（4）平整后挖方区挡土墙的最大高度为：（D）（6分）

[A] 0.50m   [B] 1.00m   [C] 1.50m   [D] 2.00m

习题 4-6 2013 年考题

【设计条件】

某城市广场及其紧邻的城市道路，如图 4-37（a）所示。

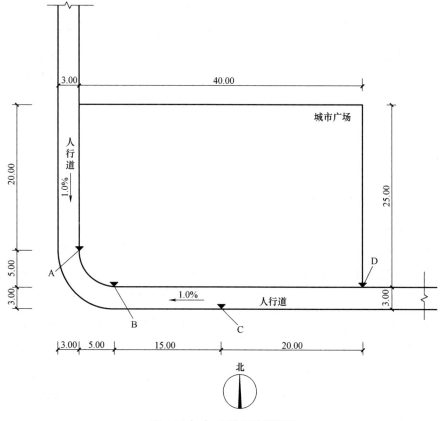

图 4-37（a） 拟建场地平面图

广场人行道宽 3m，广场南北向及东西向纵坡均为 1.0%，A、B 两点高程均为 101.60m。

人行道纵向坡度为 1.0%（无横坡），人行道路面与城市广场之间无高差连接。

城市广场按单一坡向、坡度设计。

【任务要求】

绘出经过 A、B 两点，等距为 0.05m 的人行道及城市广场的等高线。

标注 C、D 点及城市广场最高点的高程。

绘出城市广场的坡向并标注坡度。

下列单选题每题只有一个最符合题意的选项，从各题中选择一个与作图结果对应的选项，用黑色绘图笔将选项对应的字母填写在括号中，同时用 2B 铅笔将答题卡对应题号选项信息点涂黑，二者必须一致，缺项不予评分。

【选择题】

1. C 点的场地高程为：（　　　）（5 分）

［A］101.60m　　　　［B］101.70m　　　　［C］101.75m　　　　［D］101.80m

2. D 点的场地高程为：（　　　）（5 分）

［A］101.90m　　　　［B］101.95m　　　　［C］102.00m　　　　［D］102.05m

3. 城市广场的坡度为：（　　　）（4 分）

［A］0　　　　　　　　［B］1.0%　　　　　　［C］1.4%　　　　　　［D］2.0%

4. 城市广场最高点的高程为：（　　　）（4 分）

［A］101.80m　　　　［B］101.95m　　　　［C］102.15m　　　　［D］102.20m

【解题步骤和方法】

1. 梳理题目信息

拟建：设计等高线平面。

要求：绘出经过 A、B 两点，等距为 0.05m 的人行道及城市广场的等高线。

原有场地信息：图面和文字中给出。

2. 计算等高线间距

（1）题目要求，广场人行道宽 3m，广场南北向及东西向纵坡均为 1.0%，A、B 两点高程均为 101.60m。所以根据等距和坡度算出城市广场的等高线距离（横坡和纵坡分别算）。

（2）根据坡度公式 $i=\Delta h/\Delta L$，Δh =0.05m，i=1.0%，得出 ΔL=5.0m（横坡和纵坡均为 5m）。从而得到 101.65m，101.70m，101.75m，101.80m，101.85m，101.90m，101.95m，102.00m，102.05m，102.10m，102.15m，102.20m 的高程，连接标高相同的高程点。确定 D 点标高为 101.95。广场最高限的高程为 102.20m。

（3）根据"等高线方向垂直于排水方向"，得出场地排水方向从东北角排向西南角，排水坡度为 1.0%/cos45° =1.414%。

如图 4-37（b）所示。

3. 确定人行道内等高线位置

（1）题目要求，人行道纵向坡度为 1.0%（无横坡），人行道路面与城市广场之间无高差连接。所以，只求出纵坡等高线间距即可。根据"等高线方向垂直于排水方向"，得出人行道等高线方向。

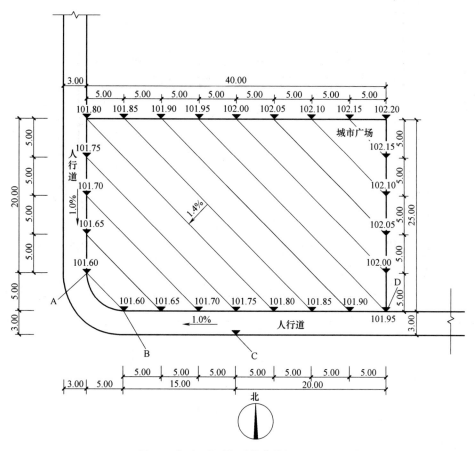

图 4-37（b） 拟建场地等高线间距平面图

（2）根据坡度公式 $i=\Delta h/\Delta L$，Δh =0.05m，i=1.0%，得出 ΔL=5.0m（纵坡为 5m）。从而得到 101.60m，101.65m，101.70m，101.75m，101.80m，101.85m，101.90m，101.95m 的高程，连接标高相同的高程点。确定 C 点标高为 101.75m。如图 4-37（c）所示。

4. 做出选择题答案

（1）C 点的场地高程为：（C）（5 分）

［A］101.60m 　　［B］101.70m 　　［C］101.75m 　　［D］101.80m

（2）D 点的场地高程为：（B）（5 分）

［A］101.90m 　　［B］101.95m 　　［C］102.00m 　　［D］102.05m

（3）城市广场的坡度为：（C）（4 分）

［A］0 　　［B］1.0% 　　［C］1.4% 　　［D］2.0%

（4）城市广场最高点的高程为：（D）（4分）

[A] 101.80m   [B] 101.95m   [C] 102.15m   [D] 102.20m

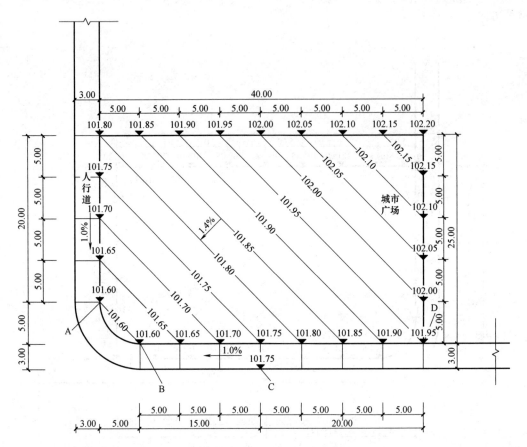

图 4-37（c）　拟建场地平面完成图

习题 4-7　*2011 年考题*

【设计条件】

某坡地上已平整出三块台地，如图 4-38（a）所示。

每块台地高于相邻坡地，台地与相邻坡地的最小高差为 0.15m。

【任务要求】

绘制等高距为 0.15m，且经过 A 点的坡地等高线，标注各等高线高程。

标注三块台地及坡地上 B 点的标高。

下列单选题每题只有一个最符合题意的选项，从各题中选择一个与作图结果对应的选项，用黑色绘图笔将选项对应的字母填写在括号中，同时用 2B 铅笔将答题卡对应题号选项信息点涂黑，二者必须一致，缺项不予评分。

【选择题】

1. 坡地上 B 点的标高为：（　　　）（4分）

［A］101.20m   ［B］101.50m   ［C］101.65m   ［D］101.95m

2. 台地1与台地2的高差:(   )(5分)

［A］0.15m   ［B］0.45m   ［C］0.60m   ［D］0.90m

3. 台地2与相邻坡地的最大高差为:(   )(5分)

［A］0.15m   ［B］0.75m   ［C］0.90m   ［D］1.05m

4. 台地3的标高:(   )(4分)

［A］101.50m   ［B］101.65m   ［C］101.80m   ［D］101.95m

图 4-38（a） 拟建场地平面图

【解题步骤和方法】

1. 梳理题目信息

拟建:设计等高线平面。

要求:绘制等高距为0.15m,且经过A点的坡地等高线,标注各等高线高程。

原有场地信息:图面和文字中给出。

2. 计算等高线间距

（1）根据题目要求,A点高程为100.00m,横坡坡度为5.0%,纵坡坡度为3.0%。分别求出横纵坡的等高线高程点。

（2）根据坡度公式 $i=\Delta h/\Delta L$,横坡 Δh =0.15m,i=5.0%,得出 ΔL = 3.0m。得到南向99.85m, 100.15m, 100.30m, 100.45m, 100.60m, 100.75m, 100.90m, 101.05m, 101.20m, 101.35m 的高程点位置。

（3）辅助点C点为场地西南角点,Δh=5×5.0%=0.25,C点高程为100.00-0.25=99.75m。

（4）求出场地西侧纵向高程 99.85m 的位置。$\Delta L =$（99.85−99.75）/3.0%=3.33。

（5）纵坡 Δh =0.15m，i=3.0%，得出 ΔL= 5.0m。得到其余各点的高程。确定 B 点标高为 101.50m。如图 4-38（b）所示。

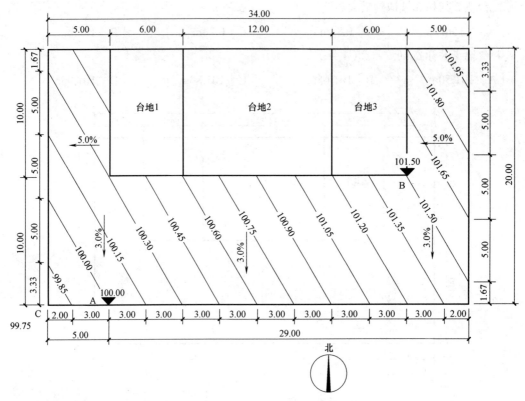

图 4-38（b） 拟建场地等高线间距平面图

3. 确定三个台地标高

（1）题目要求，每块台地高于相邻坡地，台地与相邻坡地的最小高差为 0.15m。

（2）台地 1 与场地交点的最高点高程为 100.60m。则台地 1 的标高为 100.75m。

（3）台地 2 与场地交点的最高点高程为 101.20m。则台地 2 的标高为 101.35m。台地 2 与相邻坡地的最低点的高度差为 101.35−100.60=0.75m。

（4）台地 3 与场地交点的最高点高程为 101.80m。则台地 3 的标高为 101.95m。

如图 4-38（c）所示。

4. 做出选择题答案

（1）坡地上 B 点的标高为：（B）（4 分）

　[A] 101.20m 　　　[B] 101.50m 　　　[C] 101.65m 　　　[D] 101.95m

（2）台地 1 与台地 2 的高差：（C）（5 分）

　[A] 0.15m 　　　　[B] 0.45m 　　　　[C] 0.60m 　　　　[D] 0.90m

（3）台地 2 与相邻坡地的最大高差为：（B）（5 分）

[A] 0.15m   [B] 0.75m   [C] 0.90m   [D] 1.05m

（4）台地 3 的标高：（D）（4 分）

[A] 101.50m   [B] 101.65m   [C] 101.80m   [D] 101.95m

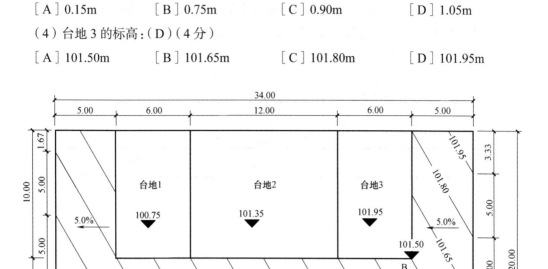

图 4-38（c） 拟建场地平面完成图

习题 4-8 2018 年考题

【设计条件】

某广场排水坡度、标高及北侧城市道路如图 4-39（a）所示。

城市道路下有市政雨水管，雨水管 C 点管内底标高为 97.30。

在广场东、西、北侧设排水沟（有盖板）排水，排水沟终点设置一处跌水井，用连接管线进入市政雨水 C 点，连接管坡度不大于 5%，广场跌水井底与连接管线处管底的标高一致。

【任务要求】

绘制通过 A 点，等高距为 0.2m 的广场设计等高线（用细实线 —表示）。

标注广场场地四点及 B 点的标高。

绘制广场排水沟，要求土方量最小，排水沟沟深不小于 0.5m，排水坡度不小于 0.5%。

标注各段排水沟坡度、坡长、起点、终点与沟底标高。

绘制跌水井及连接管井并标注跌水井井底标高及连接管坡度（跌水井用○表示）。

下列单选题每题只有一个最符合题意的选项，从各题中选择一个与作图结果相对应的选项，用 2B 铅笔将答题卡对应题号选项信息点涂黑。

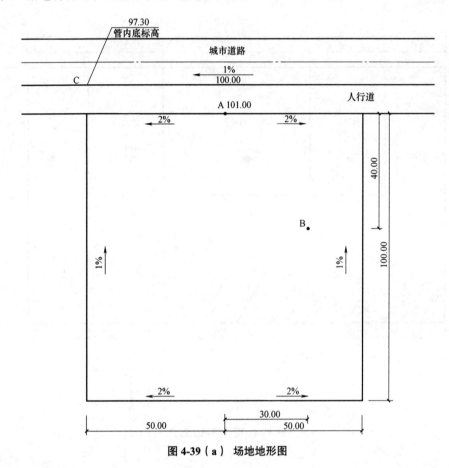

图 4-39（a） 场地地形图

【选择题】

1. 广场上 B 点标高为：（   ）（6 分）

[A] 100.40   [B] 100.80   [C] 101.00   [D] 101.40

2. 广场西侧排水沟坡度：（   ）（5 分）

[A] 0.5%   [B] 1%   [C] 2%   [D] 2.7%

3. 广场北侧最低点的排水沟沟底标高：（   ）（5 分）

[A] 97.30   [B] 97.40   [C] 97.80   [D] 99.00

4. 跌水井井底标高：（   ）（4 分）

[A] 97.40   [B] 97.80   [C] 98.50   [D] 99.50

【解题步骤和方法】

1. 梳理题目信息

拟建：广场设计等高线、场地标高、排水沟、跌水井。

要求：等高距为 0.2m，排水沟土方量最小。跌水井连入市政雨水管。

原有信息：图面和文字中已给出。

2. 求出广场场地四点及 B 点标高

根据公式 $i=\Delta h/\Delta L$，推出 $\Delta h=\Delta L\times i=50.00\times 2.0\%=1.0m$，则场地北侧；两个角点高程为 100.00。同理推出 $\Delta h=\Delta L\times i=100.00\times 1.0\%=1.0m$，广场南侧两个角点高程为 101.00。

广场南侧 D 点标高为 $101.00+（50-30）\times 2.0\%=101.40$，则 B 点标高为 $101.40-（100-40）\times 1.0\%=100.80$。

3. 绘制广场等高线

题目要求，绘制通过 A 点，等高距为 0.2m 的广场设计等高线。根据公式 $i=\Delta h/\Delta L$，推出 $\Delta L=\Delta h/i=0.2/2.0\%=10.00m$。所以南侧和北侧的各等高线高程点都可以求出，同理，东侧和西侧的各等高线高程点也可以求出，连接同名等高线，绘出广场等高线，如图 4-39（b）所示（也可根据场地排水方向进行等高线方向预判作为校核）。

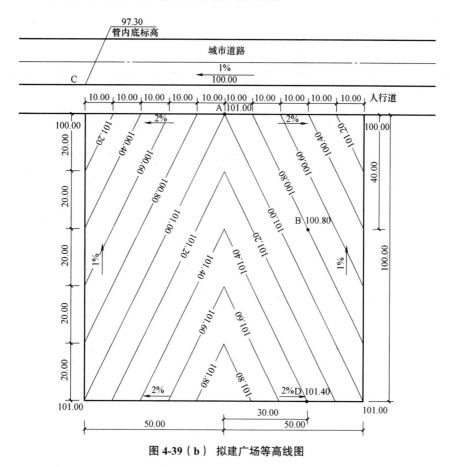

图 4-39（b） 拟建广场等高线图

4. 绘制跌水井及连接管

题目给出，排水沟终点设置一处跌水井，用连接管线进入市政雨水 C 点，连接管坡度不大于 5%，广场跌水井底与连接管线处管底的标高一致。从图中可知，雨水管 C 点标高为 97.30，根据公式 $i=\Delta h/\Delta L$，推出 $\Delta h=\Delta L\times i=10.00\times 5.0\%=0.5\mathrm{m}$，推出连接管处管底标高和跌水井井底标高均为 97.30+0.5=97.80m。

5. 绘制排水沟及各点标高

题目要求绘制广场东西北三面排水沟，其终点与跌水井相接。要求土方量最小，排水沟沟深不小于 0.5m，排水坡度不小于 0.5%。

西南角标高为 101.00，沟底起点为 100.50，如果坡度为 0.5%，那么西北角沟底深为 100.50−100×0.5%=100.00，与场地上角点标高相同，不符合排水沟沟深不小于 0.5m 的条件，所以排水沟排水坡度为 1.0%，西北角沟底此处标高为 100.50−100×1.0%=99.50。

同理求出广场东侧排水沟标高为东南角为 100.50，东北角为 99.50。

则广场北侧排水沟按照 0.5% 绘制即可，此时西北角沟底此处标高为 99.50−100.00× 0.5%=99.00。

如图 4-39（c）所示。

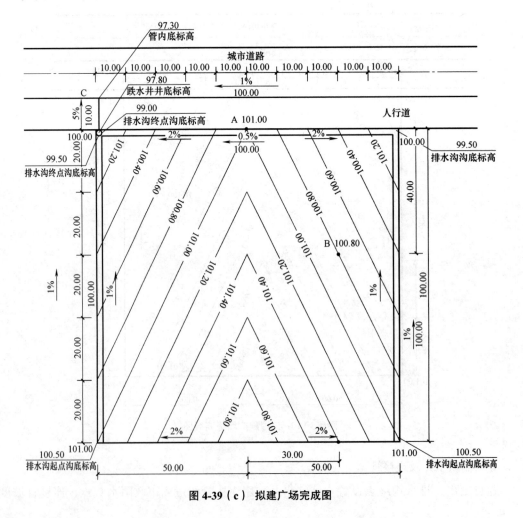

图 4-39（c） 拟建广场完成图

6. 做出选择题答案

（1）广场上 B 点标高为：（B）（6分）

[A] 100.40　　　　[B] 100.80　　　　[C] 101.00　　　　[D] 101.40

（2）广场西侧排水沟坡度：（B）（5分）

[A] 0.5%　　　　[B] 1%　　　　[C] 2%　　　　[D] 2.7%

（3）广场北侧最低点的排水沟沟底标高：（D）（5分）

[A] 97.30　　　　[B] 97.40　　　　[C] 97.80　　　　[D] 99.00

（4）跌水井井底标高：（B）（4分）

[A] 97.40　　　　[B] 97.80　　　　[C] 98.50　　　　[D] 99.50

第 5 章 场 地 设 计

5.1 知识脉络——构建思维导图

场地设计是在给定的基地中，对某一类或一组建筑如医院、学校、展览中心等，进行总平面设计，或者要求考生进行特定的绿化设计，考查考生综合运用场地设计知识，进行场地总体布局的基本技能。

如图 5-1 所示，场地设计考的是场地总体布局。2018 年场地设计题目从原来的 28 分提高到 40 分，说明场地考试，从理论考试类更加趋向于实际操作类。一个不会布置场地的建筑师显然是一个不合格的建筑师。

而场地设计题目的难度从 2018 年提分至今，场地规模没有明显增加，场地详细程度略有增加，而需要考生答题的准确度和精细度也在增加。

如图 5-1 所示。

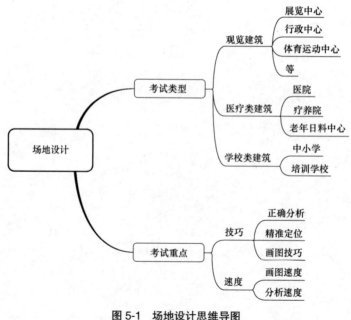

图 5-1 场地设计思维导图

5.2 内容归纳——覆盖考试要点

5.2.1 场地设计的基本原则

场地设计即场地规划环境布局，主要是针对拟建场地进行拟建建筑和拟建广场及设施的总体布局。影响布局的因素很多，有防火、日照、通风等，从而确定建筑出入口的位置，对场地进行交通组织，最后形成总平面布局。

正像一个人不是独立存在的，他（她）的周围存在着与自己相关的各种人或事物。一栋建筑也不是独立存在的，因为自身满足不了所有的功能需求，所以建筑单体需要其室外环境空间与其他单体组成建筑组群存在。当形成一定的格局之后，将各种因素加在一起，形成综合性布局，从而构成一个完整的场地规划环境布局。比如一个剧场建筑，具有短时间内需要集散大量人流的特点，而这一特点，除了需要室内空间组合的内因来解决，同样需要在室外设置大规模的疏散空间和停车场地，同时解决人流出入和车流出入以及消防环路的要求。在满足这些基本要求的基础上，配备绿化等附属设施，从而形成一个建筑与场地协调统一的整体布局。这个例子充分说明建筑与场地的关系。所以我们在做建筑单体之前，充分分析和解决场地规划环境布局是非常重要的。建筑不能脱离总体环境而独立存在，而应放在特定的环境中，充分考虑建筑与环境的关系，二者相互融合，形成不可分割的整体。如图 5-2 所示。

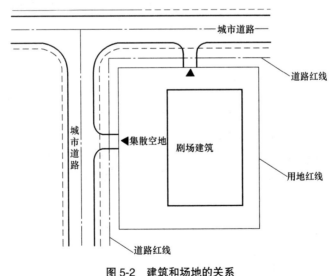

图 5-2　建筑和场地的关系

考试中，一般要求我们对建筑组群进行比较分散的布局，而产生群体空间组合。而以组群又形成各种形式的组团或者中心，如市政中心，商业中心，展览中心等公共建筑群。

从建筑群的使用性质出发，着重分析功能关系，并且加以合理分区，利用道路来组织交通流线，使场地规划整体空间环境布局紧凑合理。

5.2.2 场地设计的主要内容

（1）场地设计的功能分区

图 5-3 场地功能分区（以学校为例）

在场地的总体布局中，我们首先需要对场地进行功能分区，包括动静、内外、主次、先后、洁污等分区。场地外和场地内周边环境以及原有建筑的位置是决定场地功能分区的重要因素。如图 5-3 所示，学校很明确地分为教学区（静区）、宿舍区（静区）、运动区（动区）三个区，其内分别摆放属于三个区的建筑以及场地，同时这三个区相互独立又互相有联系。

（2）建筑物

建筑物的布置是场地设计中最重要的，建筑物的位置摆放直接决定了本题分数。确定建筑物摆放位置的因素有很多。

1）日照。

日照决定了建筑与建筑之间的距离，包括拟建建筑之间以及拟建建筑与原有建筑之间。比如场地内的拟建建筑不能遮挡外部的住宅，场地中的宿舍需要与其他建筑同时满足日照间距要求等。

如图 5-4 所示。

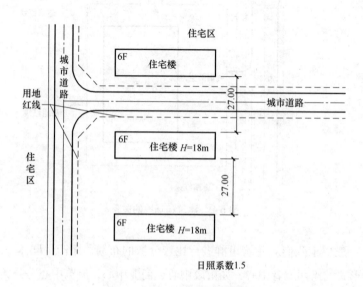

图 5-4 日照对建筑位置的影响

2）主导风向。

主导风向属于地理知识，指的是风频最大的风向角的范围。风向角范围一般在连续45度左右，对于以16方位角表示的风向，主导风向一般是指连续2～3个风向角的范围。考试中对主导风向的研究很简单，只需要看箭头的指向即可。一般考试会有厨房，医疗类场地会考察传染病房楼，需要把这类建筑放在主导风向的下风向，即箭头所指示的场地的尽端方位。如图5-5所示。

3）防火间距。

防火间距第1章已经详细讲过，在场地设计的布置中，建筑与建筑之间需要拉开防火间距的距离，这是建筑摆放的基本要求。

4）防噪间距。

对于一些特殊建筑，如学校类场地，我们需要考虑建筑与运动场，建筑与建筑之间的防噪间距问题等。

5）卫生视距。

对于一些特殊建筑，如医疗类建筑、病房楼之间、疗养楼之间需要满足卫生视距等。

6）建筑群体组合。

前面讲到了建筑单体不是独立存在的，比如场地要求我们做两栋宿舍楼，这就要求我们要对两栋宿舍楼进行分析，南北向摆放需要日照间距，东西向摆放需要防火间距，而场地中是否有原有的宿舍楼或者居住类等静区建筑与之相呼应，这些都要综合考虑后才能决定该宿舍楼如何摆放，而这两栋建筑就是作为建筑群体组合出现的。也就是说在一个建筑群体中，需要考虑两个因素，一个是建筑组群和室外规划空间环境的关系，另一个是组群内部建筑之间的关系。如图5-6所示。

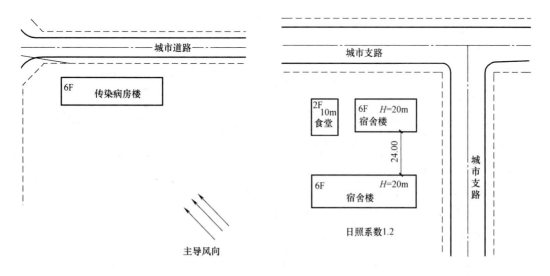

图5-5 主导风向对建筑位置的影响   图5-6 建筑组群的布局

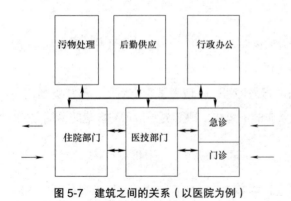

图 5-7　建筑之间的关系（以医院为例）

7）建筑之间的关系。

无论是拟建建筑之间，还是拟建建筑与原有建筑之间，他们之间有对应关系、从属关系、序列关系。场地中一般都存在一个题眼建筑，这个建筑就是场地的主要建筑，其他建筑从属于这个建筑。通过连廊或者道路与之发生关系，再根据关系的紧密程度进行布置。如图 5-7 所示，医技楼作为场地的核心。与门诊楼、急诊楼、手术楼、病房楼都关系密切，之间通过设置连廊连接。

8）场地地形的影响。

场地中有时候存在等高线，给建筑定位的时候需要考虑高度差对日照的影响。如果场地中存在着密集等高线，则有的建筑不能摆放在此位置。

9）场地设计的其他因素。

以上所说属于基础知识，关于建筑摆放的决定因素还有很多，这些都需要根据题目要求本身来确定，不能把设计原理进行生搬硬套。

（3）场地

场地和建筑物具有同样重要的地位。

1）与建筑物配建的场地。

场地设计中的场地不是独立存在的，都和建筑物一起作用于场地设计。如图 5-8 所示，一个含厨房的餐饮建筑，需要配备一个内院，解决货流的进入和污物的出入。

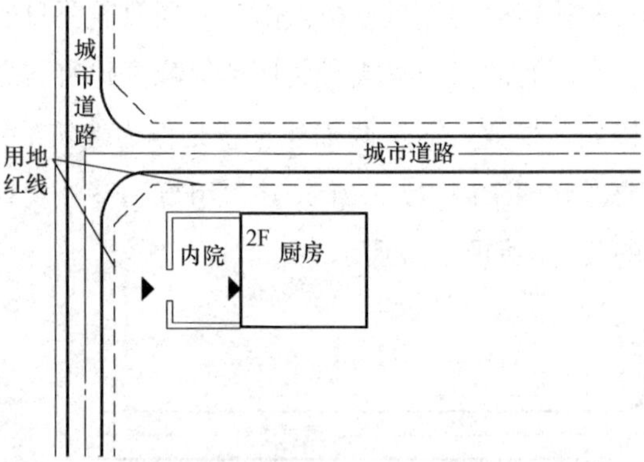

图 5-8　与建筑物配建的场地

2）与出入口对应的场地。

如图 5-9 所示，体育馆前面需要一个规模相当大的集散广场，解决短时间人流疏散问题，同时需要与主入口对应，解决人流疏散问题。

3）作为隔声屏障的场地。

在含有城市干道的场地中布置静区的建筑，这就要求我们设置隔声屏障来解决噪声问题。如图 5-10 所示，设置了绿化隔声屏障来解决疗养院建筑的噪声问题。

4）停车场地。

场地设计中一般会要求我们设置停车场地，分为两种情况，一类是为几个建筑物配建停车场地，此类问题，停车场地作为建筑物布置的限定条件，需要与建筑物综合考虑，同时结

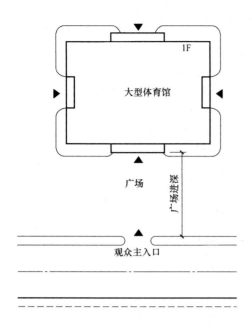

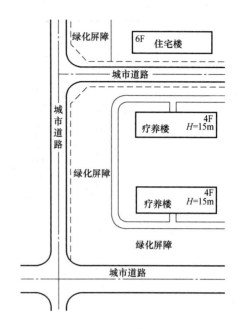

图 5-9　与出入口对应的广场（以体育馆为例）　　　　图 5-10　作为隔声屏障的场地（以疗养院为例）

合车流出入口的布置。另一类是为整个场地配建停车场，这要求我们进行场地的综合分析，结合场地外道路的宽度，确定车流出入口（次要出入口），同时布置停车场地。

近年来经常考察到停车场地中布置停车位的趋势，我们可以根据题目的要求和停车场设计题目的经验进行布置。

（4）出入口

出入口是选择题经常考察的题目类型，同时也是正确布置场地的决定因素。

1）出入口的设置要求。

基地应与道路红线相邻接，否则应设基地道路与道路红线所划定的城市道路相连接。基地内建筑面积小于或等于3000m²时，基地道路的宽度不应小于4m，基地内建筑面积大于3000m²且只有一条基地道路与城市道路相连接，基地道路的宽度不应小于7m，若有两条以上的基地道路与城市道路相连接时，单条基地道路的宽度不应小于4m。如图5-11所示。

2）出入口的宽度要求。

单车道路宽度不应小于4m，双车道路不应小于7m，人行道路宽度不应小于1.50m，利用道路边设停车位时，不应影响有效通行宽度；车行道路改变方向时，应满足车辆最小转弯半径要求；消防车道路应按消防车最小转弯半径要求设置。

3）出入口数量。

大型、特大型交通、文化体育、娱乐、商业等人员密集的建筑基地应符合下列规定：

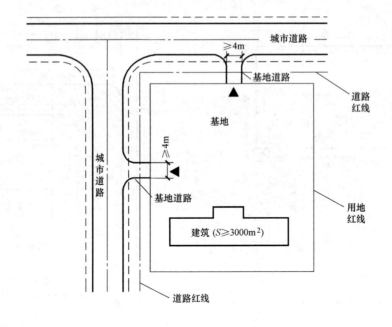

图 5-11　基地出入口的设置

① 建筑基地与城市道路邻接的总长度不应小于建筑基地周长的 1/6；

② 建筑基地的出入口不应少于 2 个，且不宜设置在同一条城市道路上；

③ 建筑物主要出入口前应设置人员集散场地，其面积和长宽尺寸应根据使用性质和人数确定；

④ 当建筑基地设置绿化、停车或其他构筑物时，不应对人员集散造成障碍。

4）考试中的出入口。

考试中的出入口需要结合题目文字条件和图示条件考虑。首先确定场地外道路的宽度和重要程度，主、次干道分清；其次看周边环境的影响；再次看场地中拟建建筑和广场对场地出入口的影响。人流车流是否需要分开，是否设置货流出入口等。

（5）场地内交通组织

1）要求。

场地内交通组织需要与场地外交通取得联系，同时根据功能分区和建筑的流线进行道路布置，将建筑出入口和场地出入口取得联系。

道路起着各区域分割和联系的媒介作用，同时兼顾场地内景观和绿化的要求，坡地中，结合地形和现状条件，尽量减少土方工程量。

2）布置。

考试中道路布置不复杂，或者说可以将复杂问题简单化。我们只需要将道路从场地出入口引入，对外与场地外道路衔接，对内与建筑物出入口衔接，以满足消防车道要求。在练习题中会详细讲解。

5.3 规范规定——方便理解记忆

地形设计规范一览表 表 5-1

规范	内 容
《办公建筑 设计标准》 JGJ/T 67—2019	3.1.4 A类办公建筑应至少有两面直接邻接城市道路或公路；B类办公建筑应至少有一面直接邻接城市道路或公路，或与城市道路或公路有相连接的通路；C类办公建筑宜有一面直接邻接城市道路或公路。 3.1.5 大型办公建筑群应在基地中设置人员集散空地，作为紧急避难疏散场地。 3.2.2 总平面应合理组织基地内各种交通流线，妥善布置地上和地下建筑的出入口。锅炉房、厨房等后勤用房的燃料、货物及垃圾等物品的运输宜设有单独通道和出入口。 3.2.3 当办公建筑与其他建筑共建在同一基地内或与其他建筑合建时，应满足办公建筑的使用功能和环境要求，分区明确，并宜设置单独出入口。 3.2.5 基地内应合理设置机动车和非机动车停放场地（库）。
《旅馆建筑 设计规范》 JGJ 62—2014	1 总则 1.0.1 为适应旅馆建筑的发展，使旅馆建筑设计符合适用、安全、卫生等基本要求，制定本规范。 1.0.2 本规范适用于至少设有15间（套）出租客房的新建、扩建、改建的旅馆建筑设计。 1.0.3 旅馆建筑等级按由低到高的顺序可划分为一级、二级、三级、四级和五级。 1.0.4 旅馆建筑设计应遵循节能、节地、节水、节材和保护环境的原则。 1.0.5 旅馆建筑设计，除应符合本规范外，尚应符合国家现行有关标准的规定。 3.1 选址 3.1.1 旅馆建筑的选址应符合当地城乡总体规划的要求，并应结合城乡经济、文化、自然环境及产业要求进行布局。 3.1.2 旅馆建筑的选址应符合下列规定： 1 应选择工程地质及水文地质条件有利、排水通畅、有日照条件且采光通风较好、环境良好的地段，并应避开可能发生地质灾害的地段； 2 不应在有害气体和烟尘影响的区域内，且应远离污染源和储存易燃、易爆物的场所； 3 宜选择交通便利、附近的公共服务和基础设施较完备的地段。 3.1.3 在历史文化名城、历史文化保护区、风景名胜地区及重点文物保护单位附近，旅馆建筑的选址及建筑布局，应符合国家和地方有关保护规划的要求。 3.2 基地 3.2.1 旅馆建筑的基地应至少有一面直接临接城市道路或公路，或应设道路与城市道路或公路相连接。位于特殊地理环境中的旅馆建筑，应设置水路或航路等其他交通方式。 3.2.2 当旅馆建筑设有200间（套）以上客房时，其基地的出入口不宜少于2个，出入口的位置应符合城乡交通规划的要求。 3.2.3 旅馆建筑基地宜具有相应的市政配套条件。 3.2.4 旅馆建筑基地的用地大小应符合国家和地方政府的相关规定，应能与旅馆建筑的类型、客房间数及相关活动需求相匹配。

规范	内 容
《旅馆建筑 设计规范》 JGJ 62—2014	3.3 总平面 3.3.1 旅馆建筑总平面应根据当地气候条件、地理特征等进行布置。建筑布局应有利于冬季日照和避风，夏季减少得热和充分利用自然通风。 3.3.2 总平面布置应功能分区明确、总体布局合理，各部分联系方便、互不干扰。 3.3.3 当旅馆建筑与其他建筑共建在同一基地内或同一建筑内时，应满足旅馆建筑的使用功能和环境要求，并应符合下列规定： 1 旅馆建筑部分应单独分区，客人使用的主要出入口宜独立设置； 2 旅馆建筑部分宜集中设置； 3 从属于旅馆建筑但同时对外营业的商店、餐厅等不应影响旅馆建筑本身的使用功能。 3.3.4 应对旅馆建筑的使用和各种设备使用过程中可能产生的噪声和废气采取措施，不得对旅馆建筑的公共部分、客房部分等和邻近建筑产生不良影响。 3.3.5 旅馆建筑的交通应合理组织，保证流线清晰，避免人流、货流、车流相互干扰，并应满足消防疏散要求。 3.3.6 旅馆建筑的总平面应合理布置设备用房、附属设施和地下建筑的出入口。锅炉房、厨房等后勤用房的燃料、货物及垃圾等物品的运输宜设有单独通道和出入口。 3.3.7 四级和五级旅馆建筑的主要人流出入口附近宜设置专用的出租车排队候客车道或候客车位，且不宜占用城市道路或公路，避免影响公共交通。 3.3.8 除当地有统筹建设的停车场或停车库外，旅馆建筑基地内应设置机动车和非机动车的停放场地或停车库。机动车和非机动车停车位数量应符合当地规划主管部门的规定。 3.3.9 旅馆建筑总平面布置应进行绿化设计，并应符合下列规定： 1 绿地面积的指标应符合当地规划主管部门的规定； 2 栽种的树种应根据当地气候、土壤和净化空气的能力等条件确定； 3 室外停车场宜采取结合绿化的遮阳措施； 4 度假旅馆建筑室外活动场地宜结合绿化做好景观设计。 3.3.10 旅馆建筑总平面布置应合理安排各种管道，做好管道综合，并应便于维护和检修。
《商店建筑 设计规范》 JGJ 48—2014	1 总则 1.0.1 为使商店建筑设计满足安全卫生、适用经济、节能环保等基本要求，制定本规范。 1.0.2 本规范适用于新建、扩建和改建的从事零售业的有店铺的商店建筑设计。不适用于建筑面积小于100m² 的单建或附属商店（店铺）的建筑设计。 1.0.3 商店建筑设计应根据不同零售业态的需求，在商品展示的同时，为顾客提供安全和良好的购物环境，为销售人员提供高效便捷的工作条件。 1.0.4 商店建筑的规模应按单项建筑内的商店总建筑面积进行划分，并应符合表 1.0.4 的规定。 表 1.0.4 商店建筑的规模划分

<table><tr><th>规模</th><th>小型</th><th>中型</th><th>大型</th></tr><tr><td>总建筑面积</td><td>< 5000m²</td><td>5000 ~ 20000m²</td><td>> 20000m²</td></tr></table>

1.0.5 商店建筑设计除应符合本规范外，尚应符合国家现行有关标准的规定。

3.1 基地
3.1.1 商店建筑宜根据城市整体商业布局及不同零售业态选择基地位置，并应满足当地城市规划的要求。 |

规范	内　容
《商店建筑设计规范》JGJ 48—2014	3.1.2　大型和中型商店建筑基地宜选择在城市商业区或主要道路的适宜位置。 　　3.1.3　对于易产生污染的商店建筑，其基地选址应有利于污染的处理或排放。 　　3.1.4　经营易燃易爆及有毒性类商品的商店建筑不应位于人员密集场所附近，且安全距离应符合现行国家标准《建筑设计防火规范》GB 50016 的有关规定。 　　3.1.5　商店建筑不宜布置在甲、乙类厂（库）房、甲、乙、丙类液体和可燃气体储罐以及可燃材料堆场附近，且安全距离应符合现行国家标准《建筑设计防火规范》GB 50016 的有关规定。 　　3.1.6　大型商店建筑的基地沿城市道路的长度不宜小于基地周长的 1/6，并宜有不少于两个方向的出入口与城市道路相连接。 　　3.1.7　大型和中型商店建筑基地内的雨水应有组织排放，且雨水排放不得对相邻地块的建筑及绿化产生影响。 　　3.2　建筑布局 　　3.2.1　大型和中型商店建筑的主要出入口前，应留有人员集散场地，且场地的面积和尺度应根据零售业态、人数及规划部门的要求确定。 　　3.2.2　大型和中型商店建筑的基地内应设置专用运输通道，且不应影响主要顾客人流，其宽度不应小于 4m，宜为 7m。运输通道设在地面时，可与消防车道结合设置。 　　3.2.3　大型和中型商店建筑的基地内应设置垃圾收集处、装卸载区和运输车辆临时停放处等服务性场地。当设在地面上时，其位置不应影响主要顾客人流和消防扑救，不应占用城市公共区域，并应采取适当的视线遮蔽措施。 　　3.2.4　商店建筑基地内应按现行国家标准《无障碍设计规范》GB 50763 的规定设置无障碍设施，并应与城市道路无障碍设施相连接。 　　3.2.5　大型商店建筑应按当地城市规划要求设置停车位。在建筑物内设置停车库时，应同时设置地面临时停车位。 　　3.2.6　商店建筑基地内车辆出入口数量应根据停车位的数量确定，并应符合国家现行标准《汽车库建筑设计规范》JGJ 100 和《汽车库、修车库、停车场设计防火规范》GB 50067 的规定；当设置 2 个或 2 个以上车辆出入口时，车辆出入口不宜设在同一条城市道路上。 　　3.2.7　大型和中型商店建筑应进行基地内的环境景观设计及建筑夜景照明设计。 　　3.3　步行商业街 　　3.3.1　步行商业街内应设置限制车辆通行的措施，并应符合当地城市规划和消防、交通等部门的有关规定。 　　3.3.2　将现有城市道路改建为步行商业街时，应保证周边的城市道路交通畅通。 　　3.3.3　步行商业街除应符合现行国家标准《建筑设计防火规范》GB 50016 的相关规定外，还应符合下列规定： 　　1　利用现有街道改造的步行商业街，其街道最窄处不宜小于 6m； 　　2　新建步行商业街应留有宽度不小于 4m 的消防车通道； 　　3　车辆限行的步行商业街长度不宜大于 500m； 　　4　当有顶棚的步行商业街上空设有悬挂物时，净高不应小于 4.00m，顶棚和悬挂物的材料应符合现行国家标准《建筑设计防火规范》GB 50016 的相关规定，且应采取确保安全的构造措施。 　　3.3.4　步行商业街的主要出入口附近应设置停车场（库），并应与城市公共交通有便捷的联系。 　　3.3.5　步行商业街应进行无障碍设计，并应符合现行国家标准《无障碍设计规范》GB 50763 的规定。 　　3.3.6　步行商业街应进行后勤货运的流线设计，并不应与主要顾客人流混合或交叉。 　　3.3.7　步行商业街应配备公用配套设施，并应满足环保及景观要求。
《文化馆建筑设计规范》JGJ/T 41—2014	1　总则 　　1.0.1　为保证文化馆建筑设计质量，满足使用功能需求，符合安全、卫生、经济、适用、美观、绿色等基本要求，制定本规范。 　　1.0.2　本规范适用于新建、扩建和改建的各级文化馆的建筑设计，文化站、工人文化宫、青少年宫、妇女儿童活动中心可按本规范执行。

规范	内容
《文化馆建筑设计规范》 JGJ/T 41—2014	1.0.3 文化馆的建筑设计，应根据当地经济发展水平，服务人口数量，群众文化需求，地方特色，民族文化传统等因素，在满足当前适用的基础上，适当预留发展余地。 1.0.4 文化馆建筑设计除应符合本规范外，尚应符合国家现行有关标准的规定 3.1 选址 3.1.1 文化馆建筑选址应符合当地文化事业发展和当地城乡规划的要求。 3.1.2 新建文化馆宜有独立的建筑基地，当与其他建筑合建时，应满足使用功能的要求，且自成一区，并应设置独立的出入口。 3.1.3 文化馆建筑选址应符合下列规定： 1 应选择位置适中、交通便利、便于群众文化活动的地区； 2 环境应适宜，并宜结合城镇广场、公园绿地等公共活动空间综合布置； 3 与各种污染源及易燃易爆场所的控制距离应符合国家现行有关标准的规定； 4 应选在工程地质及水文地质较好的地段。 3.2 总平面 3.2.1 文化馆建筑的总平面设计应符合下列规定： 1 功能分区应明确，群众活动区宜靠近主出入口或布置在便于人流集散的部位； 2 人流和车辆交通路线应合理，道路布置应便于道具、展品的运输和装卸； 3 基地至少应设有两个出入口，且当主要出入口紧邻城市交通干道时，应符合城乡规划的要求并应留出疏散缓冲距离。 3.2.2 文化馆建筑的总平面应划分静态功能区和动态功能区，且应分区明确、互不干扰，并应按人流和疏散通道布局功能区。静态功能区与动态功能区宜分别设置功能区的出入口。 3.2.3 文化馆应设置室外活动场地，并应符合下列规定： 1 应设置在动态功能区一侧，并应场地规整、交通方便、朝向较好； 2 应预留布置活动舞台的位置，并应为活动舞台及其设施设备预留必要的条件。 3.2.4 文化馆的庭院设计，应结合地形、地貌、场区布置及建筑功能分区的关系，布置室外休息活动场所、绿化及环境景观等，并宜在人流集中的路边设置宣传栏、画廊、报刊橱窗等宣传设施。 3.2.5 基地内应设置机动车及非机动车停车场（库），且停车数量应符合城乡规划的规定。停车场地不得占用室外活动场地。 3.2.6 当文化馆基地距医院、学校、幼儿园、住宅等建筑较近时，室外活动场地及建筑内噪声较大的功能用房应布置在医院、学校、幼儿园、住宅等建筑的远端，并应采取防干扰措施。 3.2.7 文化馆建筑的密度、建筑容积率及场区绿地率，应符合国家现行有关标准的规定和城乡规划的要求。
《图书馆建筑设计规范》 JGJ 38—2015	3.1 基地 3.1.1 图书馆基地的选择应满足当地总体规划的要求。 3.1.2 图书馆的基地应选择位置适中、交通方便、环境安静、工程地质及水文地质条件较有利的地段。 3.1.3 图书馆基地与易燃易爆、噪声和散发有害气体、强电磁波干扰等污染源之间的距离，应符合国家现行有关安全、消防、卫生、环境保护等标准的规定。 3.1.4 图书馆宜独立建造。当与其他建筑合建时，应满足图书馆的使用功能和环境要求，并宜单独设置出入口。 3.2 总平面 3.2.1 图书馆建筑的总平面布置应总体布局合理、功能分区明确、各区联系方便、互不干扰，并宜留有发展用地。 3.2.2 图书馆建筑的交通组织应做到人、书、车分流，道路布置应便于读者、工作人员进出及安全疏散，便于图书运送和装卸。 3.2.3 当图书馆设有少年儿童阅览区时，少年儿童阅览区宜设置单独的对外出入口和室外活动场地。

规 范	内 容
《图书馆建筑设计规范》JGJ 38—2015	3.2.4　除当地规划部门有专门的规定外，新建公共图书馆的建筑密度不宜大于40%。 3.2.5　除当地有统筹建设的停车场或停车库外，图书馆建筑基地内应设置供读者和工作人员使用的机动车停车库或停车场用地以及非机动车停放场地。 3.2.6　图书馆基地内的绿地率应满足当地规划部门的要求，并不宜小于30%。
《博物馆建筑设计规范》JGJ 66—2015	**1　总则** 1.0.2　本规范适用于新建、扩建和改建的博物馆建筑设计。 1.0.3　按博物馆的藏品和基本陈列内容分类，博物馆可划分为历史类博物馆、艺术类博物馆、科学与技术类博物馆、综合类博物馆等四种类型。 1.0.4　博物馆建筑可按建筑规模划分为特大型馆、大型馆、大中型馆、中型馆、小型馆等五类，且建筑规模分类应符合表1.0.4的规定。 **表 1.0.4　博物馆建筑规模分类** 表格 1.0.5　博物馆建筑设计应遵循下列原则： 1　在完整的工艺设计基础上进行，满足博物馆功能及其适度调整的要求，并适应博物馆可持续发展的需要； 2　保障公众和工作人员的使用环境符合国家现行卫生标准的规定； 3　保障使用者安全，应满足儿童、青少年、老年人、残障人士、婴幼儿监护人等使用和安全的要求，并应符合现行国家标准《无障碍设计规范》GB 50763的要求； 4　保护藏品、展品安全，避免人为破坏和自然破坏； 5　因地制宜，与当地的自然和人文环境、经济和技术发展水平相结合，满足节地、节能、节水、节材和环境保护的要求； 6　在建设全过程中对展陈、环境、装修、标识、信息管理系统、安全防范工程等进行协调设计。 **3.1　选址** 3.1.1　博物馆建筑基地的选择应符合下列规定： 1　应符合城市规划和文化设施布局的要求； 2　基地的自然条件、街区环境、人文环境应与博物馆的类型及其收藏、教育、研究的功能特征相适应； 3　基地面积应满足博物馆的功能要求，并宜有适当发展余地； 4　应交通便利，公用配套设施比较完备； 5　应场地干燥、排水通畅、通风良好； 6　与易燃易爆场所、噪声源、污染源的距离，应符合国家现行有关安全、卫生、环境保护标准的规定。 3.1.2　博物馆建筑基地不应选择在下列地段： 1　易因自然或人为原因引起沉降、地震、滑坡或洪涝的地段； 2　空气或土地已被或可能被严重污染的地段； 3　有吸引啮齿动物、昆虫或其他有害动物的场所或建筑附近。 3.1.3　博物馆建筑宜独立建造。当与其他类型建筑合建时，博物馆建筑应自成一区。

表 1.0.4　博物馆建筑规模分类

建筑规模类别	建筑总建筑面积（m²）
特大型馆	> 50000
大型馆	20001 ～ 50000
大中型馆	10001 ～ 20000
中型馆	5001 ～ 10000
小型馆	≤ 5000

规范	内 容
《博物馆建筑 设计规范》 JGJ 66—2015	3.1.4 在历史建筑、保护建筑、历史遗址上或其近旁新建、扩建或改建博物馆建筑，应遵守文物管理和城市规划管理的有关法律和规定。 3.2 总平面 3.2.1 博物馆建筑的总体布局应遵循下列原则： 1 应便利观众使用、确保藏品安全、利于运营管理； 2 室外场地与建筑布局应统筹安排，并应分区合理、明确、互不干扰、联系方便； 3 应全面规划，近期建设与长远发展相结合。 3.2.2 博物馆建筑的总平面设计应符合下列规定： 1 新建博物馆建筑的建筑密度不应超过 40%。 2 基地出入口的数量应根据建筑规模和使用需要确定，且观众出入口应与藏品、展品进出口分开设置。 3 人流、车流、物流组织应合理；藏品、展品的运输线路和装卸场地应安全、隐蔽，且不应受观众活动的干扰。 4 观众出入口广场应设有供观众集散的空地，空地面积应按高峰时段建筑内向该出入口疏散的观众量的 1.2 倍计算确定，且不应少于 $0.4m^2/$ 人。 5 特大型馆、大型馆建筑的观众主入口到城市道路出入口的距离不宜小于 20m，主入口广场宜设置供观众避雨遮阴的设施。 6 建筑与相邻基地之间应按防火、安全要求留出空地和道路，藏品保存场所的建筑物宜设环形消防车道。 7 对噪声不敏感的建筑、建筑部位或附属用房等宜布置在靠近噪声源的一侧。 3.2.3 博物馆建筑的露天展场应符合下列规定： 1 应与室内公共空间和流线组织统筹安排； 2 应满足展品运输、安装、展览、维修、更换等要求； 3 大型展场宜设置问询、厕所、休息廊等服务设施。

《档案建筑设计规范》
JGJ 25—2010

1 总则

1.0.1 为适应档案馆建设的需要，使档案馆建筑设计满足功能、安全、节能环保等方面的基本要求，制定本规范。

1.0.2 本规范适用于新建、改建、扩建的档案馆建筑设计。

1.0.3 档案馆可分特级、甲级、乙级三个等级。不同等级档案馆的适用范围及耐火等级要求应符合表 1.0.3 的规定。

表 1.0.3 档案馆等级与适用范围及耐火等级

等级	特级	甲级	乙级
适用范围	中央级档案馆	省、自治区、直辖市、计划单列市、副省级市档案馆	地（市）及县（市）档案馆
耐火等级	一级	一级	不低于二级

1.0.4 特级、甲级档案馆的抗震设计应符合现行国家标准《建筑工程抗震设防分类标准》GB 50223 的规定。位于地震基本烈度七度及以上地区的乙级档案馆应按基本烈度设防，地震基本烈度六度地区重要城市的乙级档案馆宜按七度设防。

1.0.5 档案馆建筑的节能设计应符合现行国家标准《公共建筑节能设计标准》GB 50189 的规定。

1.0.6 档案馆建筑设计除应符合本规范外，尚应符合国家现行有关标准的规定。

规范	内　容
《档案建筑设计规范》JGJ 25—2010	3　基地和总平面 3.0.1　档案馆基地选址应纳入并符合城市总体规划的要求。 3.0.2　档案馆的基地选址应符合下列规定： 　1　应选择工程地质条件和水文地质条件较好的地段，并宜远离洪水、山体滑坡等自然灾害易发生的地段； 　2　应远离易燃、易爆场所和污染源； 　3　应选择交通方便、城市公用设施较完备的地段； 　4　应选择地势较高、场地干燥、排水通畅、空气流通和环境安静的地段。 3.0.3　档案馆的总平面布置应符合下列规定： 　1　档案馆建筑宜独立建造。当确需与其他工程合建时，应自成体系并符合本规范的规定； 　2　总平面布置宜根据近远期建设计划的要求，进行一次规划、建设，或一次规划、分期建设； 　3　基地内道路应与城市道路或公路连接，并应符合消防安全要求； 　4　人员集散场地、道路、停车场和绿化用地等室外用地应统筹安排； 　5　基地内建筑及道路应符合现行行业标准《城市道路和建筑物无障碍设计规范》JGJ 50的规定。
《展览建筑设计规范》JGJ 218—2010	3.1　选址 3.1.1　展览建筑的选址应符合城市总体规划的要求，并应结合城市经济、文化及相关产业的要求进行合理布局。 3.1.2　展览建筑的选址应符合下列规定： 　1　交通应便捷，且应与航空港、港口、火车站、汽车站等交通设施联系方便；特大型展览建筑不应设在城市中心，其附近宜有配套的轨道交通设施； 　2　特大型、大型展览建筑应充分利用附近的公共服务和基础设施； 　3　不应选在有害气体和烟尘影响的区域内，且与噪声源及储存易燃、易爆物场所的距离应符合国家现行有关安全、卫生和环境保护等标准的规定； 　4　宜选择地势平缓、场地干燥、排水通畅、空气流通、工程地质及水文地质条件较好的地段。 3.2　基地 3.2.1　特大型展览建筑基地应至少有3面直接临接城市道路；大型、中型展览建筑基地应至少有2面直接临接城市道路；小型展览建筑基地应至少有1面直接临接城市道路。基地应至少有1面直接临接城市主要干道，且城市主要干道的宽度应满足布展、撤展或人员疏散的要求。 3.2.2　展览建筑的主要出入口及疏散口的位置应符合城市交通规划的要求。特大型、大型、中型展览建筑基地应至少有2个不同方向通向城市道路的出口。 3.2.3　基地应具有相应的市政配套条件。 3.3　总平面布置 3.3.1　总平面布置应根据近远期建设计划的要求进行整体规划，并宜留有改建和扩建的余地。 3.3.2　总平面布置应功能分区明确、总体布局合理，各部分联系方便、互不干扰。 3.3.3　交通应组织合理、流线清晰，道路布置应便于人员进出、展品运送、装卸，并应满足消防和人员疏散要求。 3.3.4　展览建筑应按不小于 $0.20m^2$/ 人配置集散用地。 3.3.5　室外场地的面积不宜少于展厅占地面积的 50%。 3.3.6　展览建筑的建筑密度不宜大于 35%。 3.3.7　除当地有统筹建设的停车场或停车库外，基地内应设置机动车和自行车的停放场地。

规 范	内 容
《展览建筑设计规范》JGJ 218—2010	3.3.8 基地应做好绿化设计，绿地率应符合当地有关绿化指标的规定。栽种的树种应根据城市气候、土壤和能净化空气等条件确定。 3.3.9 总平面应设置无障碍设施，并应符合现行行业标准《城市道路和建筑物无障碍设计规范》JGJ 50的有关规定。 3.3.10 基地内应设有标识系统。
《剧场建筑设计规范》JGJ 57—2016	1 总则 1.0.1 为保证剧场建筑设计满足使用功能、安全、卫生、节能、环保、经济及舞台工艺等方面的基本要求，制定本规范。 1.0.2 本规范适用于新建、扩建和改建的剧场建筑设计。 1.0.3 剧场建筑设计应遵循实用和可持续性发展的原则，并应根据所在地区文化需求、功能定位、服务对象、管理方式等因素，确定其类型、规模和等级。 1.0.4 根据使用性质及观演条件，剧场建筑可用于歌舞剧、话剧、戏曲等三类戏剧演出。当剧场为多用途时，其技术要求应按其主要使用性质确定，其他用途应适当兼顾。 3.1 基地 3.1.1 剧场建筑基地选择应符合当地城市规划的要求，且布点应合理。 3.1.2 剧场建筑基地应符合下列规定： 1 宜选择交通便利的区域，并应远离工业污染源和噪声源。 2 基地应至少有一面临接城市道路，或直接通向城市道路的空地；临接的城市道路的可通行宽度不应小于剧场安全出口宽度的总和。 3 基地沿城市道路的长度应按建筑规模或疏散人数确定，并不应小于基地周长的1/6。 4 基地应至少有两个不同方向的通向城市道路的出口。 5 基地的主要出入口不应与快速道路直接连接，也不应直接面对城市主要干道的交叉口。 3.1.3 剧场建筑主要入口前的空地应符合下列规定： 1 剧场建筑从红线的退后距离应符合当地规划的要求，并应按不小于 $0.20m^2$/座留出集散空地。 2 绿化和停车场布置不应影响集散空地的使用，并不宜设置障碍物。 3.1.4 当剧场建筑基地临接两条道路或位于交叉路口时，除主要临接道路应符合本规范第3.1.2条的规定、基地前集散空地应符合本规范第3.1.3条第1款规定外，尚应满足车行视距要求，且主要入口及疏散口的位置应符合当地交通规划的要求。 3.2 总平面 3.2.1 剧场总平面布置应符合下列规定： 1 总平面设计应功能分区明确，交通流线合理，避免人流与车流、货流交叉，并应有利于消防、停车和人流集散。 2 布景运输车辆应能直接到达景物搬运出入口。 3 宜为将来的改建和发展留有余地。 4 应考虑安检设施布置需求。 3.2.2 新建、扩建剧场基地内应设置停车场（库），且停车场（库）的出入口应与道路连接方便，停车位的数量应满足当地规划的要求。 3.2.3 剧场总平面道路设计应满足消防车及货运车的通行要求，其净宽不应小于4.00m，穿越建筑物时净高不应小于4.00m。 3.2.4 环境设计及绿化应符合当地规划要求。 3.2.5 剧场建筑基地内的设备用房不应对观众厅、舞台及其周围环境产生噪声、振动干扰。 3.2.6 对于综合建筑内设置的剧场，宜设置通往室外的单独出入口，应设置人员集散空间，并应设置相应的标识。

规范	内容
《体育建筑设计规范》JGJ 31—2003	**1 总则** 1.0.1 为保证体育建筑的设计质量，使之符合使用功能、安全、卫生、技术、经济及体育工艺等方面的基本要求，制定本规范。 1.0.2 本规范适用于供比赛和训练用的体育场、体育馆、游泳池和游泳馆的新建、改建和扩建工程设计。 1.0.3 当体育建筑有多种用途（或功能）时，其技术标准应按其主要用途确定建筑标准，其他用途则适当兼顾。 1.0.4 体育建筑设计应为运动员创造良好的比赛和训练环境，为观众创造安全和良好的视听环境，为工作人员创造方便有效的工作环境。 1.0.5 体育建筑设计应结合我国国情，根据各地区的气候和地理差异、经济和技术发展水平、民族习惯以及传统因素，因地制宜地进行设计。应遵循可持续性发展的原则。 1.0.6 体育设施，尤其是为重大赛事所建的设施应充分考虑赛后的使用和经营，以保证最大地发挥其社会效益和经济效益。 **3 基地和总平面** 3.0.1 体育建筑基地的选择，应符合城镇当地总体规划和体育设施的布局要求，讲求使用效益、经济效益、社会效益和环境效益。 3.0.2 基地选择应符合下列要求： 1 适合开展运动项目的特点和使用要求； 2 交通方便。根据体育设施规模大小，基地至少应分别有一面或二面临接城市道路。该道路应有足够的通行宽度，以保证疏散和交通； 3 便于利用城市已有基础设施； 4 环境较好。与污染源、高压线路、易燃易爆物品场所之间的距离达到有关防护规定，防止洪涝、滑坡等自然灾害，并注意体育设施使用时对周围环境的影响。 3.0.4 总平面设计应符合下列要求： 1 全面规划远、近期建设项目，一次规划、逐步实施，并为可能的改建和发展留有余地； 2 建筑布局合理，功能分区明确，交通组织顺畅，管理维修方便，并满足当地规划部门的相关规定和指标； 3 满足各运动项目的朝向、光线、风向、风速、安全、防护等要求； 4 注重环境设计，充分保护和利用自然地形和天然资源（如水面、林木等），考虑地形和地质情况，减少建设投资。 3.0.5 出入口和内部道路应符合下列要求： 1 总出入口布置应明显，不宜少于二处，并以不同方向通向城市道路。观众出入口的有效宽度不宜小于0.15m/百人的室外安全疏散指标； 2 观众疏散道路应避免集中人流与机动车流相互干扰，其宽度不宜小于室外安全疏散指标； 3 道路应满足通行消防车的要求，净宽度不应小于3.5m，上空有障碍物或穿越建筑物时净高不应小于4m。体育建筑周围消防车道应环通；当因各种原因消防车不能按规定靠近建筑物时，应采取下列措施之一满足火灾扑救的需要： 1）消防车在平台下部空间靠近建筑主体； 2）消防车直接开入建筑内部； 3）消防车到达平台上部以接近建筑主体； 4）平台上部设消火栓。 4 观众出入口处应留有疏散通道和集散场地，场地不得小于0.2m²/人，可充分利用道路、空地、屋顶、平台等。 3.0.6 停车场设计应符合下列要求：

规范	内容
《体育建筑设计规范》JGJ 31—2003	1 基地内应设置各种车辆的停车场，并应符合表 3.0.6 的要求，其面积指标应符合当地有关主管部门规定。停车场出入口应与道路连接方便； 2 如因条件限制，停车场也可在邻近基地的地区，由当地市政部门统一设置。但部分专用停车场（贵宾、运动员、工作人员等）宜设在基地内； **表 3.0.6 停车场类别** _(见下表)_ 3 承担正规或国际比赛的体育设施，在设施附近应设有电视转播车的停放位置。 3.0.7 基地的环境设计应根据当地有关绿化指标和规定进行，并综合布置绿化、花坛、喷泉、坐凳、雕塑和小品建筑等各种景观内容。绿化与建筑物、构筑物、道路和管线之间的距离，应符合有关规定。 3.0.8 总平面设计中有关无障碍的设计应符合现行行业标准《城市道路和建筑物无障碍设计规范》JGJ 50 的有关规定。

表 3.0.6 停车场类别

等级	管理人员	运动员	贵宾	官员	记者	观众
特级	有	有	有	有	有	有
甲级	兼用		兼用		有	有
乙级	兼用					
丙级	兼用					

规范	内容
《交通客运站建筑设计规范》JGJ/T 60—2012	1 总则 1.0.1 为保证交通客运站建筑设计符合适用、安全、节能、环保、卫生、经济等基本要求，制定本规范。 1.0.2 本规范适用于新建、扩建和改建的汽车客运站和港口客运站的建筑设计。不适用于汽车货运站、城市公共汽车站、水路货运站、城镇轮渡站、游艇码头等建筑设计。 1.0.3 交通客运站布局应符合城镇总体规划的要求，并应根据当地经济、交通发展条件，结合当地的气候、地理、地质、人文等特点，合理确定建筑形态。 1.0.4 交通客运站建筑设计除应符合本规范外，尚应符合国家现行有关标准的规定。 4 选址与总平面布置 4.0.1 交通客运站选址应符合城镇总体规划的要求，并应符合下列规定： 1 站址应有供水、排水、供电和通信等条件； 2 站址应避开易发生地质灾害的区域； 3 站址与有害物品、危险品等污染源的防护距离，应符合环境保护、安全和卫生等国家现行有关标准的规定； 4 港口客运站选址应具有足够的水域和陆域面积，适宜的码头岸线和水深。 4.0.2 总平面布置应合理利用地形条件，布局紧凑，节约用地，远、近期结合，并宜留有发展余地。 4.0.3 汽车客运站总平面布置应包括站前广场、站房、营运停车场和其他附属建筑等内容。 4.0.4 汽车进站口、出站口应满足营运车辆通行要求，并应符合下列规定： 1 一、二级汽车客运站进站口、出站口应分别设置，三、四级汽车客运站宜分别设置；进站口、出站口净宽不应小于 4.0m，净高不应小于 4.5m； 2 汽车进站口、出站口与旅客主要出入口之间应设不小于 5.0m 的安全距离，并应有隔离措施； 3 汽车进站口、出站口与公园、学校、托幼、残障人使用的建筑及人员密集场所的主要出入口距离不应小于 20.0m； 4 汽车进站口、出站口与城市干道之间宜设有车辆排队等候的缓冲空间，并应满足驾驶员行车安全视距的要求。

规范	内 容
《交通客运站建筑设计规范》JGJ/T 60—2012	4.0.5 汽车客运站站内道路应按人行道路、车行道路分别设置。双车道宽度不应小于7.0m；单车道宽度不应小于4.0m；主要人行道路宽度不应小于3.0m。 4.0.6 港口客运站总平面布置应包括站前广场、站房、客运码头（或客货滚装船码头）和其他附属建筑等内容。 5 站前广场 5.0.1 站前广场宜由车行及人行道路、停车场、乘降区、集散场地、绿化用地、安全保障设施和市政配套设施等组成。 5.0.2 一、二级交通客运站站前广场的规模，当按旅客最高聚集人数计算时，每人不宜小于1.5m²。其他站级交通客运站站前广场的规模，可根据当地要求和实际情况确定。 5.0.3 站前广场应与城镇道路衔接，在满足城镇规划的前提下，应合理组织人流、车流，方便换乘与集散，互不干扰。对于站前广场用地面积受限制的交通客运站，可采用其他方式完成人流的换乘与集散。 5.0.4 站前广场应设置社会停车场，并应合理划分城市公共交通、小型客车和小型货车的停车区域。出租车的等候区应独立设置。 5.0.5 站前广场的设计应符合现行国家标准《无障碍设计规范》GB 50763的规定。人行区域的地面应坚实平整，并应防滑。 5.0.6 站前广场应设置排水、照明设施。
《铁路旅客车站建筑设计规范》GB 50226—2007（2011年版）	1 总则 1.0.1 为统一铁路旅客车站建筑设计标准，使铁路旅客车站建筑设计符合"功能性、系统性、先进性、文化性、经济性"的要求，制定本规范。 1.0.2 本规范适用于新建铁路旅客车站建筑设计。 1.0.3 旅客车站布局应符合城镇发展和铁路运输要求，并根据当地经济、交通发展条件，合理确定建筑形式。 1.0.4 铁路旅客车站建筑设计应积极采用安全、节能和符合环境保护要求的先进技术。 3.1 选址 3.1.1 铁路旅客车站的选址应符合下列规定： 1 旅客车站应设于方便旅客集散、换乘并符合城镇发展的区域。 2 有利于铁路和城镇多种交通形式的发展。 3 少占或不占耕地，减少拆迁及填挖方工程量。 4 符合国家安全、环境保护、节约能源等有关规定。 3.1.2 铁路旅客车站选址不应选择在地形低洼、易淹没以及不良地址地段。 3.2 总平面布置 3.2.1 铁路旅客车站的总平面布置应包括车站广场、站房和站场客运设施，并应统一规划，整体设计。 3.2.2 铁路旅客车站的总平面布置应符合下列规定： 1 符合城镇发展规划要求，结合城市轨道交通、公共交通枢纽、机场、码头等道路的发展，合理布局。 2 建筑功能多元化、用地集约化，并留有发展余地。 3 使用功能分区明确，各种流线简捷、顺畅。 4 车站广场交通组织方案遵循公共交通优先的原则，交通站点布局合理。 5 特大型、大型站的站房应设置经广场与城市交通直接相连的环形车道。 6 当站区有地下铁道车站或地下商业设施时，宜设置与旅客车站相连接的通道。 3.2.3 铁路旅客车站的流线设计应符合下列规定： 1 旅客、车辆、行李、包裹和邮件的流线应短捷，避免交叉。 2 进、出站旅客流线应在平面或空间上分开。 3 减少旅客进出站和换乘的步行距离。

规范	内　容
	3.2.4　特大型站站房宜采用多方向进、出站的布局。 3.2.5　特大型、大型站应设置垃圾收集设施和转运站。站内废水、废气的处理，应符合国家有关标准的规定。 3.2.6　车站的各种室外地下管线应进行总体综合布置，并应符合现行国家标准《城市工程管线综合规划规范》GB 50289 的有关规定。
《铁路旅客车站 建筑设计规范》 GB 50226—2007 （2011 年版）	4　车站广场 4.0.1　车站广场宜由站房平台、旅客车站专用场地、公交站点及绿化与景观用地四部分组成。 4.0.2　车站广场设计应符合下列规定： 1　车站广场应与站房、站场布置密切结合，并符合城镇规划要求。 2　车站广场内的旅客、车辆、行李和包裹流线应短捷，避免交叉。 3　人行通道、车行通道应与城市道路互相衔接。 4　除绿化用地外，车站广场应采用刚性地面，并符合排水要求。 5　特大型和大型旅客车站宜采用立体车站广场。 6　受季节性或节假日影响客流大的车站，其车站广场应有设置临时候车设施的条件。 4.0.3　客货共线铁路旅客车站专用场地最小面积应按最高聚集人数确定，客运专线铁路旅客车站专用场地最小面积应按高峰小时发送量确定，其最小面积指标均不宜小于 $4.8m^2/$ 人。 4.0.4　站房平台设计应符合下列规定： 1　平台长度不应小于站房主体建筑的总长度。 2　平台宽度，特大型站不宜小于 30m，大型站不宜小于 20m，中型站不宜小于 10m，小型站不宜小于 6m。 3　立体车站广场的平台应分层设置，每层平台的宽度不宜小于 8m。 4.0.5　旅客活动地带与人行通道的设计应符合下列规定： 1　人行通道应与公交（含城市轨道交通）站点相通。 2　旅客活动地带与人行通道的地面应高出车行道，并且不应小于 0.12m。 4.0.6　客货共线铁路的特大型、大型和中型旅客车站的行李和包裹托取厅附近应设停放车辆的场地。 4.0.7　车站广场绿化率不宜小于 10%，绿化与景观设计应按功能和环境要求布置。 4.0.8　出境入境的旅客车站应设置升挂国旗的旗杆。 4.0.9　当城市轨道交通与铁路旅客车站衔接时，人员进出站流线应顺畅衔接。 4.0.10　城市公交、轨道交通站点设计应符合下列规定： 1　城市公交、轨道交通站点应设于安全部位，并应方便旅客乘降及换乘。 2　公交站点应设停车场地，停车场面积应符合当地公共交通规划的要求；当无规划要求时，公交停车场最小面积宜根据最高聚集人数或高峰小时发送量确定，且不宜小于 $1.0m^2/$ 人。 3　当铁路旅客车站站房的进站和出站集散厅与城市轨道交通站厅连接，且不在同一平面时，应设垂直交通设施。 4.0.11　广场内的各种揭示牌和引导系统应醒目，其结构、构造应设置安全。 4.0.12　车站广场应设置厕所，最小使用面积可根据最高聚集人数或高峰小时发送量按每千人不宜小于 $25m^2$ 或 4 个厕位确定。当车站广场面积较大时宜分散布置。
《物流建筑 设计规范》 GB 51157—2016	6.1　选址 6.1.1　物流建筑选址应满足城市总体规划及土地使用性质的要求。 6.1.2　物流建筑选址应符合下列规定： 1　不宜选择在居住区集中的地区； 2　应根据物品的来源、流向、建设条件、经济、社会人文、环境保护等因素综合确定； 3　配套设施、交通运输道路、防洪设施、环境保护工程等用地，应与物流建筑用地同时确定；

规 范	内 容
《物流建筑设计规范》GB 51157—2016	4 应具有适合工程建设的工程地质条件和水文地质条件； 5 应兼顾远期的发展需要，具备满足近期以及远期发展规划所必需的电源和水源条件； 6 含有高架存储的物流建筑，宜选择在地质条件良好的地段。 6.1.3 大型、超大型物流建筑群及运输服务类物流建筑选址还应符合下列规定： 1 应便于组织和开展多式联运； 2 以铁路运输服务为主的物流建筑，应具备铁路专用线和装卸站场等设施用地；铁路专用线应具备接入附近铁路车站的条件，并应联通国家铁路网；铁路专用线接入铁路繁忙干线车站时应具备立交疏解条件； 3 以水路运输服务为主的物流建筑，应具备水路运输所必需的水域条件和码头、场坪等港口设施用地； 4 以公路运输服务为主的物流建筑，应靠近城市公路干线，并应与城市综合运输网合理衔接； 5 以航空运输服务为主的物流建筑，应符合机场总体规划安排，且在处理国际货物时，应具备口岸监管和快速通关的条件。 6.1.4 特殊物流建筑用地应符合下列规定： 1 有洁净要求的物流建筑应避开有害气体、灰沙烟雾、粉尘及其他有污染源的地区； 2 食品、医药物流建筑距污染源的距离应符合国家有关污染源安全防护距离的规定； 3 冷链物流建筑应选址在交通运输方便、就近具备可靠的水源、电源的地区。 6.1.5 安全等级为一级、二级的物流建筑用地不应选址在下列地段及地区： 1 发震断裂带和抗震设防烈度为9度及高于9度的地区； 2 有泥石流、滑坡、流沙、溶洞等直接危害的地段； 3 具有开采价值的矿藏区以及采矿沉陷（错动）区界内； 4 易受洪水淹没或防洪工程量很大的地段。 6.1.6 物流建筑不应选址在国家和地方确定的风景名胜区、自然保护区以及历史文物古迹保护区，储存危险品、化学品的物流建筑选址应避免对周边居民、建筑、水源地等造成影响。 6.1.7 大型、超大型物流建筑群宜布置在城市边缘地带。 6.2 总体规划 6.2.1 物流建筑总体规划应适应当地及行业经济发展的需要，兼顾可持续发展，并应结合所在区域的技术经济、自然条件，经经济技术论证后确定，且宜与邻近的物流设施、交通运输、工业区、居住区、市政道路与动力供给等设施统筹规划衔接。 6.2.2 物流建筑总体规划应综合所在城市气候、环境和传统风貌等地域特点，保护规划用地内有价值的河湖水域、植被、道路、建筑物与构筑物等。 6.2.3 物流建筑总体规划应为工业化生产、机械化作业、建筑空间使用、现代物流管理、可持续发展等创造条件。 6.2.4 物流建筑的规划布局和功能分区，应根据路网结构、建筑布局、建筑群体组合、绿地系统及空间环境等构成相对独立的有机整体。 6.2.5 当有城市道路或铁路等设施穿越用地区域时，应统筹组织车流、人流路线；当被分割的不同区块间有物品运输时，宜采取立交方式进行交通组织。 6.2.6 物流建筑的总体规划，应在满足交通运输优化、车辆装卸省力快捷、工艺合理、建筑安全的前提下，提高土地的空间利用率。 6.2.7 物流建筑的建设用地规划宜设定投资强度控制指标，并应符合当地或行业的有关规定。
	7.1 总平面布置 7.1.1 物流建筑的总平面布置应符合下列规定： 1 建（构）筑物及设施宜归并整合、集中布置； 2 建筑间距应符合现行国家标准《工业企业总平面设计规范》GB 50187和《建筑设计防火规范》GB 50016的规定；

规范	内容
《物流建筑设计规范》GB 51157—2016	3　应利用地形、地势、工程地质以及水文地质条件； 4　应满足物流操作流程、交通组织、消防和管线综合布置的要求； 5　用于有污染性物品作业或存储的物流建筑，应布置在当地全年最小风向频率的上风侧； 6　具有卫生洁净要求的物流建筑，应远离污染源，并应布置在当地全年最小风向频率的下风侧； 7　除害熏蒸处理房应单独设置，应远离场区出入口和人员密集区，并应位于公共建筑和居住建筑的下风向且相距不小于50m； 8　铁路运输物流建筑的站台与货物装卸线宜采用一台一线的布置形式。 7.1.2　公用设施宜位于负荷中心或靠近主要用户。 7.1.3　改建、扩建的物流建筑应合理利用原有建筑物及各项设施。
	7.3　竖向设计 7.3.1　物流建筑的场区道路、广场及场地的竖向设计，应与市政道路、铁路、排水系统及周围场地的高程相协调。 7.3.2　物流建筑竖向设计应结合场区地形、物流操作流程、运输方式等，选择竖向布置方式。 7.3.3　物流建筑场地设计标高应符合下列规定： 1　对于布置在丘陵地区、山区及受江、河、湖、海的洪水、潮水或内涝水威胁区域的物流建筑，其场地设计标高应高出计算洪水位0.5m以上，或采取相应的防洪、防内涝措施； 2　场区出入口的路面标高宜高出场区外路面标高； 3　场地设计标高宜高于该处自然地面标高； 4　设计标高的确定宜减少土石方工程量，并应使场内的管线与市政管线标高相协调。 7.3.4　物流建筑设计标高的确定应符合下列规定： 1　建筑物室内地面标高应高出室外场地地面设计标高，且高差不应小于0.15m； 2　位于不良地质条件地段的贵重物品库、危险品库或防水要求高的建筑，应根据需要适当加大建筑物的室内外高差。 7.3.5　物流建筑场地排水系统应满足雨水重力自流排出要求，并应设置必要的排除暴雨积水的措施。 7.3.6　物流建筑场地坡度不宜小于0.3%，大于8%时宜分成台地，且台地连接处应设挡土墙和护坡。
	8.1　交通组织 8.1.1　物流建筑场区的交通道路规划应符合所处区域的总体规划要求。 8.1.2　物流建筑场区内的道路布置应符合下列规定： 1　应满足物流生产、运输、消防要求； 2　应满足人与车交通分行、机动车与非机动车交通分道的要求； 3　应合理利用地形； 4　应与场外道路衔接方便、短捷； 5　运输繁忙的线路宜避免平面交叉，局部交通流线有严重冲突时，应采用局部小立交的方式； 6　消防车道应结合道路布置； 7　当用道路划分功能区时，宜与区内主要建筑物轴线平行或垂直，并宜呈环形布置；当为尽端路时，应设置尽端回车场，回车场应满足现行国家标准《建筑设计防火规范》GB 50016的规定。 8.1.7　对于物流建筑场区道路的最小宽度，单车道不应小于4.0m，双车道不应小于7.5m。 8.1.8　中型及以上规模等级的物流建筑群应至少设置两个出入口，且车辆应分口进出。有条件时，车辆宜单向行驶。

规范	内 容
《物流建筑 设计规范》 GB 51157—2016	8.1.9 物流建筑的每一独立单元场区应至少设置2个通向城市道路的出入口。当不设缓冲路或辅路时，出入口不宜直接开在主路上。与城市道路直接相连的货运出入口，距主干路道路红线应留有缓冲带。 8.1.10 航空货运站的空侧及其他货运站的口岸作业区应设专用通道。 8.1.11 货运专用车道应满足项目预测的特大物件运输要求。 8.1.12 物流建筑引入的铁路专用线设计应符合下列规定： 1 应符合现行国家标准《铁路车站及枢纽设计规范》GB 50091 的规定； 2 进入物流建筑场区的铁路宜在同一走行干线上连接，且铁路装卸线长度宜满足一次到货车辆停放和作业需要； 3 铁路装卸线宜设在平直道上。困难条件下当不设在平直道上时，坡度不应大于1‰、曲线半径不应小于500m。液体货物和危险货物装卸线应设在平直道上。 8.1.13 物流建筑的多条铁路装卸线可采用平行布置或部分平行布置。装卸线的间距应根据装卸机械类型、货位布置、建筑跨度、站台及其道路侧停车场地宽度、道路和相邻线路的作业性质等因素确定。 8.2 停车与进出口控制 8.2.1 物流建筑的停车场宜按服务对象分类设置。 8.2.2 物流建筑货车停车位可分为装卸站台停车位和停车场停车位。 8.2.3 物流建筑货车停车场的规模应按物流建筑和多式联运的发展要求、车辆到达与离去的交通特性、高峰时段货车流量以及货物性质、平均停放时间和车位停放不均匀性等因素确定。 8.2.4 物流建筑停车场设计应有效利用场地，合理安排停车区、通道和作业区，并应便于车辆出入。 8.2.5 物流建筑停车场的出入口不宜设在城市主干路上，可设在次干路和支路上并远离交叉口，不得设在人行横道、公交车站以及桥隧引道处。距人行天桥不应小于100m。 8.2.6 停车场出入口不宜少于2个，且出入口之间的净距应大于10.0m；条件困难或停车小于100辆时，可只设1个出入口，但其进出通道的宽度不应小于7.0m。 8.2.7 物流建筑应设车辆、人员进出引导标识及管理控制设施。
《综合医院建筑 设计规范》 GB 51039—2014	1 总则 1.0.1 为规范综合医院建筑设计，满足医疗服务功能需要，符合安全、卫生、经济、适用、节能、环保等方面的要求，制定本规范。 1.0.2 本规范适用于新建、改建和扩建的综合医院的建筑设计。 1.0.3 医疗工艺应根据医院的建设规模、管理模式和科室设置等确定。医院建筑设计应满足医疗工艺要求。 1.0.4 综合医院建筑设计除应符合本规范外，尚应符合国家现行有关标准的规定。 4.1 选址 4.1.1 综合医院选址应符合当地城镇规划、区域卫生规划和环保评估的要求。 4.1.2 基地选择应符合下列要求： 1 交通方便，宜面临2条城市道路； 2 宜便于利用城市基础设施； 3 环境宜安静，应远离污染源； 4 地形宜力求规整，适宜医院功能布局； 5 远离易燃、易爆物品的生产和储存区，并应远离高压线路及其设施； 6 不应临近少年儿童活动密集场所； 7 不应污染、影响城市的其他区域。 4.2 总平面 4.2.1 总平面设计应符合下列要求： 1 合理进行功能分区，洁污、医患、人车等流线组织清晰，并应避免院内感染风险；

规范	内 容
《综合医院建筑设计规范》GB 51039—2014	2 建筑布局紧凑，交通便捷，并应方便管理、减少能耗； 3 应保证住院、手术、功能检查和教学科研等用房的环境安静； 4 病房宜能获得良好朝向； 5 宜留有可发展或改建、扩建的用地； 6 应有完整的绿化规划； 7 对废弃物的处理作出妥善的安排，并应符合有关环境保护法令、法规的规定。 4.2.2 医院出入口不应少于2处，人员出入口不应兼作尸体或废弃物出口。 4.2.3 在门诊、急诊和住院用房等入口附近应设车辆停放场地。 4.2.4 太平间、病理解剖室应设于医院隐蔽处。需设焚烧炉时，应避免风向影响，并应与主体建筑隔离。尸体运送路线应避免与出入院路线交叉。 4.2.5 环境设计应符合下列要求： 1 充分利用地形、防护间距和其他空地布置绿化景观，并应有供患者康复活动的专用绿地； 2 应对绿化、景观、建筑内外空间、环境和室内外标识导向系统等做综合性设计； 3 在儿科用房及其入口附近，宜采取符合儿童生理和心理特点的环境设计。 4.2.6 病房建筑的前后间距应满足日照和卫生间距要求，且不宜小于12m。 4.2.7 在医疗用地内不得建职工住宅。医疗用地与职工住宅用地毗连时，应分隔，并应另设出入口。
《疗养院建筑设计标准》JGJ/T 40—2019	4.2.2 疗养院用地应包括建筑用地、绿化用地、道路广场用地、室外活动场地及预留的发展用地。用地分类应符合下列规定： 1 建筑用地可包括疗养用房、理疗用房、医技门诊用房、公共活动用房、管理及后勤保障用房的用地，不包括职工住宅用地； 2 绿化用地可包括集中绿地、零星绿地及水面；各种绿地内的步行甬路应计入绿化用地面积内；未铺栽植被或铺栽植被不达标的室外活动场地不应计入绿化用地； 3 道路广场用地可包括道路、广场及停车场用地；用地面积计量范围应界定至路面或广场停车场的外缘，且停车场用地面积不应低于当地有关主管部门的规定； 4 室外活动用地可包括供疗养员体疗健身和休闲娱乐的室外活动场地。 4.2.4 疗养院总平面设计宜遵循人文、生态、功能原则，且应符合下列规定： 1 应根据自然疗养因子，合理进行功能分区，人车流线组织清晰，洁污分流，避免院内感染风险； 2 应处理好各功能建筑的关系，疗养、理疗、餐饮及公共活动用房宜集中设置，若分开设置时，宜采用通廊连接，避免产生噪声或废气的设备用房对疗养室等主要用房的干扰； 3 疗养室应能获得良好的朝向、日照，建筑间距不宜小于12m； 4 疗养、理疗和医技门诊用房建筑的主要出入口应明显、易达，并设有机动车停靠的平台，平台上方应设置雨棚； 5 疗养院基地的主要出入口不宜少于2个，其设备用房、厨房等后勤保障用房的燃料、货物及垃圾、医疗废弃物等物品的运输应设有单独出入口，对医疗废弃物的处理应符合环境保护法律、法规及医疗垃圾处理的相关规定； 6 应合理安排各种管线，做好管线综合，且应便于维护和检修。 4.2.6 疗养院道路系统设计应满足通行运输、消防疏散的要求，并应符合下列规定： 1 宜实行人车分流，院内车行道应采取减速慢行措施； 2 机动车道路应保证救护车直通所需停靠建筑物的出入口； 3 宜设置完善的人行和非机动车行驶的慢行道，且与室外导向标识、无障碍及绿化景观、活动场地相结合，路面应平整、防滑； 4.2.9 疗养院应设置停车场或停车库，并应在疗养、理疗、医技门诊及办公用房等建筑主要出入口处预留车辆停放空间；宜设置充电桩。
《传染病医院建筑设计规范》GB 50849—2014	4.1.2 基地选择应符合下列要求： 1 交通应方便，并便于利用城市基础设施； 2 环境应安静，远离污染源； 3 用地宜选择地形规整、地质构造稳定、地势较高且不受洪水威胁的地段； 4 不宜设置在人口密集的居住与活动区域； 5 应远离易燃、易爆产品生产、储存区域及存在卫生污染风险的生产加工区域。

规范	内容
《传染病医院 建筑设计规范》 GB 50849—2014	4.1.3 新建传染病医院选址，以及现有传染病医院改建和扩建及传染病区建设时，医疗用建筑物与院外周边建筑应设置大于或等于20m绿化隔离卫生间距。 4.2.1 总平面设计应符合下列要求： 1 应合理进行功能分区，洁污、医患、人车等流线组织应清晰，并应避免院内感染； 2 主要建筑物应有良好朝向，建筑物间距应满足卫生、日照、采光、通风、消防等要求； 3 宜留有可发展或改建、扩建用地； 4 有完整的绿化规划； 5 对废弃物妥善处理，并应符合国家现行有关环境保护的规定。 4.2.2 院区出入口不应少于两处。 4.2.3 车辆停放场地应按规划与交通部门要求设置。 4.2.4 绿化规划应结合用地条件进行。 4.2.5 对涉及污染环境的医疗废弃物及污废水，应采取环境安全保护措施。 4.2.6 医院出入口附近应布置救护车冲洗消毒场地。
《老年人照料设施建筑设计标准》 JGJ4 50—2018	3 基本规定 3.0.1 老年人照料设施应适应所在地区的自然条件与社会、经济发展现状，符合养老服务体系建设规划和城乡规划的要求，充分利用现有公共服务资源和基础设施，因地制宜地进行设计。 3.0.2 各类老年人照料设施应面向服务对象并按服务功能进行设计。服务对象的确定应符合国家现行有关标准的规定，且应符合表3.0.2的规定；服务功能的确定应符合国家现行有关标准的规定。 3.0.3 与其他建筑上下组合建造或设置在其他建筑内的老年人照料设施应位于独立的建筑分区内，且有独立的交通系统和对外出人口。 3.0.4 老年人照料设施的建筑设计应为未来发展和运营调整提供改造的可能性。 3.0.5 既有建筑改建的老年人照料设施，应预先进行评估，确定通过改建能够符合本标准和国家现行有关标准的规定。 3.0.6 老年人照料设施的建筑设计应能体现对当地生活习惯、民族习惯和宗教信仰的尊重。 4.1 基地选址 4.1.1 老年人照料设施建筑基地应选择在工程地质条件稳定、不受洪涛灾害威胁、日照充足、通风良好的地段。 4.1.2 老年人照料设施建筑基地应选择在交通方便、基础设施完善、公共服务设施使用方便的地段。 4.1.3 老年人照料设施建筑基地应远离污染源、噪声源及易燃、易爆、危险品生产、储运的区域。 4.2 总平面布局与道路交通老年人照料设施建筑总平面应根据老年人照料设施的不同类型进行合理布局，功能分区、动静分区应明确。 老年人照料设施建筑基地及建筑物的主要出入口不宜开向城市主和干道。货物、垃圾、殡葬等运输宜设置单独的通道和出大口， 4.2.3 总平面交通组织应便捷流畅，满足消防、疏散、运输要求的同时应避免车辆对人员通行的影响。 4.2.4 道路系统应保证救护车辆能停靠在建筑的主要出入口处，且应与建筑的紧急送医通道相连。 4.2.5 总平面内应设置机动车和非机动车停车场。在机动车停车场距建筑物主要出和人口最近的位置上应设置无障碍停车位或无障碍停车下客点，并与无障碍人行道相连。无障碍停车位或无障碍停车下客点应有明显的标志。

规范	内　容
《老年人照料设施建筑设计标准》 JGJ4 50—2018	**4.3　场地设计** 4.3.1　老年人全日照料设施应为老年人设室外活动场地；老年人日间照料设施宜为老年人设室外活动场地。老年人使用的室外活动场地应符合下列规定： 　1　应有满足老年人室外休闲、健身、娱乐等活动的设施和场地条件。 　2　位置应避免与车辆交通空间交叉，且应保证能获得日照，宜选择在向阳、吉风处。 　3　地面应平整防滑、排水畅通，当有坡度时，坡度不应大于2.5%。 4.3.2　老年人集中的室外活动场地应与满足老年人使用的公用卫生间邻 近设置。 **4.4　绿化景观** 4.4.1　总平面布置应进行场地景观环境和园林绿化设计。绿化植物应适应当地气候，且不应对老年人安全和健康造成危害。 4.4.2　总平面内设置观赏水景水池时，应有安全提示与安全防护措施。
《托儿所幼儿园建筑设计规范》 JGJ 39—2016 （2019年版）	**3.1　基地** 3.1.1　托儿所、幼儿园建设基地的选择应符合当地总体规划和国家现行有关标准的要求。 3.1.2　托儿所、幼儿园的基地应符合下列规定： 　1　应建设在日照充足、交通方便、场地平整、干燥、排水通畅、环境优美、基础设施完善的地段； 　2　不应置于易发生自然地质灾害的地段； 　3　与易发生危险的建筑物、仓库、储罐、可燃物品和材料堆场等之间的距离应符合国家现行有关标准的规定； 　4　不应与大型公共娱乐场所、商场、批发市场等人流密集的场所相毗邻； 　5　应远离各种污染源，并应符合国家现行有关卫生、防护标准的要求； 　6　园内不应有高压输电线、燃气、输油管道主干道等穿过。 3.1.3　托儿所、幼儿园的服务半径宜为300m。 **3.2　总平面** 3.2.1　托儿所、幼儿园的总平面设计应包括总平面布置、竖向设计和管网综合等设计。总平面布置应包括建筑物、室外活动场地、绿化、道路布置等内容，设计应功能分区合理、方便管理、朝向适宜、日照充足，创造符合幼儿生理、心理特点的环境空间。 3.2.2　四个班及以上的托儿所、幼儿园建筑应独立设置。三个班及以下时，可与居住、养老、教育、办公建筑合建，但应符合下列规定： 　1　此款删除； 　1A　合建的既有建筑应经有关部门验收合格，符合抗震、防火等安全方面的规定，其基地应符合本规范第3.1.2条规定； 　2　应设独立的疏散楼梯和安全出口； 　3　出入口处应设置人员安全集散和车辆停靠的空间； 　4　应设独立的室外活动场地，场地周围应采取隔离措施； 　5　建筑出入口及室外活动场地范围内应采取防止物体坠落措施。 3.2.3　托儿所、幼儿园应设室外活动场地，并应符合下列规定： 　1　幼儿园每班应设专用室外活动场地，人均面积不应小于2m²。各班活动场地之间宜采取分隔措施。 　2　幼儿园应设全园共用活动场地，人均面积不应小于2m²。 　2A　托儿所室外活动场地人均面积不应小于3m²。 　2B　城市人口密集地区改、扩建的托儿所，设置室外活动场地确有困难时，室外活动场地人均面积不应小于2m²。 　3　地面应平整、防滑、无障碍、无尖锐突出物，并宜采用软质地坪。 　4　共用活动场地应设置游戏器具、沙坑、30m跑道等，宜设戏水池，储水深度不应超过0.30m。游戏器具下地面及周围应设软质铺装。宜设洗手池、洗脚池。 　5　室外活动场地应有1/2以上的面积在标准建筑日照阴影线之外。 3.2.4　托儿所、幼儿园场地内绿地率不应小于30%，宜设置集中绿化用地。绿地内不应种植有毒、带刺、有飞絮、病虫害多、有刺激性的植物。 3.2.5　托儿所、幼儿园在供应区内宜设杂物院，并应与其他部分相隔离。杂物院应有单独的对外出入口。 3.2.6　托儿所、幼儿园基地周围应设围护设施，围护设施应安全、美观，并应防止幼儿穿过和攀爬。在出入口处应设大门和警卫室，警卫室对外应有良好的视野。 3.2.7　托儿所、幼儿园出入口不应直接设置在城市干道一侧；其出入口应设置供车辆和人员停留的场地，且不应影响城市道路交通。 3.2.8　托儿所、幼儿园的活动室、寝室及具有相同功能的区域，应布置在当地最好朝向，冬至日底层满窗日照不应小于3h。 　3.2.8A　需要获得冬季日照的婴幼儿生活用房窗洞开口面积不应小于该房间面积的20%。 3.2.9　夏热冬冷、夏热冬暖地区的幼儿生活用房不宜朝西向；当不可避免时，应采取遮阳措施。

规范	内　　容
《托儿所幼儿园建筑设计规范》JGJ 39—2016	3.2.7　托儿所、幼儿园出入口不应直接设置在城市干道一侧；其出入口应设置供车辆和人员停留的场地，且不应影响城市道路交通。 3.2.8　托儿所、幼儿园的幼儿生活用房应布置在当地最好朝向，冬至日底层满窗日照不应小于3h。 3.2.9　夏热冬冷、夏热冬暖地区的幼儿生活用房不宜朝西向；当不可避免时，应采取遮阳措施。
《中小学建筑设计规范》GB 50099—2011	4.1　场地 4.1.1　中小学校应建设在阳光充足、空气流动、场地干燥、排水通畅、地势较高的宜建地段。校内应有布置运动场地和提供设置基础市政设施的条件。 4.1.2　中小学校严禁建设在地震、地质塌裂、暗河、洪涝等自然灾害及人为风险高的地段和污染超标的地段。校园及校内建筑与污染源的距离应符合对各类污染源实施控制的国家现行有关标准的规定。 4.1.3　中小学校建设应远离殡仪馆、医院的太平间、传染病院等建筑。与易燃易爆场所间的距离应符合现行国家标准《建筑设计防火规范》GB 50016 的有关规定。 4.1.4　城镇完全小学的服务半径宜为500m，城镇初级中学的服务半径宜为1000m。 4.1.5　学校周边应有良好的交通条件，有条件时宜设置临时停车场地。学校的规划布局应与生源分布及周边交通相协调。与学校毗邻的城市主干道应设置适当的安全设施，以保障学生安全跨越。 4.1.6　学校教学区的声环境质量应符合现行国家标准《民用建筑隔声设计规范》GB 50118 的有关规定。学校主要教学用房设置窗户的外墙与铁路路轨的距离不应小于300m，与高速路、地上轨道交通线或城市主干道的距离不应小于80m。当距离不足时，应采取有效的隔声措施。 4.1.7　学校周界外25m范围内已有邻里建筑处的噪声级不应超过现行国家标准《民用建筑隔声设计规范》GB 50118 有关规定的限值。 4.1.8　高压电线、长输天然气管道、输油管道严禁穿越或跨越学校校园；当在学校周边敷设时，安全防护距离及防护措施应符合相关规定。 4.2　用地 4.2.1　中小学校用地应包括建筑用地、体育用地、绿化用地、道路及广场、停车场用地。有条件时宜预留发展用地。 4.2.2　中小学校的规划设计应合理布局，合理确定容积率，合理利用地下空间，节约用地。 4.2.3　中小学校的规划设计应提高土地利用率，宜以学校可比容积率判断并提高土地利用效率。 4.2.4　中小学校建筑用地应包括以下内容： 　1　教学及教学辅助用房、行政办公和生活服务用房等全部建筑的用地；有住宿生学校的建筑用地应包括宿舍的用地；建筑用地应计算至台阶、坡道及散水外缘； 　2　自行车库及机动车停车库用地； 　3　设备与设施用房的用地。 4.2.5　中小学校的体育用地应包括体操项目及武术项目用地、田径项目用地、球类用地和场地间的专用甬路等。设400m环形跑道时，宜设8条直跑道。 4.2.6　中小学校的绿化用地宜包括集中绿地、零星绿地、水面和供教学实践的种植园及小动物饲养园。 　1　中小学校应设置集中绿地。集中绿地的宽度不应小于8m。 　2　集中绿地、零星绿地、水面、种植园、小动物饲养园的用地应按各自的外缘围合的面积计算。 　3　各种绿地内的步行甬路应计入绿化用地。 　4　铺栽植被达标的绿地停车场用地应计入绿化用地。

规范	内容
《中小学建筑设计规范》GB 50099—2011	5 未铺栽植被或铺栽植被不达标的体育场地不宜计入绿化用地。 6 绿地的日照及种植环境宜结合教学、植物多样化等要求综合布置。 4.2.7 中小学校校园内的道路及广场、停车场用地应包括消防车道、机动车道、步行道、无顶盖且无植被或植被不达标的广场及地上停车场。用地面积计量范围应界定至路面或广场、停车场的外缘。校门外的缓冲场地在学校用地红线以内的面积应计量为学校的道路及广场、停车场用地。 8.3 校园出入口 8.3.1 中小学校的校园应设置2个出入口。出入口的位置应符合教学、安全、管理的需要，出入口的布置应避免人流、车流交叉。有条件的学校宜设置机动车专用出入口。 8.3.2 中小学校校园出入口应与市政交通衔接，但不应直接与城市主干道连接。校园主要出入口应设置缓冲场地。 8.4 校园道路 8.4.1 校园内道路应与各建筑的出入口及走道衔接，构成安全、方便、明确、通畅的路网。 8.4.2 中小学校校园应设消防车道。消防车道的设置应符合现行国家标准《建筑设计防火规范》GB 50016的有关规定。 8.4.3 校园道路每通行100人道路净宽为0.70m，每一路段的宽度应按该段道路通达的建筑物容纳人数之和计算，每一路段的宽度不宜小于3.00m。 8.4.4 校园道路及广场设计应符合国家现行标准的有关规定。 8.4.5 校园内人流集中的道路不宜设置台阶。设置台阶时，不得少于3级。 8.4.6 校园道路设计应符合现行国家标准《建筑设计防火规范》GB 50016的有关规定。
《宿舍建筑设计规范》JGJ 36—2016	3.1 基地 3.1.1 宿舍不应建在易发生严重地质灾害的地段。 3.1.2 宿舍基地宜有日照条件，且采光、通风良好。 3.1.3 宿舍基地宜选择较平坦，且不易积水的地段。 3.1.4 宿舍应避免噪声和污染源的影响，并应符合国家现行有关卫生防护标准的规定。 3.2 总平面 3.2.1 宿舍宜有良好的室外环境。 3.2.2 宿舍基地应进行场地设计，并应有完善的排渗措施。 3.2.3 宿舍宜直接近工作和学习地点；宜靠近公用食堂、商业网点、公共浴室等配套服务设施，其服务半径不宜超过250m。 3.2.4 宿舍主要出入口前应设人员集散场地，集散场地人均面积指标不应小于0.20m²。宿舍附近宜有集中绿地。 3.2.5 集散场地、集中绿地宜同时作为应急避难场地，可设置备用的电源、水源、厕浴或排水等必要设施。 3.2.6 对人员、非机动车及机动车的流线设计应合理，避免过境机动车在宿舍区内穿行。 3.2.7 宿舍附近应有室外活动场地、自行车存放处，宿舍区内宜设机动车停车位，并可设置或预留电动汽车停车位和充电设施。 3.2.8 宿舍建筑的房屋间距应满足国家现行标准有关对防火、采光的要求，且应符合城市规划的相关要求。 3.2.9 宿舍区内公共交通空间、步行道及宿舍出入口，应设置无障碍设施，并符合现行国家标准《无障碍设计规范》GB 50763的相关规定。 3.2.10 宿舍区域应设置标识系统。

规范	内容
《饮食建筑设计标准》 JGJ 64—2017	**3 基地和总平面** 3.0.1 饮食建筑的设计必须符合当地城市规划以及食品安全、环境保护和消防等管理部门的要求。 3.0.2 饮食建筑的选址应严格执行当地环境保护和食品药品安全管理部门对粉尘、有害气体、有害液体、放射性物质和其他扩散性污染源距离要求的相关规定。与其他有碍公共卫生的开敞式污染源的距离不应小于 25m。 3.0.3 饮食建筑基地的人流出入口和货流出入口应分开设置。顾客出入口和内部后勤人员出入口宜分开设置。 3.0.4 饮食建筑应采取有效措施防止油烟、气味、噪声及废弃物对邻近建筑物或环境造成污染，并应符合现行行业标准《饮食业环境保护技术规范》HJ 554 的相关规定。
《妇幼健康服务机构建设标准》 建标 189—2017	第十一条　妇幼健康服务机构建设项目由场地、房屋建筑、建筑设备、附属设施组成。场地包括建设用地、道路、绿地、室外活动场地和停车场。房屋建筑主要包括保健用房和医疗用房（设置住院床位的机构）等。建筑设备包括电梯、物流、暖通空调设备、给排水设备、电气设备、通信设备、信息系统、网络及智能化设备、动力工程、燃气工程、太阳能工程设备等。附属设施包括供水、供电、污水处理、垃圾收集等。承担科研、教学任务的妇幼健康服务机构，还应设置相应的科研教学用房，有科研需求的可根据实际需求设置动物实验用房。第十三条　妇幼健康服务机构的选址应充分考虑妇女儿童的特殊要求。建设选址应满足下列要求： 一、地形规整，工程和水文地质条件较好； 二、宜利用城市基础设施，交通便利； 三、环境安静，远离污染源； 四、远离易燃、易爆物品的生产和贮存区、高压线路及其设施等。第十四条　妇幼健康服务机构的规划布局应符合下列规定： 一、建筑布局合理，功能分区明确； 二、科学组织健康人群流线和病患流线，避免交叉感染； 三、满足基本功能需要，并适当考虑未来发展； 四、坚持科学合理、节约用地的原则，充分利用地形地貌，在不影响使用功能和满足安全卫生要求的前提下，建筑物可适当集中布置； 五、根据当地气候条件，合理确定建筑物的朝向，充分利用自然通风与自然采光； 六、污水处理站及垃圾收集暂存用房宜远离功能用房，并宜布置在院区夏季主导风下风向。 第十五条　妇幼健康服务机构的出入口不宜少于两处。第十六条 新建妇幼健康服务机构建筑密度不宜超过 35%，建设用地容积率宜为 0.8 ～ 1.3，当改建、扩建用地紧张时，其建筑容积率可适当提高，但不宜超过 2.5。 第十七条　妇幼健康服务机构绿化的布置应符合相关规范和标准并满足妇女儿童的需求，应设置相应的室外活动场地，绿地率应符合当地有关规定。第十八条 妇幼健康服务机构机动车和非机动车停车场的用地面积，应按当地有关规定确定。停车场宜设在保健用房和住院部出入口附近，宜相应扩大停车位尺寸。
《车库建筑设计规范》 JGJ 100—2015	**3.1 基地** 3.1.1 车库基地的选择应符合城镇的总体规划、道路交通规划、环境保护及防火等要求。 3.1.2 车库基地的选择应充分利用城市土地资源，地下车库宜结合城市地下空间开发及地下人防设施进行设置。 3.1.3 专用车库基地宜设在单位专用的用地范围内；公共车库基地应选择在停车需求大的位置，并宜与主要服务对象位于城市道路的同侧。 3.1.4 机动车库的服务半径不宜大于 500m，非机动车库的服务半径不宜大于 100m。 3.1.5 特大型、大型、中型机动车库的基地宜临近城市道路；不相邻时，应设置通道连接。

规范	内 容
《车库建筑 设计规范》 JGJ 100—2015	3.1.6 车库基地出入口的设计应符合下列规定： 1 基地出入口的数量和位置应符合现行国家标准《民用建筑设计通则》GB 50352 的规定及城市交通规划和管理的有关规定； 2 基地出入口不应直接与城市快速路相连接，且不宜直接与城市主干路相连接； 3 基地主要出入口的宽度不应小于 4m，并应保证出入口与内部通道衔接的顺畅； 4 当需在基地出入口办理车辆出入手续时，出入口处应设置候车道，且不应占用城市道路；机动车候车道宽度不应小于 4m，长度不应小于 10m，非机动车应留有等候空间； 5 机动车库基地出入口应具有通视条件，与城市道路连接的出入口地面坡度不宜大于 5%； 6 机动车库基地出入口处的机动车道路转弯半径不宜小于 6m，且应满足基地通行车辆最小转弯半径的要求； 7 相邻机动车库基地出入口之间的最小距离不应小于 15m，且不应小于两出入口道路转弯半径之和。 3.1.7 机动车库基地出入口应设置减速安全设施。 3.2 总平面 3.2.1 车库总平面可根据需要设置车库区、管理区、服务设施、辅助设施等。 3.2.2 车库总平面的功能分区应合理，交通组织应安全、便捷、顺畅。 3.2.3 在停车需求较大的区域，机动车库的总平面布局宜有利于提高停车高峰时段停车库的使用效率。 3.2.4 车库总平面的防火设计应符合现行国家标准《建筑设计防火规范》GB 50016 和《汽车库、修车库、停车场设计防火规范》GB 50067 的规定。 3.2.5 车库总平面内，单向行驶的机动车道宽度不应小于 4m，双向行驶的小型车道不应小于 6m，双向行驶的中型车以上车道不应小于 7m；单向行驶的非机动车道宽度不应小于 1.5m，双向行驶不宜小于 3.5m。 3.2.6 机动车道路转弯半径应根据通行车辆种类确定。微型、小型车道路转弯半径不应小于 3.5m；消防车道路转弯半径应满足消防车辆最小转弯半径要求。 3.2.7 道路转弯时，应保证良好的通视条件，弯道内侧的边坡、绿化及建（构）筑物等均不应影响行车视距。 3.2.8 地下车库排风口宜设于下风向，并应做消声处理。排风口不应朝向邻近建筑的可开启外窗；当排风口与人员活动场所的距离小于 10m 时，朝向人员活动场所的排风口底部距人员活动地坪的高度不应小于 2.5m。 3.2.9 允许车辆通行的道路、广场，应满足车辆行驶和停放的要求，且面层应平整、防滑、耐磨。 3.2.10 车库总平面内的道路、广场应有良好的排水系统，道路纵坡坡度不应小于 0.2%，广场坡度不应小于 0.3%。 3.2.11 车库总平面内的道路纵坡坡度应符合现行国家标准《民用建筑设计通则》GB 50352 的最大限值的规定。当机动车道路纵坡相对坡度大于 8% 时，应设缓坡段与城市道路连接。对于机动车与非机动车混行的道路，其纵坡的坡度应满足非机动车道路纵坡的最大限值要求。 3.2.12 车库总平面场地内，车辆能够到达的区域应有照明设施。 3.2.13 车库总平面内宜设置电动车辆的充电设施。 3.2.14 车库总平面内应有交通标识引导系统和交通安全设施；对社会开放的机动车库场地内宜根据需要设置停车诱导系统、电子收费系统、广播系统等。

5.4 真题解析——掌握考试技巧

5.4.1 题目要求

如图 5-12 所示。

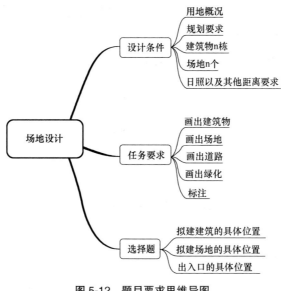

图 5-12 题目要求思维导图

5.4.2 解题步骤

（1）第一步，对试题情况进行整理和分析

场地设计的文字条件和图示条件随着题目分数的加大而逐渐增多，对考生来讲其实是个利好条件。因为建筑设计本来就具有灵活多变的创造性，而答案是唯一的。为了引导考生把试题做对，所以增加了许多限定条件，有了这个思路，对考生做对试题是事半功倍的。

我们要对试题进行梳理和总结，后面讲到的例题的思维导图梳理法给考生提供了非常好的方法。注意文字条件和图示条件都是试题的条件，不能厚此薄彼，忽略其中的任何一部分。

（2）第二步，根据外部退线条件和内部退线条件做出退线，一般题目会给出用地界线、用地红线、道路红线、古树、原有建筑等。

（3）第三步，分析主次出入口

题目一般会给出两个及两个以上的出入口，根据出入口的数量分析出人车分流和人货分流。出入口的位置摆放来自于图示条件的外部条件和内部条件的关系。有时候出入口在第三步无法清晰地确定，可以结合第四步进行。

（4）第四步，功能分区

前面已经讲到了动静、内外、洁污分区，特殊的建筑还可能分析的更加细致，第一步的梳理为第四步做了良好的铺垫。画初步分析图是一个很好的方法。

（5）第五步，各个建筑和场地逐一落位

在这一步骤中，我们先做条件清晰的拟建建筑，比如厨房等污染建筑，逐一突破。有的选择题是作为提示条件出现的，要进入建筑定位分析。场地和建筑的关系大多是从属关系。

（6）第六步，核实选择题

此步骤是把选择题的选项和拟建建筑在图中的位置进行逐一核实，避免画对选错的情况。

（7）第七步，道路交通组织

很多考生十分惧怕画路，画出来也不好看。其实首先应该理解场地设计要解决的主要矛盾是建筑和场地的落位，交通组织只是辅助因素，不能占用过多的考试时间。不美观扣掉的分数比建筑定位错误扣分要少得多。

只需要在建筑的周围留出几米的范围，做出该建筑的扩出线即可。前面已经讲过要注意路的宽度。

（8）绿化，标注

只需要在相关部分画出图示或者文字标注出绿化。

其余标注包括文字标注和尺寸标注。文字标注包括建筑名称、高度、层数、出入口等重点信息。尺寸标注包括场地退线尺寸、建筑与建筑之间的尺寸等重点尺寸标注。

（9）标答必完美，形式必均衡，是检验结果的唯一标准。最后检查的时候，以这十个字为基本原则。

附题目的"七言绝句"：

退线一定放在先，退完外部退中间。

退线就是一堵墙，突破退线通过难。

分析主次出入口，人车分流要记清。

入口远离交叉口，主口一个次口 n。

道路相对动外区，其余内部静内区。

环境分析很重要，建筑属性定位清。

场地属性定题眼，主口多对主建筑。

主建对应主广场，三主一般一条线。

建筑布置属性分，各个击破不慌张。

各区建筑放各区，内外主次分得清。

建筑一般不旋转，如何摆放看指针。

建筑有时配广场，某建筑对某广场。

主导风向下风向，污染建筑角落放。

关联建筑串串连，有时连廊做引牵。

向心围合中广场，轴线对位不偏离。

偶尔场地有高差，日照相加或相减。

建筑防火很重要，电话号码需熟记。

大小体量需考虑，位置也要看对景。

树木也做分界线，树冠几米看清题。

分析勿忘选择题，排除无用选择项。

（此口诀只是常规解法，题目变化无穷，不能生搬硬套）

习题 5-1　2012 年考题

【设计条件】

某城市拟建行政中心，用地及周边环境如图 5-13（b）所示。

拟建内容包括：

（1）建筑物：①市民办事大厅一栋；②管委会行政办公楼一栋；③ 研究中心一栋；④档案楼一栋；⑤规划展览馆一栋；⑥会议中心一栋；⑦职工食堂一栋。

（2）场地：①市民广场，面积大于等于 6000m²；②为行政办公楼及会议中心配建机动车停车场，面积大于等于 1000m²；③规划展览馆附设室外展览场地大于等于 800m²。

建筑物平面形状、尺寸、高度如图 5-13（a）所示。

规划及设计要求：

（1）建筑物后退城市主、次干道道路红线 20m，后退用地界线 15m。

（2）当地住宅的建筑日照间距系数为 1.5。

（3）管委会行政办公楼与研究中心、档案楼在首层设连廊，连廊宽 6m。

（4）新建建筑距保护建筑不小于 15m，距保留树木树冠的投影不小于 5m。

（5）各建筑物均为正南北向布置，平面形状及尺寸不得变动，旋转。

（6）防火要求：① 保护建筑的耐火等级为三级；② 拟建高层建筑耐火等级为一级，拟建多层建筑耐火等级为二级。

【任务要求】

根据设计条件绘制总平面图，画出建筑物、场地并注明其名称，画出道路及绿化。

标出场地主、次出入口位置，并用▲表示。

标注满足规划、规范要求的相关尺寸，标注市民广场面积及停车场、室外展览场面积。

下列单选题每题只有一个最符合题意的选项，从各题中选择一个与作图结果对应的选项，用黑色绘图笔将选项对应的字母填写在括号中，同时用 2B 铅笔将答题卡对应题号选项信息点涂黑，二者必须一致，缺项不予评分。

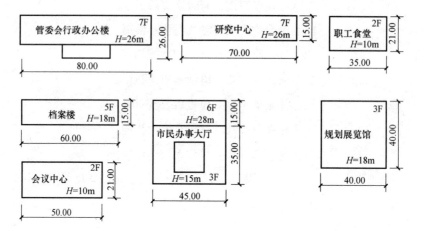

图 5-13（a） 建筑物平面尺寸及形状示意图

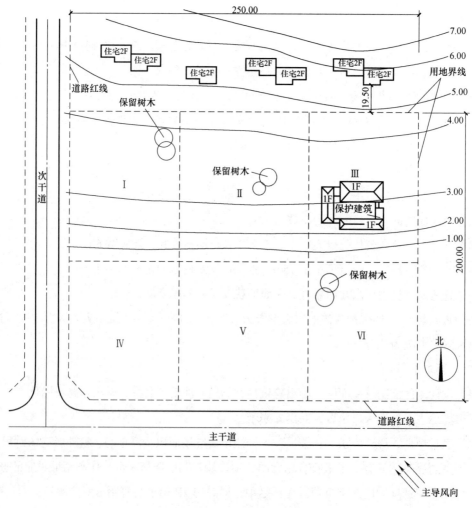

图 5-13（b） 拟建总平面图

1. 基地内建筑与北侧住宅的最小间距为:(   )（6分）

[A] 37.50m   [B] 38.00m   [C] 38.50m   [D] 39.00m

2. 行政楼位于:(   )（6分）

[A] Ⅱ地块   [B] Ⅴ地块   [C] Ⅳ～Ⅴ地块   [D] Ⅴ～Ⅵ地块

3. 档案楼位于:(   )（6分）

[A] Ⅰ地块   [B] Ⅱ地块   [C] Ⅲ地块   [D] Ⅳ地块

4. 职工食堂位于:(   )（4分）

[A] Ⅰ地块   [B] Ⅱ地块   [C] Ⅲ地块   [D] Ⅳ地块

5. 规划展览馆位于:(   )（4分）

[A] Ⅰ地块   [B] Ⅳ地块   [C] Ⅴ地块   [D] Ⅵ地块

【解题步骤和方法】

1. 梳理题目信息

设计要求：退线、日照、其他。

拟建：建筑物7栋，场地三处。

任务要求：建筑物、场地、主次出入口、道路、绿化、文字和尺寸标注。

选择题：重点建筑的位置和建筑与北侧住宅的距离。

如图5-13（c）所示。

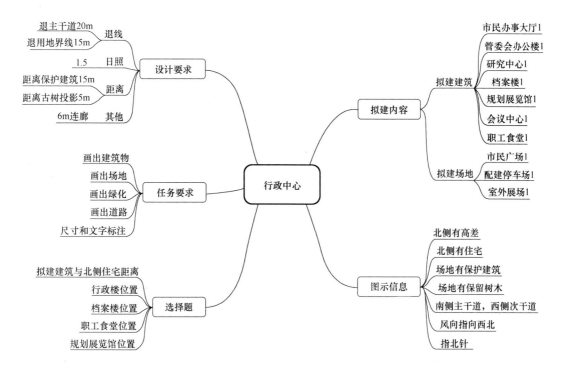

图 5-13（c） 题目要求思维导图

215

2. 场地退线

如图 5-13（d）所示。

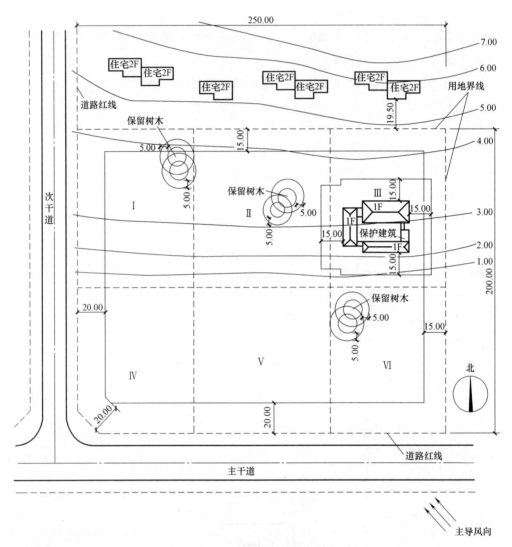

图 5-13（d） 拟建场地退线平面图

3. 确定主次出入口的位置

（1）图中可知，主要有两条城市道路，主干道位于南侧，次干道位于西侧。

（2）场地为行政中心，即主要为城市主要市民服务，主要人流来自城市主干道，避开"人车混行"，车流来自次干道。

4. 动静内外分区

（1）分清动区建筑和静区建筑。档案楼、研究中心在本题中属于静区建筑；职工食堂、市民办事大厅、管委会行政办公楼、会议中心、规划展览馆属于动区建筑。

（2）场地东北侧为原有保护建筑，此类建筑属于静区建筑，所以档案楼、研究中心布置在东北侧。东北侧属于静区。

（3）其余建筑均布置在动区。

如图 5-13（e）所示。

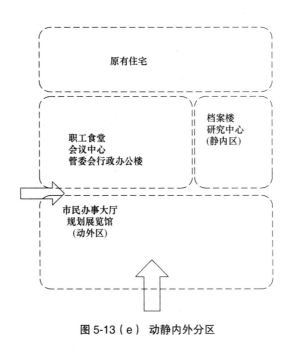

图 5-13（e） 动静内外分区

5. 各个拟建建筑和场地的位置摆放

（1）职工食堂属于动外区，污染性建筑，本题主导风向指向西北方向，布置在Ⅰ区，并在次干道设置次出入口作为货物出入口。

（2）研究中心和档案楼属于静内区建筑，需靠近保护建筑，并保持 15m 的保护距离；这两栋建筑对北侧原有住宅的日照间距需要注意等高线的影响。研究中心的面宽在Ⅲ区放置不下，所以只能放置在Ⅱ区，与被保留树木间距 5m；而档案馆放置在Ⅲ区。

（3）管委会行政办公楼为本场地主要建筑，与市民广场和主入口对应，市民广场 6000m²；与研究中心、档案馆用 6m 宽的连廊连接；所以该建筑放置在Ⅱ区，市民广场放置在Ⅴ区。

（4）市民办事大厅高层部分为 28m，需靠近市民广场，因为Ⅵ区有保留树木，所以在Ⅵ区放置不下，且需靠近主次干道，就近解决市民要求。该建筑放置在Ⅳ区。

（5）规划展览馆属于动外区建筑，需靠近市民广场，与市民办事大厅相比，相对安静一些，室外配展场面积≥800m²，与保留树木结合布置，放置在Ⅵ区。

（6）会议中心属于动外区建筑，需临路布置，题目要求该建筑与管委会行政办公楼共同设置停车场面积≥1000m²，所以放置在行政办公楼的西侧Ⅰ区；停车场放置在Ⅱ区，在次干道设置次出入口。各个建筑属性如图 5-13（f）所示。

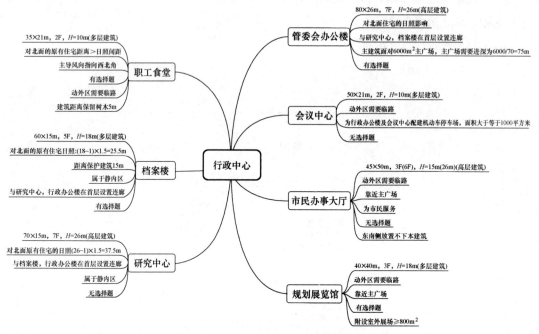

图 5-13（f） 拟建建筑物和场地属性分析

6. 完成选择题

（1）基地内建筑与北侧住宅的最小间距为：（A）（6分）

[A] 37.50m　　　[B] 38.00m　　　[C] 38.50m　　　[D] 39.00m

（2）行政楼位于：（A）（6分）

[A] Ⅱ地块　　　[B] Ⅴ地块　　　[C] Ⅳ～Ⅴ地块　　　[D] Ⅴ～Ⅵ地块

（3）档案楼位于：（C）（6分）

[A] Ⅰ地块　　　[B] Ⅱ地块　　　[C] Ⅲ地块　　　[D] Ⅳ地块

（4）职工食堂位于：（A）（4分）

[A] Ⅰ地块　　　[B] Ⅱ地块　　　[C] Ⅲ地块　　　[D] Ⅳ地块

（5）规划展览馆位于：（D）（4分）

[A] Ⅰ地块　　　[B] Ⅳ地块　　　[C] Ⅴ地块　　　[D] Ⅵ地块

7. 道路、绿化、文字和尺寸标注。

（1）将道路与主次出入口有机联系在一起，一般环线布置，外围道路和通达建筑的道路不得小于消防道路4m，形成完整的道路系统。

（2）标注各建筑，场地的名称，题目要求的面积，基地主次出入口；标注退界，日照间距等相关尺寸。

（3）查漏补缺，完成总平面图的绘制。

如图 5-13（g）所示。

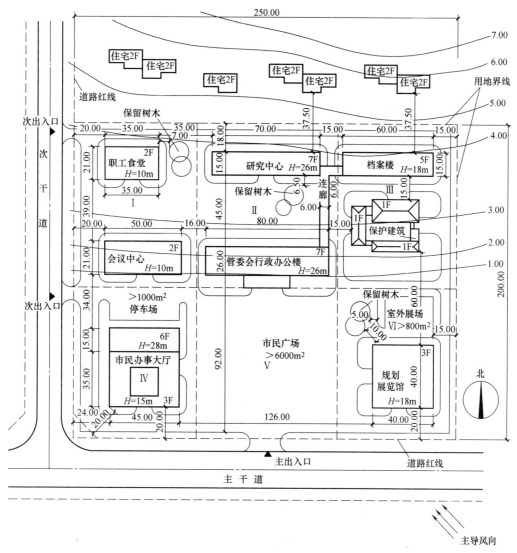

图 5-13（g）拟建总平面完成图

习题 5-2 2011 年考题

【设计条件】

某企业拟在厂区西侧扩建科研办公生活区，基地及周边环境如图 5-14（a）所示。

拟建内容包括：

（1）建筑物：①行政办公楼一栋；②科研办公楼三栋；③宿舍楼三栋；④会议中心一栋；⑤食堂一栋。

（2）场地：①行政广场，面积≥5000m²；②为行政办公楼及会议中心配建机动车停车场，面积≥1800m²；③篮球场三个及食堂后院一处；

建筑物平面形状、尺寸、高度，以及篮球场形状、尺寸如图 5-14（b）所示。

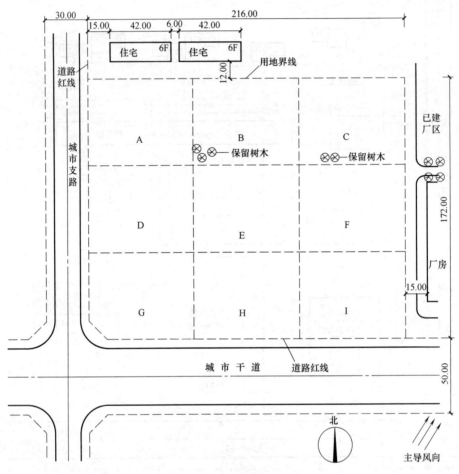

图 5-14（a） 拟建总平面图

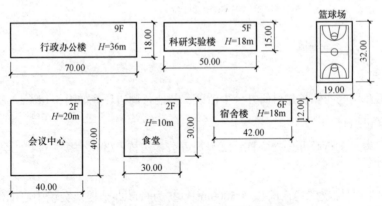

图 5-14（b） 建筑物平面尺寸及形状示意图

规划及设计要求：

（1）建筑物后退城市干道道路红线≥20m，后退城市支路道路红线≥15m，后退用地界线≥10m。

（2）当地宿舍和住宅的建筑日照间距系数为1.5，科研实验楼建筑间距系数为1.0。

（3）科研实验楼首层设连廊，连廊宽6m。

（4）保留树木树冠的投影范围内不得布置建筑物及场地，沿城市道路交叉口位置宜设绿化。

（5）各建筑物均为正南北向布置，平面形状及尺寸不得变动。

（6）防火要求：① 厂房的火灾危险性分类为甲类，耐火等级为二级；② 拟建高层建筑耐火等级为一级，拟建多层建筑耐火等级为二级。

【任务要求】

根据设计条件绘制总平面图，画出建筑物、场地并注明名称，画出道路及绿化。

标注扩建区主、次出入口位置，并用▲表示。

标注满足规划、规范要求的相关尺寸，标注行政广场面积及停车场面积。

下列单选题每题只有一个最符合题意的选项，从各题中选择一个与作图结果对应的选项，用黑色绘图笔将选项对应的字母填写在括号中，同时用2B铅笔将答题卡对应题号选项信息点涂黑，二者必须一致，缺项不予评分。

【选择题】

1. 行政办公楼位于：（   ）（10分）

[A] A～B地块   [B] D～G地块   [C] E～H地块   [D] F～I地块

2. 科研实验楼位于：（   ）（8分）

[A] A～B地块   [B] D～G地块   [C] E～H地块   [D] F～I地块

3. 宿舍楼位于：（   ）（5分）

[A] A-B-D地块   [B] A-B-C地块   [C] A-D-G地块   [D] C-F-I地块

4. 食堂位于：（   ）（5分）

[A] A地块   [B] B地块   [C] C地块   [D] D地块

【解题步骤和方法】

1. 梳理题目信息

设计要求：退线，日照，其他。

拟建：建筑物9栋，场地3处。

任务要求：建筑物、场地、主次出入口、道路、绿化、文字和尺寸标注。

选择题：重点建筑的位置。

如图5-14（c）所示。

2. 场地退线

如图5-14（d）所示。

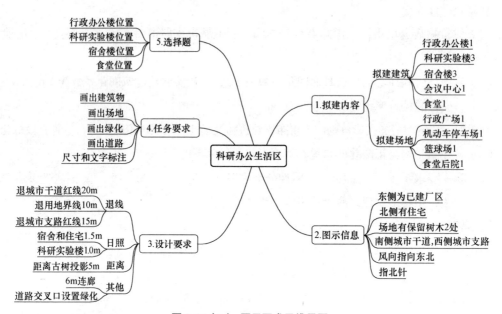

图 5-14（c） 题目要求思维导图

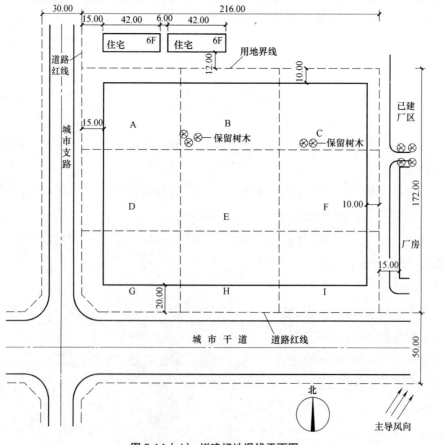

图 5-14（d） 拟建场地退线平面图

3. 确定主次出入口的位置

（1）图中可知，主要有两条城市道路，主干道位于南侧，次干道位于西侧。

（2）场地拟扩建科研办公生活区，即科研＋办公＋生活，主要人流来自城市主干道，避开"人车混行"，车流来自次干道。

4. 动静内外分区

（1）场地分为三个功能区：办公区、科研区、生活区。

生活区的宿舍楼属于静区建筑，食堂属于动外区建筑。

办公区的行政办公楼，会议中心属于动外区建筑。

科研区的科研实验楼属于动外区建筑。

行政广场、停车场、篮球场均属于动区场地。

（2）如图 5-14（a）所示，北侧为原有住宅楼，属于静区建筑，所以生活区的静区需靠近北侧的静区。场地东侧为厂区，属于次动区建筑，所以科研区需靠近东侧的次动区。场地南侧、西侧分别为主干道和次干道，属于动区，所以办公区的行政办公楼、会议中心紧临道路布置。

如图 5-14（e）所示。

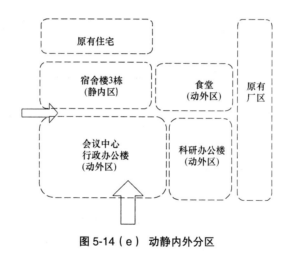

图 5-14（e） 动静内外分区

5. 各个拟建建筑和场地的位置摆放

（1）科研实验楼 3 栋，靠近东侧原有厂区，方便为厂区服务；3 栋建筑之间的日照间距为 18×1.0=18m。与原有厂房的距离参照防火规范，为 25m。所以位于 F-I 地块。

（2）行政办公楼 36m，为高层建筑，对北侧原有住宅的日照间距为 36×1.5=54m，所以不能布置在 A 区，B 区。且应靠近行政广场和主入口。所以与行政广场相邻摆放，位于 E-H 区。

（3）题目要求为会议中心和行政办公楼配建停车场，会议中心与停车场布置在 D-G 区，且停车场因为要远离城市交叉口，不能布置在西南角，西南角只能布置会议中心。

（4）宿舍楼属于静内区建筑，需靠近北侧原有住宅，需满足日照间距18×1.5=27m。宿舍楼的布置需考虑与保留树木之间5m距离。

（5）拟建食堂作为污染型建筑，应位于主导风向的下风侧。食堂需临近宿舍布置，方便提供就餐服务。

（6）篮球场3个，依次摆放，为生活区和厂区共同服务，布置在C区。各个建筑属性如图5-14（f）所示。

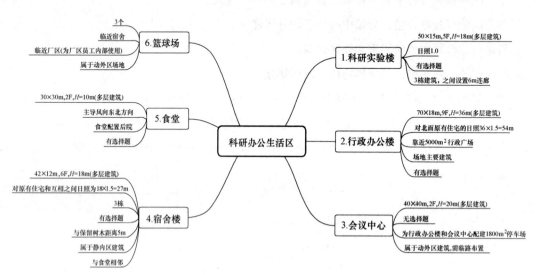

图5-14（f） 拟建建筑物和场地属性分析

6.完成选择题

（1）行政办公楼位于：（C）（10分）

[A] A-B地块　　　　[B] D-G地块　　　　[C] E-H地块　　　　[D] F-I地块

（2）科研实验楼位于：（D）（8分）

[A] A-B地块　　　　[B] D-G地块　　　　[C] E-H地块　　　　[D] F-I地块

（3）宿舍楼位于：（A）（5分）

[A] A-B-D地块　　　[B] A-B-C地块　　　[C] A-D-G地块　　　[D] C-F-I地块

（4）食堂位于：（B）（5分）

[A] A地块　　　　　[B] B地块　　　　　[C] C地块　　　　　[D] D地块

7.道路、绿化、文字和尺寸标注

（1）将道路与主次出入口有机联系在一起，一般环线布置，外围道路和通达建筑的道路不得小于消防道路4m，形成完整的道路系统。

（2）标注各建筑与场地的名称、题目要求的面积、基地主次出入口；标注退界、日照间距等相关尺寸。

（3）查漏补缺，完成总平面图的绘制。

如图5-14（g）所示。

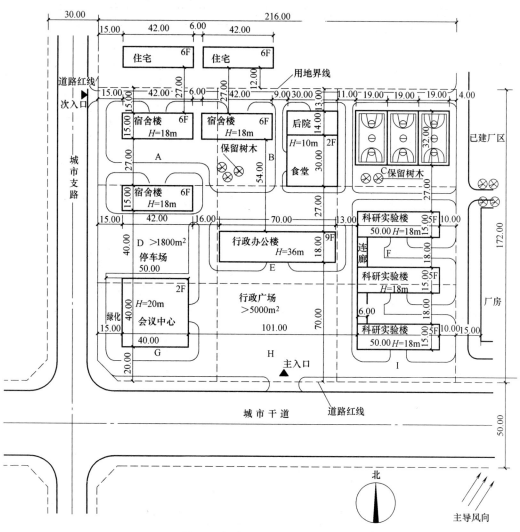

图5-14（g） 拟建总平面完成图

习题5-3　2014年考题

【设计条件】

某陶瓷厂拟建艺术陶瓷展示中心，用地及周边环境如图5-15（a）所示。

建设内容如下：

（1）建筑物：展厅、观众服务楼、毛坯制作工坊、手绘雕刻工坊、烧制工坊、成品库房各一栋；工艺师工作室三栋；各建筑物平面形状、尺寸及层数如图5-15（b）所示。

（2）场地：观众集散广场（面积≥2000m²）、停车场（面积≥1000m²）各一处。

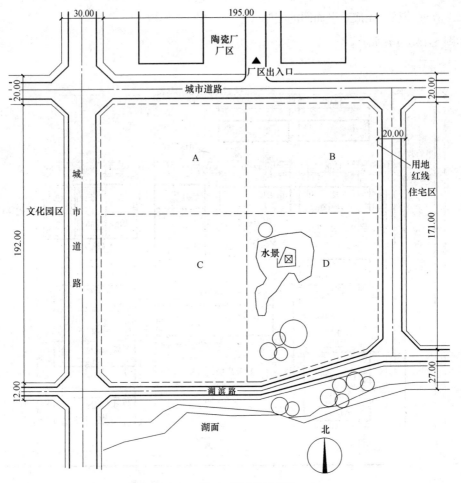

图 5-15（a） 拟建总平面图

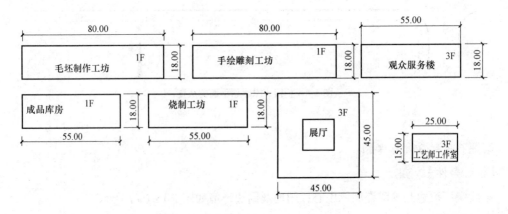

图 5-15（b） 建筑物平面尺寸及形状示意图

规划要求：建筑物后退用地红线不小于10m，保留用地内的水系及树木。

毛坯制作原材料由陶瓷厂供应，陶瓷制作工艺流程为：毛坯制作——手绘雕刻——烧制——成品；

观众参观流程为：展厅——手绘雕刻工坊——烧制——工艺师工作室——观众服务楼。

建筑物的平面形状及尺寸不得变动，且均应按正南北朝向布置。

拟建建筑物均按民用建筑设计，耐火等级均为二级，应符合国家相关规范要求。

【任务要求】

根据设计条件绘制总平面图，画出建筑物、场地并标注其名称，画出道路及绿化。

标注观众出入口及货运出入口在城市道路的位置，并用▲表示。

标注满足规划、规范要求的相关尺寸，标注观众集散广场及停车场的面积。

下列单选题每题只有一个最符合题意的选项，从各题中选择一个与作图结果对应的选项，用黑色绘图笔将选项对应的字母填写在括号中，同时用2B铅笔将答题卡对应题号选项信息点涂黑，二者必须一致，缺项不予评分。

【选择题】

1. 展厅位于：（　　　）（8分）

[A] A地块　　　　[B] B地块　　　　[C] C地块　　　　[D] D地块

2. 工艺师工作室位于：（　　　）（8分）

[A] A地块　　　　[B] B地块　　　　[C] C地块　　　　[D] D地块

3. 货运出入口位于建设用地的：（　　　）（6分）

[A] 东侧　　　　[B] 南侧　　　　[C] 西侧　　　　[D] 北侧

4. 观众服务楼位于：（　　　）（6分）

[A] A地块　　　　[B] B地块　　　　[C] C地块　　　　[D] D地块

【解题步骤和方法】

1. 梳理题目信息

设计要求：退线、日照、其他。

拟建：建筑物9栋，场地2处。

任务要求：建筑物、场地、主次出入口、道路、绿化、文字和尺寸标注。

选择题：重点建筑的位置。

如图5-15（c）所示。

2. 场地退线

如图5-15（d）所示。

3. 确定主次出入口的位置

（1）图中可知，场地东侧西侧北侧为三条城市道路，南侧为湖滨路。

（2）场地拟建艺术陶瓷展示中心，属于观览建筑场地类。题目条件给出了两条流程：陶瓷制作工艺流程和观众参观流程。北侧道路衔接原有厂区，可作为货运出入口；东侧道路衔接住宅区，不能作为出入口。南侧道路衔接南侧原有湖面，不能作为出入口。所以，观众出

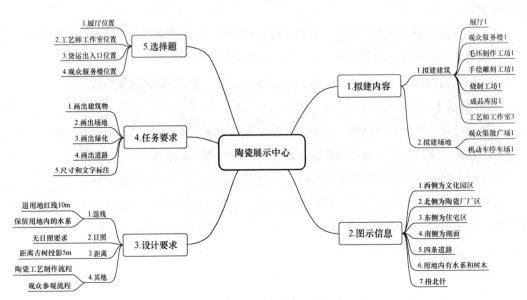

图 5-15（c） 题目要求思维导图

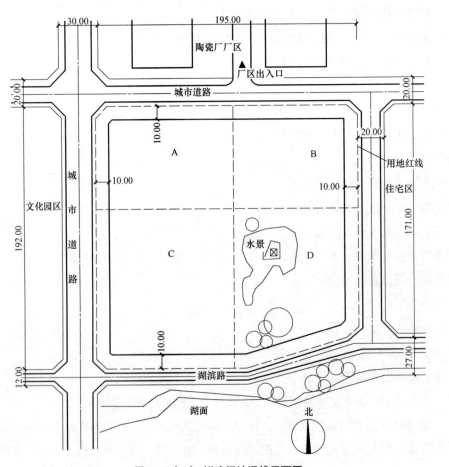

图 5-15（d） 拟建场地退线平面图

入口来自道路最宽的西侧城市道路，与东侧原有文化园区对应。

4.动静内外分区

（1）场地分为两个功能区：观览区、生产区。

生产区的制作流程：毛坯制作——手绘雕刻——烧制——成品，属于动外区。

观览区的制作流程：展厅——手绘雕刻工坊——烧制——工艺师工作室——观众服务楼，属于动外区。

观众集散广场、停车场均属于动外区场地。

（2）如图5-15（b）所示，北侧为原有厂区，与拟建场地陶瓷制作生产区共用道路，四栋建筑按制作流程摆放。位于场地的北侧。南侧为观览区。如图5-15（e）所示。

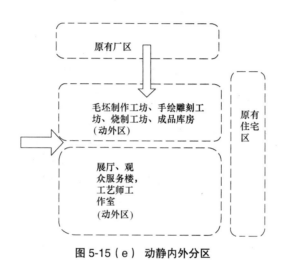

图5-15（e） 动静内外分区

5.各个拟建建筑和场地的位置摆放

（1）题目要求，毛坯制作原材料由陶瓷厂供应；则需靠近北侧原有陶瓷厂厂区，并在北侧道路上设置出入口作为货流（入货和出货）出入口。陶瓷制作工艺流程为：毛坯制作——手绘雕刻——烧制——成品。

（2）展厅作为观众参观流程中的第一栋建筑，需与观众出入口对应，且对应观众集散广场，场地D区存在原有水系和树木，布置不下该建筑；场地C区对应西侧原有文化园区，所以展厅放在C区，对应2000m²的观众集散广场，并在西侧道路一边设置观众出入口。同时可以确定陶瓷制作工艺流程从A区开始依次布置。

（3）3栋工艺师工作室建筑南北向布置，相对需要安静，所以靠近东侧住宅区和东侧道路，并临近原有水系，环境优美。

（4）观众服务楼作为观众参观流程的最后一栋建筑，需要靠近观众出入口和观众集散广场，布置在C区。

（5）停车场1000m²，设置在观众集散广场的附近，方便参观观众使用。

各个建筑属性如图5-15（f）所示。

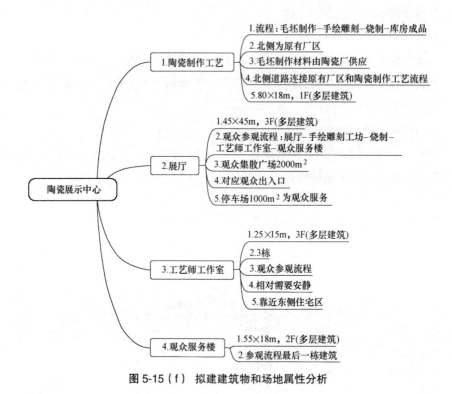

陶瓷展示中心

1. 陶瓷制作工艺
    1. 流程：毛坯制作–手绘雕刻–烧制–库房成品
    2. 北侧为原有厂区
    3. 毛坯制作材料由陶瓷厂供应
    4. 北侧道路连接原有厂区和陶瓷制作工艺流程
    5. 80×18m，1F(多层建筑)

2. 展厅
    1. 45×45m，3F(多层建筑)
    2. 观众参观流程：展厅–手绘雕刻工坊–烧制–工艺师工作室–观众服务楼
    3. 观众集散广场2000m²
    4. 对应观众出入口
    5. 停车场1000m²为观众服务

3. 工艺师工作室
    1. 25×15m，3F(多层建筑)
    2. 3栋
    3. 观众参观流程
    4. 相对需要安静
    5. 靠近东侧住宅区

4. 观众服务楼
    1. 55×18m，2F(多层建筑)
    2. 参观流程最后一栋建筑

图5-15（f） 拟建建筑物和场地属性分析

6. 完成选择题

（1）展厅位于：（C）（8分）

[A] A 地块　　　[B] B 地块　　　[C] C 地块　　　[D] D 地块

（2）工艺师工作室位于：（D）（8分）

[A] A 地块　　　[B] B 地块　　　[C] C 地块　　　[D] D 地块

（3）货运出入口位于建设用地的：（D）（6分）

[A] 东侧　　　[B] 南侧　　　[C] 西侧　　　[D] 北侧

（4）观众服务楼位于：（C）（6分）

[A] A 地块　　　[B] B 地块　　　[C] C 地块　　　[D] D 地块

7. 道路，绿化，文字和尺寸标注

（1）将道路与主次出入口有机联系在一起，一般环线布置，外围道路和通达建筑的道路不得小于消防道路4m，形成完整的道路系统。

（2）标注各建筑，场地的名称，题目要求的面积，基地主次出入口；标注退界，日照间距等相关尺寸。

（3）查漏补缺，完成总平面图的绘制。

如图5-15（g）所示。

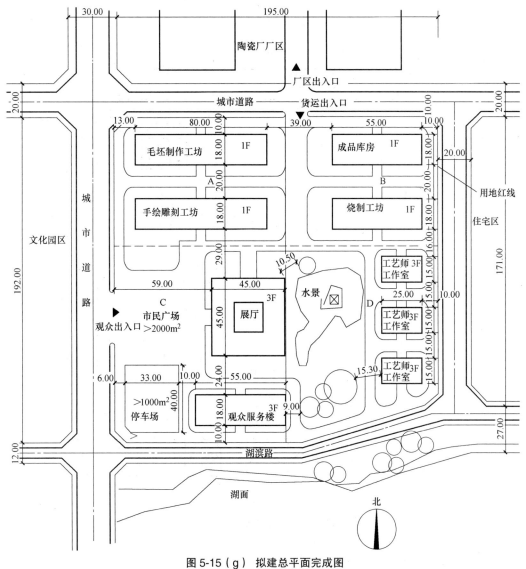

图 5-15（g） 拟建总平面完成图

习题 5-4　2019 年考题

【设计条件】

某城市公园北侧拟建一陶艺文化园，其功能包括陶艺的展示、制作体验（制胚——彩绘——烧制）以及商业服务等内容，文化园的用地及其周边环境如图 5-16（a）所示。

用地内的陶土窑旧址为近代工业遗产，其保护范围内不得布置建筑和道路，既有建筑改造为制胚工坊。

用地内拟建建筑物：①陶艺展厅一；②陶艺展厅二；③彩绘工坊 2 栋；④烧制工坊；⑤商业服务用房（便于独立对外营业及服务城市公园）；⑥茶室；⑦连廊（宽 6m，展厅之间

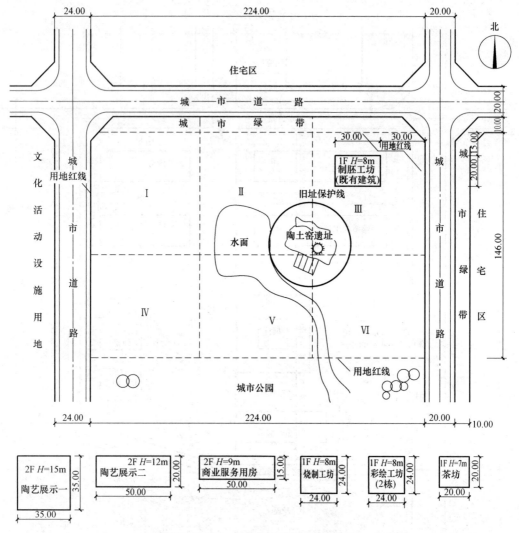

图 5-16（a） 拟建建筑平面尺寸及形状

需加连廊，工坊之间需加连廊）。

各建筑尺寸、形状、高度及层数见图 5-16（a）。

场地要求：

（1）主入口广场不小于 1500m²；

（2）停车场（1 处）不小于 1000m²。

规划要求：

（1）建筑物距离用地红线不应小于 15.00m；

（2）停车场距离用地红线不应小于 5.00m；

（3）场地出入口不得穿越城市绿带；

（4）保留用地中的水系。

建筑物均应正南北朝向布置，平面尺寸及形状不得变动且不得旋转。

各建筑物耐火等级均为二级。

需满足国家相关规范要求。

【任务要求】

根据设计条件绘制总平面图，画出建筑物、场地、道路及绿地，并注明名称。

标注场地主次出入口在城市道路处的位置，并用"▲"表示。

标注满足规划、规范要求的相关尺寸，标明主入口广场及停车场的面积。

下列单选题每题只有一个最符合题意的选项，从各题中选择一个与作图结果对应的选项，用 2B 铅笔将答题卡对应题号选项信息点涂黑。

【选择题】

（1）陶艺文化园主出入口位于场地的：（   ）（8分）

[A] 东侧   [B] 西侧

[C] 南侧   [D] 北侧

（2）烧制工坊位于（   ）：（7分）

[A] Ⅰ地块   [B] Ⅱ地块

[C] Ⅴ地块   [D] Ⅵ地块

（3）陶艺展厅一位于：（   ）（7分）

[A] Ⅰ地块   [B] Ⅳ地块

[C] Ⅴ地块   [D] Ⅵ地块

（4）商业服务用房位于：（   ）（7分）

[A] Ⅰ地块   [B] Ⅱ地块

[C] Ⅳ地块   [D] Ⅴ地块

（5）次出入口位于场地的：（   ）（6分）

[A] 东侧   [B] 西侧

[C] 南侧   [D] 北侧

（6）停车场位于：（   ）（5分）

[A] Ⅰ地块   [B] Ⅲ地块

[C] Ⅳ地块   [D] Ⅵ地块

【解题步骤和方法】

1. 梳理题目信息

设计要求：退线、日照、其他。

拟建：建筑物 7 栋，场地 2 处。

任务要求：建筑物、场地、主次出入口、道路、绿化、文字和尺寸标注。

选择题：重点建筑的位置和出入口，停车场的位置。

如图 5-16（b）所示。

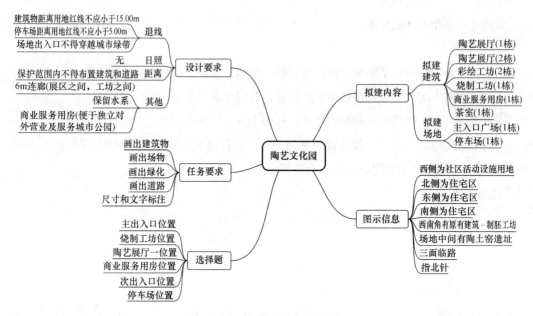

图 5-16（b） 题目要求思维导图

设计要求
- 退线：建筑物距离用地红线不应小于15.00m；停车场距离用地红线不应小于5.00m；场地出入口不得穿越城市绿带
- 日照距离：无
- 其他：保护范围内不得布置建筑和道路；6m连廊（展区之间，工坊之间）；保留水系；商业服务用房（便于独立对外营业及服务城市公园）

任务要求
- 画出建筑物
- 画出场物
- 画出绿化
- 画出道路
- 尺寸和文字标注

选择题
- 主出入口位置
- 烧制工坊位置
- 陶艺展厅一位置
- 商业服务用房位置
- 次出入口位置
- 停车场位置

拟建内容
- 拟建建筑：陶艺展厅(1栋)；陶艺展厅(2栋)；彩绘工坊(2栋)；烧制工坊(1栋)；商业服务用房(1栋)；茶室(1栋)
- 拟建场地：主入口广场(1栋)；停车场(1栋)

图示信息
- 西侧为社区活动设施用地
- 北侧为住宅区
- 东侧为住宅区
- 南侧为住宅区
- 西南角有原有建筑－制胚工坊
- 场地中间有陶土窑遗址
- 三面临路
- 指北针

2. 场地退线

如图 5-16（c）所示。

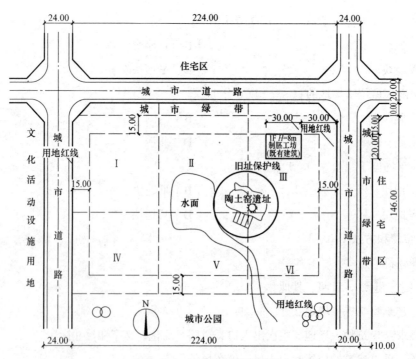

图 5-16（c） 场地退线平面图

3. 确定主次出入口的位置

（1）题目拟建一陶艺文化园。图中可知，场地中间有一陶土窑遗址。拟建建筑需围绕陶土窑遗址展开。场地周围主要有三条城市道路，分别位于北侧、东侧和西侧。场地东侧和北侧为住宅区，场地西侧为文化活动设施用地，南侧毗邻城市公园。场地出入口不得穿越城市绿带，所以主入口来自于西侧，形成文化活动设施用地与陶土窑遗址的文化对景。

（2）场地北侧和东侧为住宅区，所以需要为制作体验区留一个次出入口。

4. 确定功能分区

（1）做功能分区：本题分为展区、体验区和对外商业区，并且遵照展区——体验区——对外商业区的观览流程。

（2）题目有对商业区的暗示（要求商业服务用房便于独立对外营业及服务于城市公园），则商业区位于场地的南侧。

（3）题目已经给出制胚工坊的位置，并且要求做出体验区建筑用连廊连接，所以体验区位于场地的东侧。

（4）场地的北侧则为展区。

如图5-16（d）所示。

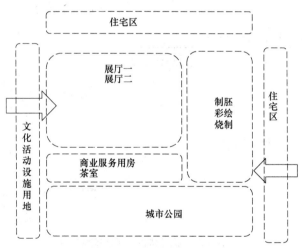

图5-16（d） 功能分区示意图

5. 各个拟建建筑和场地的位置摆放

（1）商业服务用房属于对外商业区，题目要求便于独立对外营业及服务于城市公园，则商业服务用房需毗邻南侧城市公园且靠近主要出入口，所以布置在Ⅳ地块。

（2）陶艺展厅一属于展区建筑，作为参观的第一序列建筑，靠近主广场，位于场地的Ⅰ地块；陶艺展厅二与展厅一需要连廊连接，所以与展厅一依次摆放，且需围绕陶土窑遗址布置，所以，展厅二位于Ⅱ地块。

（3）体验区需围绕制胚——彩绘——烧制的流程，彩绘工坊题目要求布置2栋，烧制工坊题目要求布置1栋，题目已经给出制胚工坊建筑位置，所以需要围绕陶土窑遗址摆放。由此，烧制工坊位于Ⅵ地块。

（4）茶室是个题量比较小的建筑，有隐含的景观要求，放在Ⅴ地块，南邻公园，北邻遗址的水面。

（5）主入口广场对应主入口布置，面积不小于1500m²，布置于Ⅰ—Ⅳ地块。

（6）停车场作为游览客人交通方式的转换场地，题目要求距离用地红线不应小于5.00m，面积不小于1000m²。如果布置在Ⅳ地块，则遮挡商业服务用房，不符合商业服务用房对外服务的特点。所以，布置在Ⅰ地块。

各个建筑和场地的属性如图5-16（e）所示。

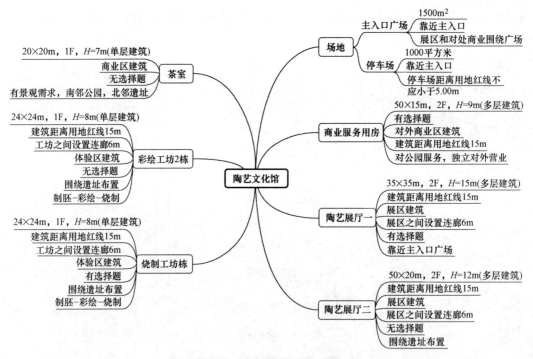

图5-16（e） 拟建建筑和场地属性分析

6.完成选择题

（1）陶艺文化园主出入口位于场地的：（B）（8分）

［A］东侧　　　　　　［B］西侧　　　　　　［C］南侧　　　　　　［D］北侧

（2）烧制工坊位于：（D）（7分）

［A］Ⅰ地块　　　　　［B］Ⅱ地块　　　　　［C］Ⅴ地块　　　　　［D］Ⅵ地块

（3）陶艺展厅一位于：（A）（7分）

［A］Ⅰ地块　　　　　［B］Ⅳ地块　　　　　［C］Ⅴ地块　　　　　［D］Ⅵ地块

（4）商业服务用房位于：（C）（7分）

[A] Ⅰ地块　　　　[B] Ⅱ地块　　　　[C] Ⅳ地块　　　　[D] Ⅴ地块

（5）次出入口位于场地的：（A）（6分）

[A] 东侧　　　　　[B] 西侧　　　　　[C] 南侧　　　　　[D] 北侧

（6）停车场位于：（A）（5分）

[A] Ⅰ地块　　　　[B] Ⅲ地块　　　　[C] Ⅳ地块　　　　[D] Ⅵ地块

7. 道路、绿化、文字和尺寸标注

（1）将道路和主次出入口有机联系在一起，一般环线布置，外围道路和通达建筑的道路不得小于消防道路4m，形成完整的道路系统。

（2）标注各建筑、场地的名称，题目要求的面积，基地主次出入口；标注退界、日照间距等相关尺寸。

（3）查漏补缺，完成总平面图的绘制。

如图5-16（f）所示。

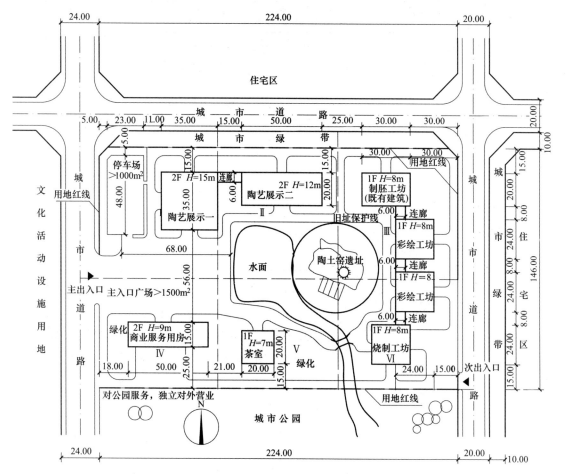

图 5-16（f）　总平面完成图

【设计条件】

某养老院建设用地及周边环境如图 5-17（a）所示；用地内保留建筑拟改建为厨房，洗衣房，职工用房等管理服务用房。

用地内拟建（图 5-17b）：

（1）建筑物：①综合楼（内含办公，医疗，包间，活动室等）一栋；②餐厅（内含公共餐厅兼多功能厅，茶室等）一栋；③居住楼（自理）二栋；④居住楼（介助，介护）一栋；⑤连廊（宽度 4 米，按需设置）。

（2）场地：①主入口广场≥1000；②种植园一个≥3000；③活动场地一个≥1100；④门球场一个；⑤停车场一处（≥40 辆，车位 3×6m）。

规划要求：

（1）建筑物后退用地红线不应小于 15m。

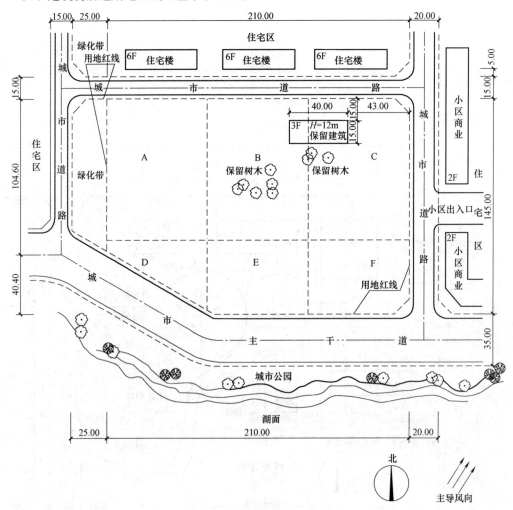

图 5-17（a） 拟建总平面图

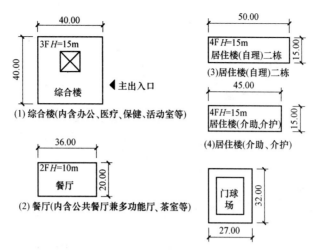

图 5-17（b） 建筑物平面尺寸及形状示意图

（2）门球场和活动场地距离用地红线不应小于 5m，距离建筑物不应小于 18m。

（3）居住建筑日照间距系数为 2.0。

（4）居住楼（介助，介护）应与综合楼联系密切。

建筑物平面尺寸和形状不得变动，且均应按正南北朝向布置。

各建筑物耐火等级均为二级，应满足国家相应规范要求。

【任务要求】

根据设计条件绘制总平面图，画出建筑物、场地并注明名称，画出道路及绿化。

注明养老院场地的主出入口及后勤出入口的位置，并用 ▲ 表示。

标注满足规划、规范要求的相关尺寸，注明主入口广场，种植园，活动场地的面积及停车位数量。

下列单选题每题只有一个最符合题意的选项，从各题中选择一个与作图结果对应的选项，用黑色绘图笔将选项对应的字母填写在括号中，同时用 2B 铅笔将答题卡对应题号选项信息点涂黑，二者必须一致，缺项不予评分。

【选择题】

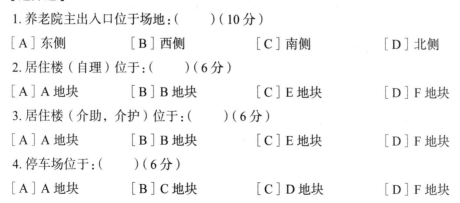

1. 养老院主出入口位于场地：（　　　）（10 分）

[A] 东侧　　　　　[B] 西侧　　　　　[C] 南侧　　　　　[D] 北侧

2. 居住楼（自理）位于：（　　　）（6 分）

[A] A 地块　　　　[B] B 地块　　　　[C] E 地块　　　　[D] F 地块

3. 居住楼（介助，介护）位于：（　　　）（6 分）

[A] A 地块　　　　[B] B 地块　　　　[C] E 地块　　　　[D] F 地块

4. 停车场位于：（　　　）（6 分）

[A] A 地块　　　　[B] C 地块　　　　[C] D 地块　　　　[D] F 地块

【解题步骤和方法】

1.梳理题目信息

设计要求：退线，日照，其他。

拟建：建筑物5栋，场地5处。

任务要求：建筑物、场地、主次出入口、道路、绿化、文字和尺寸标注。

选择题：重点建筑的位置，停车场和出入口的位置。

如图5-17（c）所示。

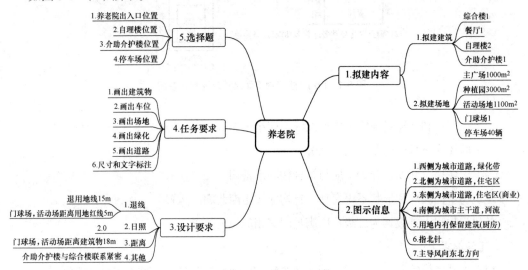

图5-17（c） 题目要求思维导图

2.场地退线

如图5-17（d）所示。

3.确定主次出入口的位置

（1）图中可知，场地南侧为城市主干道，东侧、西侧、北侧为城市道路。

（2）场地拟建养老建设用地，属于养老服务类。养老院只有相对固定的人流量，而且固定人群为老年人，需远离城市主干道；所以主要出入口来自东侧，与东侧小区出入口相对应。后勤出入口不适应放在南侧，西侧有城市绿化带作为屏障，所以只能放在北侧城市道路。

4.动静内外分区

（1）场地分为两个功能区：生活区、服务区。

三栋居住楼作为生活区建筑，属于静内区。

餐厅作为生活区建筑，属于动外区。

综合楼作为服务区建筑，属于动外区。

主广场，停车区，各类场地均属于动外区场地。

（2）场地西北侧属于静内区，与北侧住宅楼对应。南侧和东侧属于动外区。如图5-17（e）所示。

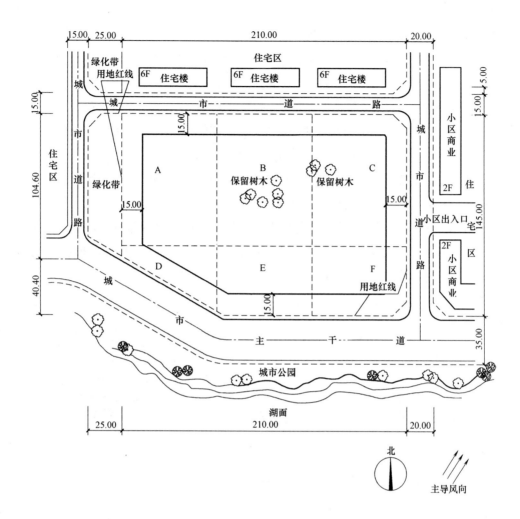

图 5-17（d） 拟建场地退线平面图

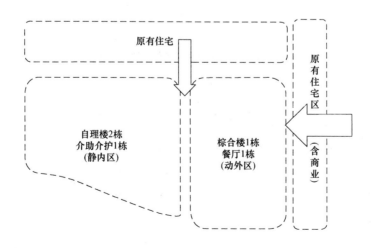

图 5-17（e） 动静内外分区

5. 各个拟建建筑和场地的位置摆放

（1）自理楼2栋，需满足日照15×2.0=30m，与北侧住宅区形成对景，根据选择题不存在东西摆放的情况，所以两栋建筑只能南北向摆放，布置在A区。

（2）介助介护楼1栋，需要临近自理楼，且靠近餐厅、综合楼，所以布置在B区。

（3）餐厅需要靠近厨房、自理楼和介助介护楼，同时根据主要风向指向东北方向，所以布置在B区，临近北侧道路，同时在北侧道路上设置后勤出入口。

（4）综合楼需要临近介助介护楼，室外需布置1100m²活动场地，且与室外活动场地距离18m。所以布置在E-F区。对应面积为1000m²的主广场。

（5）种植园靠近西侧城市绿化带，且作为主干道隔声屏障，保障居住类用房的安静。

（6）门球场与停车场互为对景，以主入口广场为中心南北布置。门球场布置在南侧，靠近活动场地。停车场布置在北侧，40辆停车，至少一个出入口。

各个建筑的属性如图5-17（f）所示。

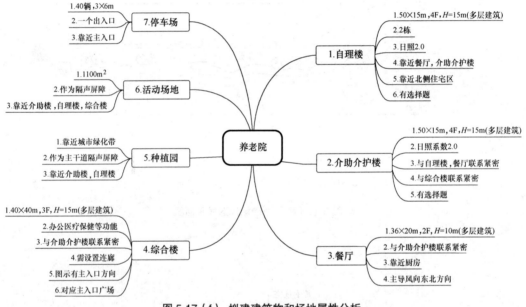

图5-17（f） 拟建建筑物和场地属性分析

6. 完成选择题

（1）养老院主出入口位于场地：（A）（10分）

[A] 东侧　　　　[B] 西侧　　　　[C] 南侧　　　　[D] 北侧

（2）居住楼（自理）位于：（A）（6分）

[A] A地块　　　　　　　　　　　[B] B地块

[C] E地块　　　　　　　　　　　[D] F地块

（3）居住楼（介助，介护）位于：（B）（6分）

[A] A地块　　　　　　　　　　　[B] B地块

[C] E地块　　　　　　　　　　　[D] F地块

（4）停车场位于：（B）（6分）

[A] A 地块   [B] C 地块

[C] D 地块   [D] F 地块

7. 道路、绿化、文字和尺寸标注

（1）将道路与主次出入口有机联系在一起，一般环线布置，外围道路和通达建筑的道路不得小于消防道路4m，形成完整的道路系统。

（2）标注各建筑、场地的名称，题目要求的面积，基地主次出入口；标注退界，日照间距等相关尺寸。

（3）查漏补缺，完成总平面图的绘制。

如图5-17（g）所示。

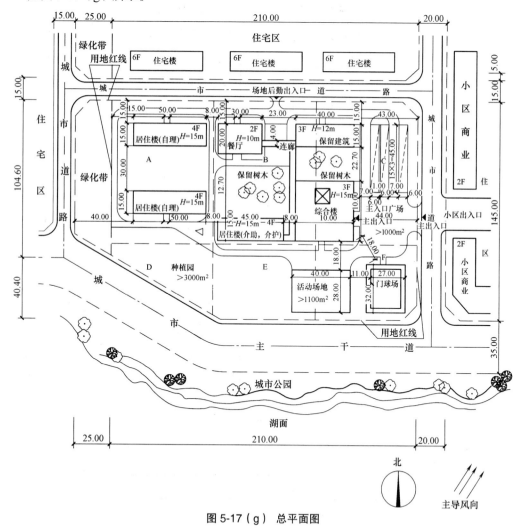

图 5-17（g）　总平面图

习题 5-6　2010 年考题

【设计条件】某风景区拟建一座疗养院，其用地及周边环境如图5-18（b）所示，建设内容如下：

（1）建筑物：①普通疗养用房 3 栋；②别墅型疗养用房 3 栋（自设厨房餐厅）；③餐饮娱乐楼 1 栋；④综合楼 1 栋（包括接待、办公、医技、理疗等功能）；各建筑物平面尺寸、层数、高度及形状如图 5-18（a）所示。

（2）场地：①主入口广场，面积不小于 $1000m^2$；②机动车停车场，面积不小于 $600m^2$；③活动场地 30m×30m。

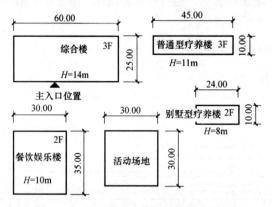

图 5-18（a）　建筑物平面尺寸及形状示意图

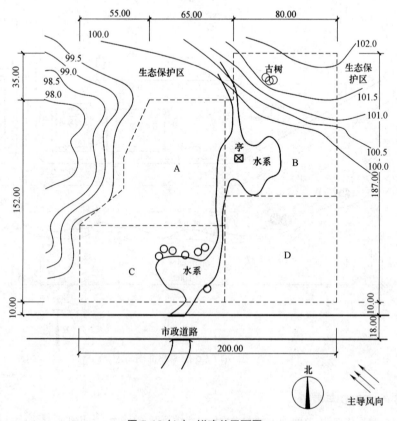

图 5-18（b）　拟建总平面图

244

规划及设计要求：

（1）建筑物退用地红线不小于10m。

（2）应考虑用地周边环境，应保留场地中原有水系及古树，建筑物距古树树冠及水系岸边均不小于2m。

（3）各建筑物及活动场地的形状、尺寸不得变动并一律正南北方向布置。

（4）疗养楼日照间距系数为2.0。

（5）普通疗养楼、综合楼、餐饮娱乐楼之间需设一层通廊（或廊桥）连接，通廊宽度为4m，高度为3m。

（6）设计需符合国家相关规范。

【任务要求】

根据设计条件绘制总平面图，画出建筑物、道路、绿地，并注明各建筑物的名称。

标明主出入口广场和机动车停车场面积。

标明疗养院出入口，并用▲表示。

标注相关尺寸。

下列单选题每题只有一个最符合题意的选项，从各题中选择一个与作图结果对应的选项，用黑色绘图笔将选项对应的字母填写在括号中，同时用2B铅笔将答题卡对应题号选项信息点涂黑，二者必须一致，缺项不予评分。

【选择题】

1.别墅型疗养楼主要位于场地何地块：（　　　）（8分）

[A] A　　　　　　[B] B　　　　　　[C] C　　　　　　[D] D

2.普通型疗养楼主要位于场地何地块：（　　　）（8分）

[A] A　　　　　　[B] B　　　　　　[C] C　　　　　　[D] D

3.综合楼位于场地何地块：（　　　）（6分）

[A] A　　　　　　[B] B　　　　　　[C] C　　　　　　[D] D

4.餐厅娱乐楼位于场地何地块：（　　　）（6分）

[A] A　　　　　　[B] B　　　　　　[C] C　　　　　　[D] D

【解题步骤和方法】

1.梳理题目信息

设计要求：退线、日照、其他。

拟建：建筑物8栋，场地3处。

任务要求：建筑物、场地、主次出入口、道路、绿化、文字和尺寸标注。

选择题：重点建筑的位置。

如图5-18（c）所示。

2.场地退线

如图5-18（d）所示。

3.确定主次出入口的位置

据图中可知，场地只有一条南侧城市道路，所以疗养院出入口位于南侧，一个为主要出入口，一个为次要出入口。

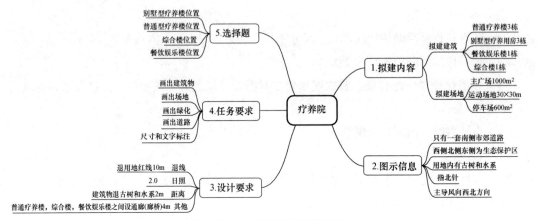

图 5-18（c） 题目要求思维导图

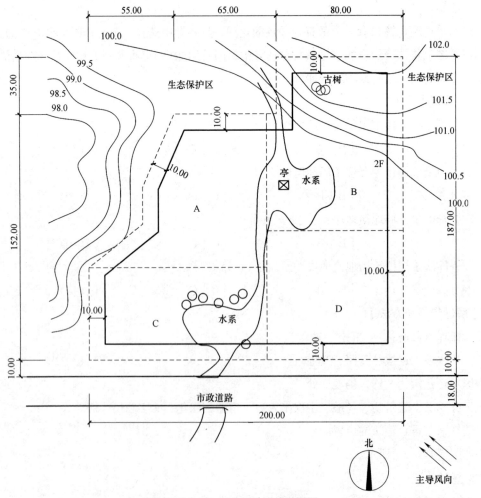

图 5-18（d） 拟建场地退线平面图

4. 动静内外分区

（1）场地分为两个功能区：生活区、服务区。

三栋疗养楼与三栋别墅楼作为生活区建筑，属于静内区。

餐饮娱乐楼作为服务区建筑，属于动外区。

综合楼作为服务区建筑，属于动外区。

主广场、停车区、各类场地均属于动外区场地。

（2）如图5-18（e）所示，场地北侧属于静内区，与生态保护区相对应。南侧属于动外区，靠近道路。

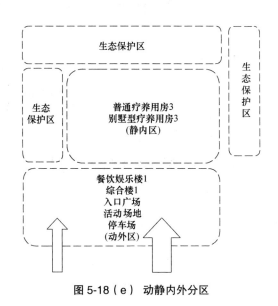

图 5-18（e） 动静内外分区

5. 各个拟建建筑和场地的位置摆放

（1）综合楼属于动外区建筑，需临路设置，面宽 60m，C 区放置不下，所以只能放置在 D 区，对应面积 1000m² 的主广场和主出入口。

（2）餐饮娱乐楼属于动外区建筑，需临路布置，只能布置在 C 区，附近设置次出入口。

（3）普通疗养用房 3 栋，面宽为 45m，互相之间日照间距为 11×2.0=22m，题目要求普通疗养楼、综合楼、餐饮娱乐楼之间需设一层通廊（或廊桥）连接，通廊宽度为 4m，高度为 3m。如果布置在 B 区，则与餐饮娱乐楼距离太远，且 B 区布置不下。所以只能布置在 A 区。

（4）别墅型疗养用房 3 栋，互相之间日照间距为 8×2.0=16.0m。布置在 B 区。活动场地 40×40m 放置在别墅型疗养用房南侧。

（5）停车场 600m²，布置在综合楼和主广场附近。

如图 5-18（f）所示。

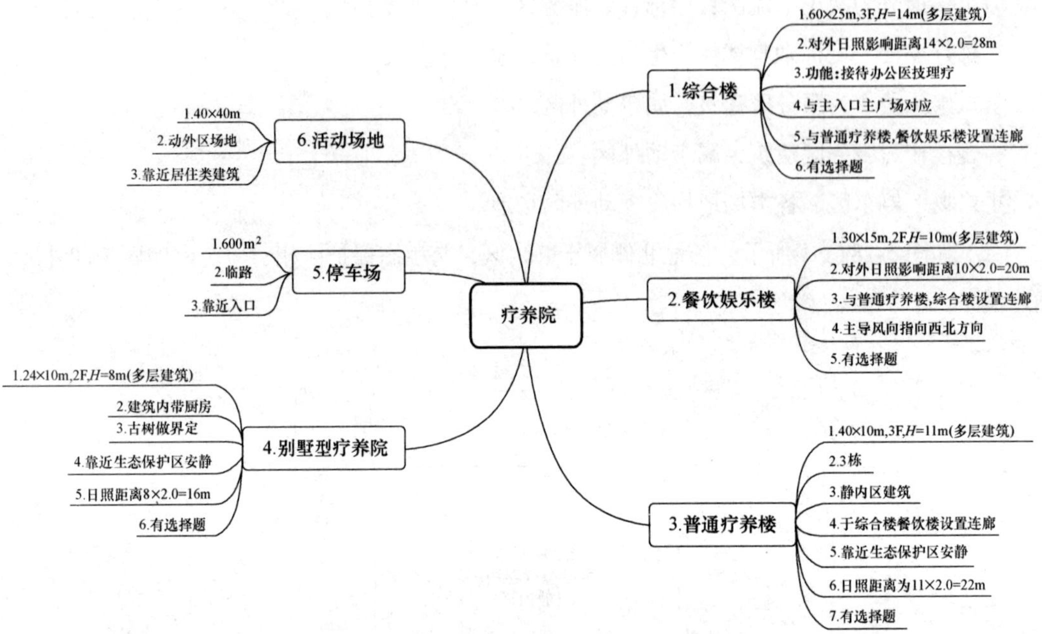
疗养院
1.综合楼
1.60×25m,3F,H=14m(多层建筑)
2.对外日照影响距离14×2.0=28m
3.功能:接待办公医技理疗
4.与主入口主广场对应
5.与普通疗养楼,餐饮娱乐楼设置连廊
6.有选择题
2.餐饮娱乐楼
1.30×15m,2F,H=10m(多层建筑)
2.对外日照影响距离10×2.0=20m
3.与普通疗养楼,综合楼设置连廊
4.主导风向指向西北方向
5.有选择题
3.普通疗养楼
1.40×10m,3F,H=11m(多层建筑)
2.3栋
3.静内区建筑
4.于综合楼餐饮楼设置连廊
5.靠近生态保护区安静
6.日照距离为11×2.0=22m
7.有选择题
4.别墅型疗养院
1.24×10m,2F,H=8m(多层建筑)
2.建筑内带厨房
3.古树做界定
4.靠近生态保护区安静
5.日照距离8×2.0=16m
6.有选择题
5.停车场
1.600m²
2.临路
3.靠近入口
6.活动场地
1.40×40m
2.动外区场地
3.靠近居住类建筑

图 5-18（f） 拟建建筑物和场地属性分析

6. 完成选择题

（1）别墅型疗养楼主要位于场地何地块：（B）（8 分）

［A］A　　［B］B　　［C］C　　［D］D

（2）普通型疗养楼主要位于场地何地块：（A）（8 分）

［A］A　　［B］B　　［C］C　　［D］D

（3）综合楼位于场地何地块：（D）（6 分）

［A］A　　［B］B　　［C］C　　［D］D

（4）餐厅娱乐楼位于场地何地块：（C）（6 分）

［A］A　　［B］B　　［C］C　　［D］D

7. 道路、绿化、文字和尺寸标注

（1）将道路与主次出入口有机联系在一起，一般环线布置，外围道路和通达建筑的道路不得小于消防道路 4m，形成完整的道路系统。

（2）标注各建筑，场地的名称，题目要求的面积，基地主次出入口；标注退界，日照间距等相关尺寸。

（3）查漏补缺，完成总平面图的绘制。

如图 5-18（g）所示。

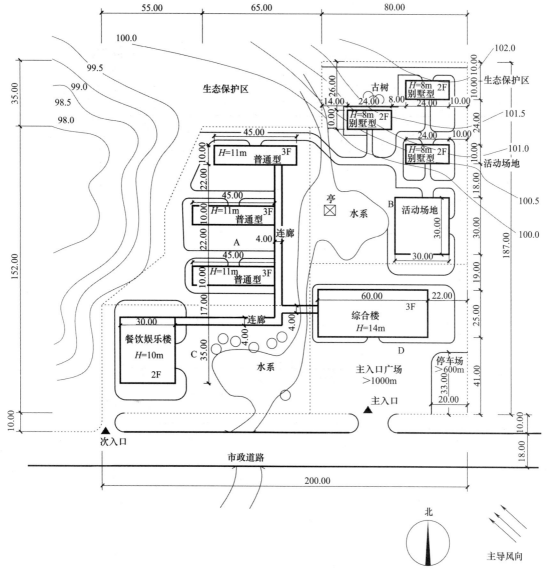

图 5-18（g） 总平面图

习题 5-7 2013 年考题

【设计条件】

某地原有卫生院拟扩建为 300 床综合楼，建设用地及周边环境如图 5-19（a）所示。

建设内容如下：

（1）用地中保留建筑物拟改建为急诊楼和发热门诊，如图 5-19（a）所示。

（2）拟新建：门诊楼、医技楼（含手术楼）、科研办公楼、营养厨房、1# 病房楼、2# 病房楼各一栋。各建筑物平面形状、尺寸、层数及高度如图 5-19（b）所示。

（3）门诊楼、急诊楼处设入口广场，机动车停车场面积 ≥ 1500m²，病房楼住院患者室外活动场地≥3000m²。

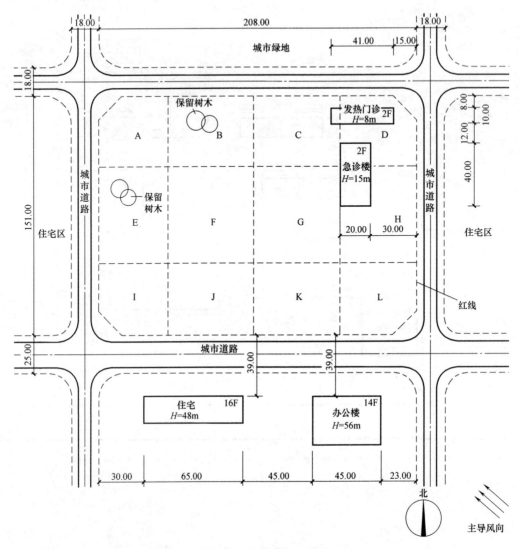

图 5-19（a） 拟建总平面图

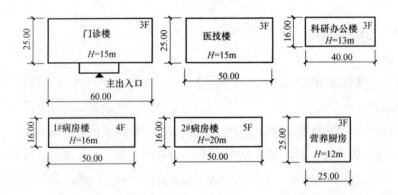

图 5-19（b） 建筑物平面尺寸及形状示意图

规划及设计要求：

（1）医院出入口中心线距道路中心线交叉点的距离≥60m，建筑后退红线≥10m。

（2）医技楼应与门诊楼、急诊楼科研办公楼病房楼之间设置连廊，连廊宽度6m。

（3）新建建筑与保留树木树冠的间距≥5m。

（4）新建建筑物均正南北向布置，病房楼的日照间距系数为2.0。

（5）新建建筑物的平面形状及尺寸不得变动，建筑物的耐火等级均为二级。

（6）设计应符合现行国家有关规范和标准要求。

【任务要求】

根据设计条件绘制总平面图，画出建筑物、场地并标注其名称，画出道路及绿化。

标注门诊住院出入口、急诊出入口、后勤污物出入口的位置，并用▲表示。

标注满足规划、规范要求的相关尺寸，标注停车场、室外活动场地面积。

下列单选题每题只有一个最符合题意的选项，从各题中选择一个与作图结果对应的选项，用黑色绘图笔将选项对应的字母填写在括号中，同时用2B铅笔将答题卡对应题号选项信息点涂黑，二者必须一致，缺项不予评分。

【选择题】

1.医技楼位于：（　　　　）（6分）

[A]F-G地块　　　　[B]C-G地块　　　　[C]G-K地块　　　　[D]E-F地块

2.1#病房楼位于：（　　　　）（6分）

[A]B-F地块　　　　[B]F地块　　　　[C]G地块　　　　[D]I-J地块

3.后勤污物出入口位于场地：（　　　　）（6分）

[A]东侧　　　　[B]南侧　　　　[C]西侧　　　　[D]北侧

4.门诊楼位于：（　　　　）（4分）

[A]E-F地块　　　　[B]I-J地块　　　　[C]G-H地块　　　　[D]K-L地块

5.营养厨房位于：（　　　　）（6分）

[A]A-E地块　　　　[B]B-C地块　　　　[C]B-F地块　　　　[D]I-J地块

【解题步骤和方法】

1.梳理题目信息

设计要求：退线、日照、其他。

拟建：建筑物6栋，场地3处。

任务要求：建筑物、场地、主次出入口、道路、绿化、文字和尺寸标注。

选择题：重点建筑和出入口的位置。

如图5-19（c）所示。

2.场地退线

如图5-19（d）所示。

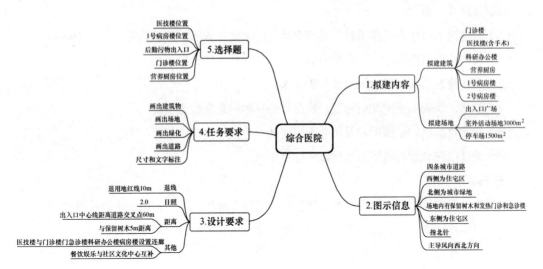

图 5-19（c） 题目要求思维导图

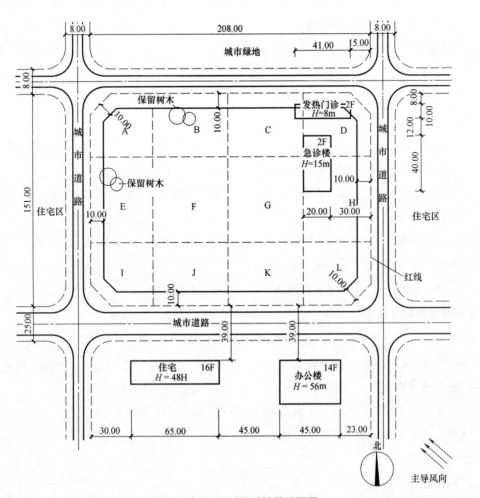

图 5-19（d） 拟建场地退线平面图

3. 确定主次出入口的位置

据图中可知，场地东西南北侧均有一条城市道路，南侧为主要出入口，西侧有保留树木，作为出入口的可能性小。场地东侧有一栋原有急诊楼，所以东侧为急诊出入口。北侧为后勤出入口。

4. 动静内外分区

（1）场地分为三个功能区：生活区、医疗区、科研区。

住院楼作为生活区建筑，属于静内区。

厨房作为生活区建筑，属于动外区。

门诊楼、医技楼作为医疗区建筑，属于动外区。

科研办公楼作为科研区建筑，属于动外区。

主广场、停车场均属于动外区场地。

花园属于静内区场地。

（2）如图5-19（e）所示，场地东侧属于动外区，与原有急诊楼临近。西侧属于静内区。南侧西部属于动外区。如图5-19（e）所示。

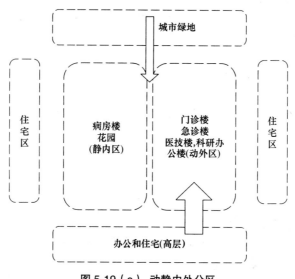

图 5-19（e） 动静内外分区

5. 各个拟建建筑和场地的位置摆放

（1）场地南侧为高层建筑，办公楼高度为56m，日照距离为56×2.0=112m，在场地东侧不能布置病房楼，所以病房楼只能布置在场地西侧。南侧住宅楼的日照影响距离为48×2.0=96m。1号病房楼的日照影响距离为16×2.0=32m，2号病房楼的日照影响距离为20×2.0=40m，如果2号病房楼布置在南侧，则两栋楼南北向布置不下。所以1号病房楼布置在F区，2号病房楼布置在A-B区。

（2）场地主导风向指向西北方向，营养厨房作为污染类建筑，所以只能布置在 A-E 区，靠近病房楼。场地西南角布置室外活动场地 3000m²。

（3）题目要求门诊楼、急诊楼处设入口广场，所以门诊楼临近急诊楼，设置在 G-H 区。且楼前设置入口广场，东南角设置停车场以满足急诊与门诊需要。

（4）医技楼含有手术部分，应临近门诊楼与急诊楼，设置在 C-G 区。6m 连廊相连接。

（5）科研办公楼可以设置在场地北侧中部，靠近医技楼，但是题目要求设置后勤污物入口，科研楼布置在此不妥当。所以科研实验楼布置在 J 区，临近入口广场，设置 6m 长的连廊。各个建筑属性如图 5-19（f）所示。

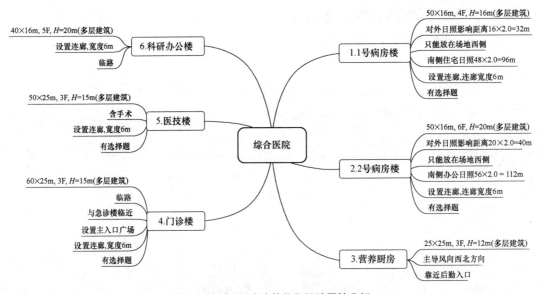

图 5-19（f） 拟建建筑物和场地属性分析

6. 完成选择题

（1）医技楼位于：（B）（6分）

[A] F-G 地块   [B] C-G 地块   [C] G-K 地块   [D] E-F 地块

（2）1# 病房楼位于：（B）（6分）

[A] B-F 地块   [B] F 地块   [C] G 地块   [D] I-J 地块

（3）后勤污物出入口位于场地：（D）（6分）

[A] 东侧   [B] 南侧   [C] 西侧   [D] 北侧

（4）门诊楼位于：（C）（4分）

[A] E-F 地块   [B] I-J 地块   [C] G-H 地块   [D] K-L 地块

（5）营养厨房位于：（A）（6分）

[A] A-E 地块   [B] B-C 地块   [C] B-F 地块   [D] I-J 地块

7. 道路、绿化、文字和尺寸标注

（1）将道路与主次出入口有机联系在一起，一般环线布置，外围道路和通达建筑的道路不得小于消防道路4m，形成完整的道路系统。

（2）标注各建筑、场地的名称、题目要求的面积、基地主次出入口；标注退界、日照间距等相关尺寸。

（3）查漏补缺，完成总平面图的绘制。

如图5-19（g）所示。

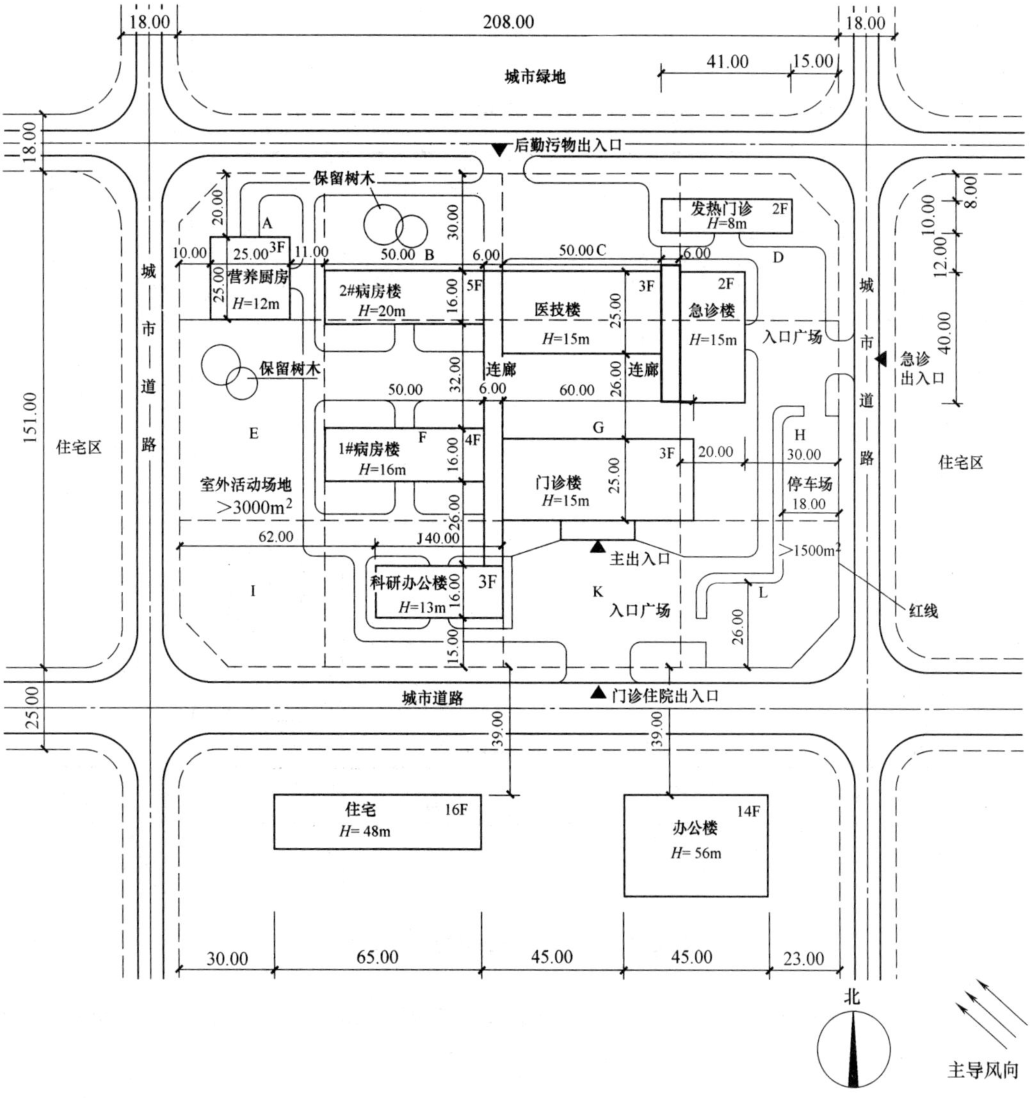

图5-19（g） 拟建总平面完成图

255

习题 5-8   2018 年考题

【设计条件】

某市体育中心拟在二期用地上建设体育学校，用地周边环境如图 5-20（a）所示。用地内保留建筑改造为食堂。

用地内拟建：

（1）建筑物：①体育馆（应兼对社会开放）；②训练馆（应兼对社会开放）；③图书综合楼；④实验楼；⑤教学楼（二栋）；⑥行政楼；⑦宿舍楼（二栋）；⑧连廊（宽 6m，用于连接图书综合楼、教学楼、实验楼）。

各建筑平面尺寸、形状、高度及层数见图 5-20（b）图示。

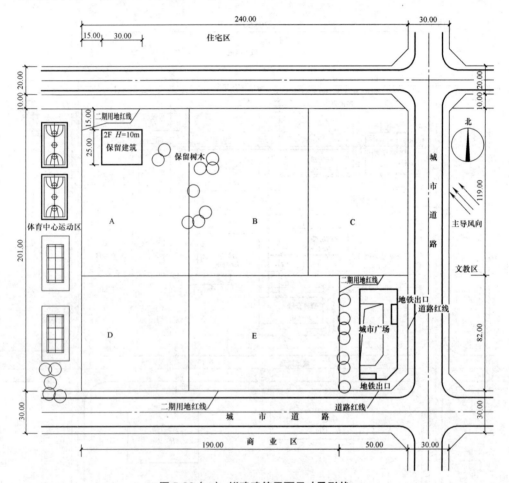

图 5-20（a） 拟建建筑平面尺寸及形状

（2）场地：①学校主广场≥2000m² ②体育馆主广场≥2000m² ③停车场≥1500m²（兼顾体育馆对社会开放时停车）

平面尺寸如图 5-20（b）所示。

规划及设计要求：

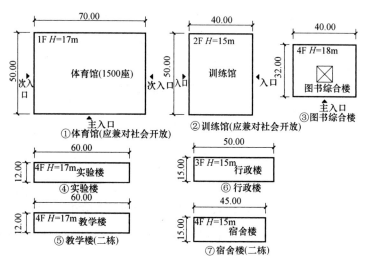

图 5-20（b） 拟建总平面图

（1）体育馆和训练馆后退用地红线不应小于 20m，其他建筑物后退用地红线不应小于 15m。

（2）停车场退用地红线不应小于 5m。

（3）当地教学楼日照间距系数为 1.4，宿舍楼日照间距系数为 1.3。

（4）保留用地中的树木。

建筑物平面尺寸及形状不得变动且不得旋转，均应按正南北朝向布置。

各建筑物耐火的等级均为二级，应满足国家现行有关规范的要求。

【任务要求】

根据设计条件绘制总平面图，画出建筑物、场地并标注名称，画出主要道路及绿化。

注明体育馆主广场出入口、学校出入口及后勤出入口在城市道路处的位置并用"△"表示。

标注满足规划、规范要求的相关尺寸，标注学校主广场、体育馆主广场、停车场的面积。

下列单选题每题只有一个最符合题意的选项，从各题中选择一个与作图结果对应的选项，用 2B 铅笔将答题卡对应题号选项信息点涂黑。

【选择题】

1. 学校出入口位于场地：（　　　）（8分）

　［A］东侧　　　　　　［B］西侧　　　　　　［C］南侧　　　　　　［D］北侧

2. 体育馆位于：（　　　）（8分）

　［A］A-B 地块　　　　［B］B-C 地块　　　　［C］D-E 地块　　　　［D］A-D 地块

3. 教学楼位于：（　　　）（8分）

　［A］A 地块　　　　　［B］B 地块　　　　　［C］C 地块　　　　　［D］E 地块

4. 宿舍楼位于：（　　　）（8分）

　［A］A 地块　　　　　［B］B 地块　　　　　［C］C 地块　　　　　［D］D 地块

5.后勤出入口位于场地:(　　　)(4分)

[A]东侧　　　　　[B]西侧　　　　　[C]南侧　　　　　[D]北侧

6.停车场位于:(　　　)(4分)

[A]B地块　　　　[B]C地块　　　　[C]D地块　　　　[D]E地块

【解题步骤和方法】

1.梳理题目信息

设计要求:退线、日照、其他。

拟建:建筑物8栋,场地3处。

任务要求:建筑物、场地、主次出入口、道路、绿化、文字和尺寸标注。

选择题:重点建筑的位置和出入口、停车场的位置。

如图5-20(c)所示。

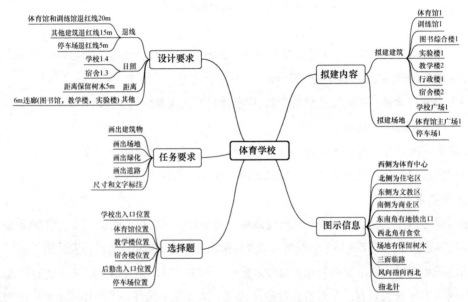

图5-20(c)　题目要求思维导图

2.场地退线

如图5-20(d)所示

3.确定主次出入口的位置

(1)图中可知,主要有两条宽度相等的城市道路,南侧和东侧,场地东侧为文教区,所以学校主入口来于东侧。

(2)场地南侧为商业区,西侧为体育中心,所以南侧为体育馆入口。

4.确定功能分区

(1)分清动区建筑和静区建筑。训练馆、体育馆对外开放,属于动外区建筑;其余建筑属于静内区建筑。

(2)动外区对应商业区,静内区对应文教区。

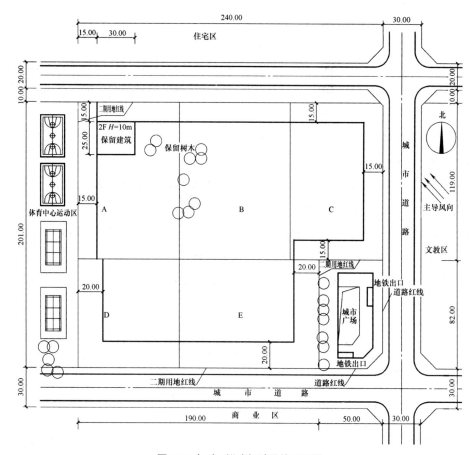

图 5-20（d） 拟建场地退线平面图

（3）如图 5-20（e）所示。

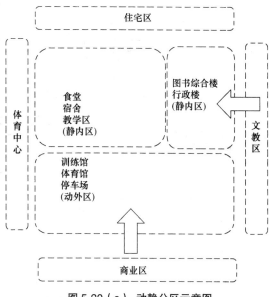

图 5-20（e） 动静分区示意图

5. 各个拟建建筑和场地的位置摆放

（1）体育馆属于动外区，兼对外服务功能，停车场兼顾体育馆对社会开放时停车。场地南侧为商业区，所以体育馆出入口设在南侧，对应体育馆主广场。所以体育馆设在 D-E 区。

（2）训练馆出入口与体育馆出入口相对应，训练馆对应西侧体育中心，所以建筑从西向东依次为训练馆、体育馆、停车场。

（3）宿舍楼属于静内区建筑，靠近食堂方便就餐。两栋宿舍楼日照间距为 15×1.3= 19.5m。所以宿舍楼位于 A 区。

（4）教学楼和实验楼注意日照间距的影响，与宿舍楼和食堂相距不远，所以二者南北摆放，位于 B 区。

（5）图书综合楼，题目给出了建筑主入口，位于建筑南侧，题目要求做出教学楼、实验楼和图书综合楼的连廊，所以三者相距不远。位于 C 区。

（6）行政楼与图书综合楼一起形成学校主广场，位于 C 区。

各个建筑属性如图 5-20（f）所示。

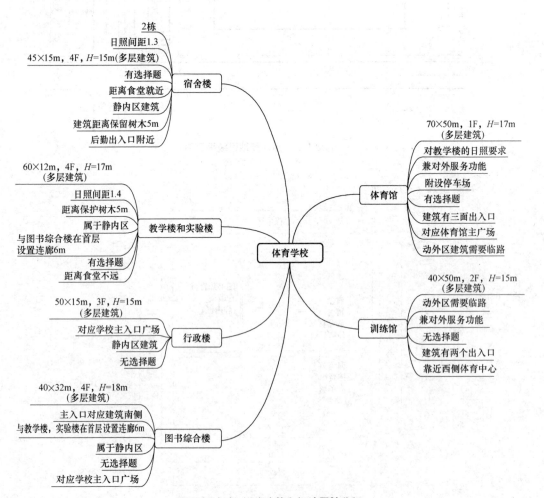

图 5-20（f） 拟建建筑和场地属性分析

6.完成选择题

（1）学校出入口位于场地：（A）（8分）

[A] 东侧   [B] 西侧   [C] 南侧   [D] 北侧

（2）体育馆位于：（C）（8分）

[A] A-B 地块   [B] B-C 地块   [C] D-E 地块   [D] A-D 地块

（3）教学楼位于：（B）（8分）

[A] A 地块   [B] B 地块   [C] C 地块   [D] E 地块

（4）宿舍楼位于：（A）（8分）

[A] A 地块   [B] B 地块   [C] C 地块   [D] D 地块

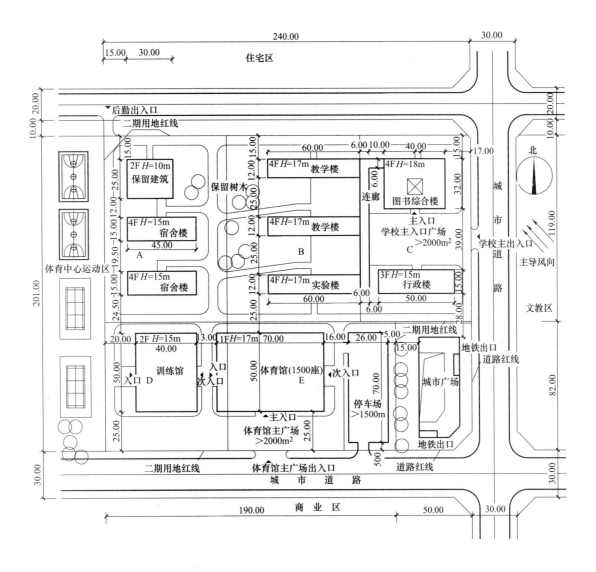

图 5-20（g） 拟建总平面完成图

261

（5）后勤出入口位于场地：（D）（4分）

[A]东侧　　　　　　[B]西侧　　　　　　[C]南侧　　　　　　[D]北侧

（6）停车场位于：（D）（4分）

[A]B地块　　　　[B]C地块　　　　[C]D地块　　　　[D]E地块

　7.道路、绿化、文字和尺寸标注

（1）将道路与主次出入口有机联系在一起，一般按环线布置，外围道路和通达建筑的道路不得小于消防道路4m，形成完整的道路系统。

（2）标注各建筑、场地的名称、题目要求的面积、基地主次出入口；标注退界、日照间距等相关尺寸。

（3）查漏补缺，完成总平面图的绘制。

　如图 5-20（g）所示。

中篇　疑难问题解答

01　为什么设置"场地分析题目"和"场地剖面题目"？

谈到这个问题，我们必不可少地要谈到容积率、建筑密度和建筑高度这三个控制指标。这三个指标是开发项目中开发规模控制的重要因素。为了让城市更自然、更生态、更有特色，规划部门在规划控制条件中对这些指标进行了严格的控制。在规划允许的范围内，我们作为建筑设计人员，要为甲方做到利益最大化。那么，我们只有找到了最大利润化模型（最大可建范围），才能够在最大可建范围之内找到最高的"性价比"。我认为，这也就是这两类题型的设置目的所在。

计算机技术的发展让我们很容易通过容积率计算软件找到一个项目的最大可建范围，也就是只要输入数据（已知条件），一键就可以求出的最大利润化模型。

举例 6-1（自出模拟题）：

【设计条件】

某居住区建设用地内拟建 30m 高住宅楼，用地范围及周边环境如图 6-1（a）所示：

规划要求拟建建筑后退用地界线 5.00m。

当地住宅建筑的日照间距系数为 1.2。

既有建筑和拟建建筑的耐火等级均为二级。

考虑建筑之间的防火间距。

【任务要求】

绘出拟建 30m 高住宅楼的最大可建范围，用▨表示，标注相关尺寸。

在计算软件中输入"限高，日照，已建建筑信息"，我们就可以做出模型，如图 6-1（b）所示。软件中的拟建建筑呈异形、多边角，而我们试题中做出的答案如图 6-1（c）所示。考题的答案和模型大不一样，因为日照的计算方式不一样。所以我们做出来的答案，是简化了的答案，但是符合考试的考察目的。

接下来我们对场地进行南北方向上的剖断，得到了图 6-1（d）。这个看起来熟悉的题目即场地剖面题目。

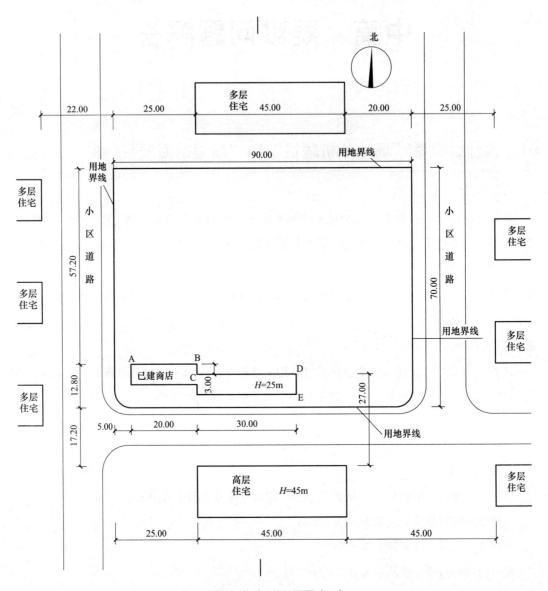

图 6-1（a） 总平面图（m）

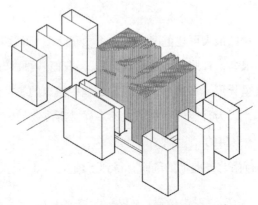

图 6-1（b） 软件计算模型结果

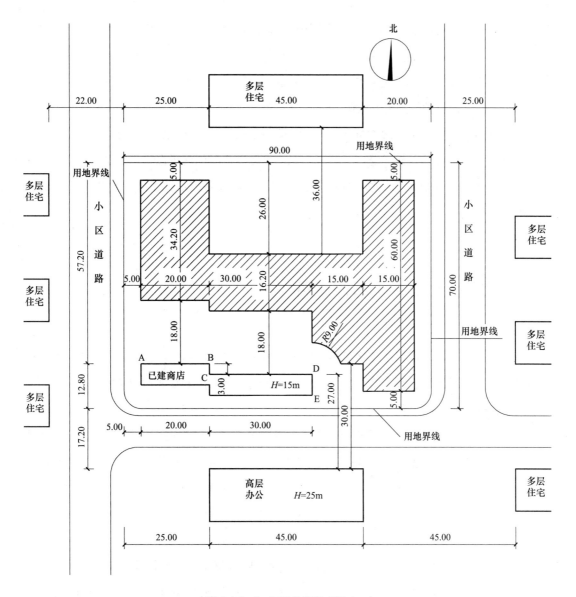

图 6-1（c） 场地分析完成图（m）

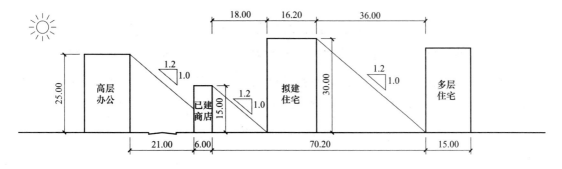

图 6-1（d） 场地剖面完成图（m）

从上面的例子可以看出，场地分析和场地剖面都是对最大可建范围的考查，只是表达方式不一样而已。这两道题目来源于我们实际工程的提纯，懂得了原理，我们才能做出更精准的设计和考题答案。在解答题目的时候，涉及退线、防火、日照等知识点。这些知识点属于"硬核知识"。此两类考题答案也是唯一的。

同时，这两道题具备了两大特点：其一，需要过硬的基础知识，此部分知识点在第1章已经讲解，并且通过题目做了练习；其二，此两类题型短时间内可以通过集中的学习和大量的练习速成解决。这也是近几年来学生进步最快、提分最多的题目类型。场地考试"稳过"就稳在这两类题型中。

02 棒影图和试题中的日照遮挡

万物生长靠太阳，而像从土壤里面"生长"出来的建筑，其定位也依存于太阳。我们的考题中，无论是哪道题，都会有指北针，从而让我们找到太阳的日照对建筑的遮挡。即"看到题目先指北，南面挡北面"。

我们的日照软件、研发的建筑技术方面的支撑来自于"棒影图"。棒影图表示地球表面某观测点上一个单位长度的垂直棒和在阳光下棒影端点的移动轨迹。棒影图应用于场地的很多方面；第一，确定建筑物的阴影区；第二，确定室内的日照区；第三，确定建筑物的日照时间；第四，确定适宜的建筑物和朝向；第五，确定遮阳尺寸。这些都可以在软件中得出。

而考试中的日照遮挡，只要题目中没有出现太阳方位角，我们记住"正退日照"的概念就可以了，不需要进行复杂计算，即"建筑高度 × 日照间距系数"。如例6-1中图6-1（c）和图6-1（d），拟建30m高的住宅楼最大可建范围，遮挡北面的多层住宅，距离为$30.00 \times 1.2 = 36.00$m。

值得注意的是，考题中为了增加试题的难度，往往会出现"日照叠加"的情况。而例6-1中，南面的已建商店和高层办公就同时对拟建住宅遮挡，高层办公的遮挡距离为$25.00 \times 1.2 = 30.00$m，小于已建商店对拟建住宅的遮挡距离。所以，我们选择距离为$15.00 \times 1.2 = 18.00$m。如果高层办公楼的高度增高为45m，则遮挡距离就跨越了已建商店的遮挡，距离变为$45.00 \times 1.2 = 54.00$m，如图6-2（a）和图6-2（b）所示。"日照叠加"在考试中频繁出现，希望引起考生注意。

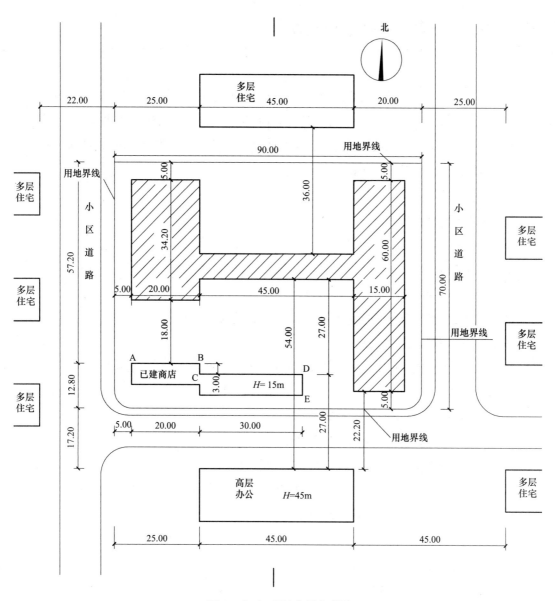

图 6-2（a） 场地分析完成图

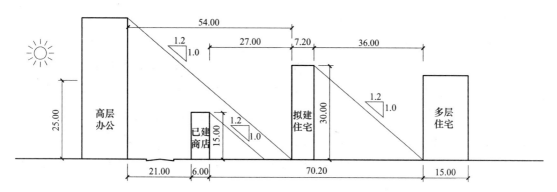

图 6-2（b） 场地剖面完成图

此处的"影"为建筑日照的日影范围，特指在场地剖面题目中，通常会有"占地面积最小""建筑布局紧凑"之类的要求，这也符合我们实际工程中的"节地、集约"的政策方针。这就要求我们把不需要日照遮挡的建筑（或者低层含有不需要日照遮挡功能的建筑）放在建筑的日影范围内，已达到题目要求。

举例 6-2（2004 年题目）：

【设计条件】

某场地如图 6-3（a）所示。拟在已建商店的正北侧兴建会所、多层住宅、高层住宅各一栋。拟建建筑物的剖面如图 6-3（b）所示。

已建及拟建建筑均为等长的条形建筑物，其方位均为正南正北。

该地区日照间距系数为 1.25。

在场地剖面上布置拟建建筑物，要求在满足防火及日照条件下总占地最少。

【任务要求】

在场地剖面图上绘出各建筑物的剖面示意。

在剖面示意上标明各建筑物的名称及编号。

标注各建筑物之间的相关间距，及四栋建筑物占地的总长度。

下列单选题每题只有一个最符合题意的选项，从各题中选择一个与作图结果对应的选项，用 2B 铅笔将答题卡对应题号选项信息点涂黑。

【选择题】

1. 建筑物由南到北的排列顺序为:（　　　）

[A] acbd　　　　　[B] abdc　　　　　[C] adbc　　　　　[D] abcd

2. 四栋建筑物占地的总长度为:（　　　）

[A] 75.00m　　　　[B] 76.00m　　　　[C] 88.50m　　　　[D] 91.50m

【解答】

这是一个典型的拟建建筑排序题目，如果任意排列组合，那么答案就会出现很多种，所以技巧在本类题目中很关键。首先，我们可以分析出，高层住宅的日照阴影线最长，为了达到"总占地最少"的目的，要把拟建高层住宅尽量放在北侧。其次，把拟建会所放在从南到北的第二位、第三位、第四位，最后得出的结论是答案二占地最少，此时会所放在多层住宅的阴影里面，要注意会所对高层住宅有日照影响，所以选择题中的"75m"是错误的，选择题答案依次是 [A][B]。如图 6-3（c）所示。

图 6-3（a） 场地剖面图

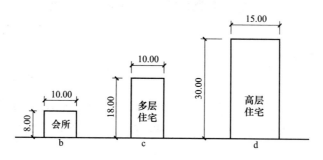

图 6-3（b） 拟建建筑示意图

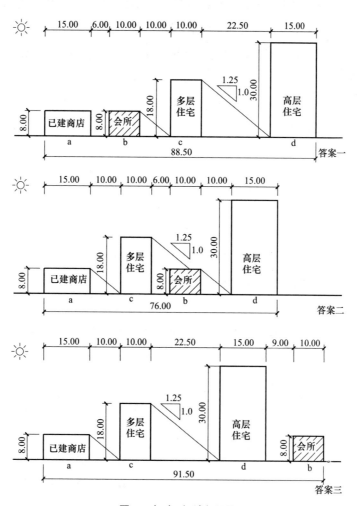

图 6-3（c） 场地剖面图

04   "室外集中场地最大且日照条件最优"是什么意思？

"室外集中场地"作为题目给定场地的"虚空间"，是建筑功能在室外的延伸和补充。题目如果要求"室外集中场地最大且日照条件最优"，那么首先，我们要保证场地最大；其次，要做到该场地的日影遮挡最小。2013年题目的场地剖面就属于此类。

举例 6-3（自出模拟题）：

【设计条件】

某丘陵地区拟建养老公寓，其场地剖面如图 6-4（a）所示，场地南侧为已建 11 层老年公寓楼，其中一层为活动用房，场地北侧为已建 5 层老年公寓楼，其中一层为活动用房。

在场地内拟建 2 层服务楼，9 层老年公寓楼，4 层老年公寓各一栋，如图 6-4（b）所示，各个公寓楼前设置一块集中的活动场地，要求不能跨越台地。

规划要求建筑物退场地变坡点 A 不小于 12m，退用地界线不小于 15m。当地老年公寓日照间距系数为 1.5。

已建及拟建建筑为正南北方向布置，耐火等级均为二级。

应满足国家有关规范要求。

【任务要求】

在场地剖面上绘出拟建建筑物，集中场地。保证每块集中场地中至少有 15m 在日照阴影线外。且其中一块场地最大。

标注拟建建筑与已建建筑之间的相关尺寸。

下列单选题每题只有一个最符合题意的选项，从各题中选择一个与作图结果对应的选项，用 2B 铅笔将答题卡对应题号选项信息点涂黑。

【选择题】

1. 已建 11 层老年公寓与其北侧拟建建筑之间的最近距离为：（   ）（6分）

[A] 6m   [B] 46.5m   [C] 49.5m   [D] 63m

2. 最大的室外集中场地的进深为：（   ）（8分）

[A] 45m   [B] 60m   [C] 63m   [D] 66m

3. 台地一上布置的拟建建筑为：（   ）（6分）

[A] 4 层老年公寓楼   [B] 9 层老年公寓楼

[C] 二层服务楼   [D] 二层服务楼 +4 层老年公寓

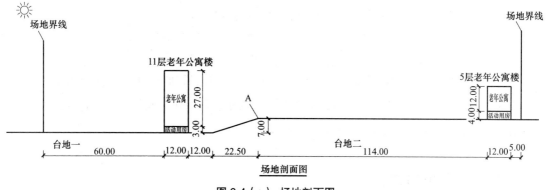

图 6-4（a） 场地剖面图

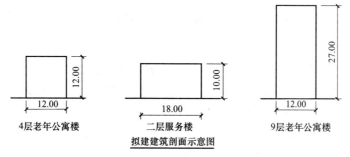

图 6-4（b） 拟建建筑示意图

【解答】 本模拟题主要考察"室外集中场地"的布置。题目要求为"各个公寓楼前设置一块集中的活动场地，要求不能跨越台地"，就等于每栋公寓楼前需要一块不小于 15m 的室外集中场地。所以台地一 60m 的空地位置的建筑控制尺寸为（60-15-15）为 30m，恰好是 4 层老年公寓楼，其所占用的距离为 12+12×1.5=30m，同时产生了两块集中场地，均大于 15m 且在阴影外。台地二的处理中，为了增加室外集中场地的长度，我们要把二层服务楼放在九层老年公寓楼的阴影内，同时注意 9 层老年公寓为高层公建，防火间距为 9m。那么，拟建建筑的组合放在台地二的南侧还是北侧呢？放在南侧，室外集中场地为 60m，阴影外的场地为 45m。放在北侧，室外集中场地为 45m（注意室外集中场地不能跨越台地的条件）。已建 11 层老年公寓与其北侧拟建建筑之间的最近距离为 49.5m。最大的室外集中场地的进深为 60m。答案如图 6-4（c）所示。

选择题：1. C 2. B 3. A。

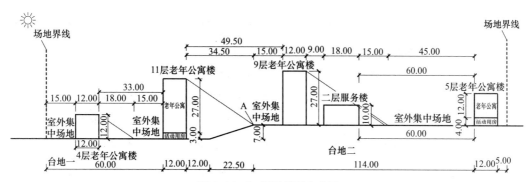

图 6-4（c） 场地剖面完成图

05 剖面分析题中视线的"可见与不可见"

"可见与不可见"通常都是根据视线或者观测点的，要求看到某个标志性的建筑或者不应阻挡视线。此问题作为最大可建范围的限制条件，出现在题目中。我们通常用连线或者连线的延长线来表达。2012 年场地剖面题目属于此类。

举例 6-4（自出模拟题）：

【设计条件】

某商业地块场地如图 6-5（a）所示，城市道路北侧有一观测点，城市道路南侧有已建商住楼两栋。

在两栋已建建筑之间拟建一栋商住楼，要求如下：

拟建建筑一层为商业，层高为 6.0m；二层及二层以上为住宅，层高为 3.0m。

拟建建筑面宽不得小于 14m。

已建及拟建建筑均为等长的条形建筑物，其方位均为正南北向，耐火等级均为二级。

规划要求：

观测点不得看见拟建建筑（视线高度按距地面 2.0m 考虑）。

当地住宅日照间距系数为 1.2。

应满足日照、防火及国家有关规范要求。

【任务要求】

根据上述条件在场地剖面上绘出拟建建筑剖面的最大可建范围。

标注拟建建筑与已建建筑之间的相关尺寸。

下列单选题每题只有一个最符合题意的选项，从各题中选择一个与作图结果对应的选项，用 2B 铅笔将答题卡对应题号选项信息点涂黑。

【选择题】

1. 拟建建筑和已建 A 栋最近的距离为：（　　　　）（5 分）

[A] 6.00m　　　　[B] 9.00m　　　　[C] 13.00m　　　　[D] 12.00m

2. 拟建建筑住宅部分和已建 B 栋商业部分的距离为：（　　　　）（5 分）

[A] 6m　　　　[B] 9m　　　　[C] 24.6m　　　　[D] 27.6m

3. 拟建建筑最顶层住宅部分的最大剖面可建范围的面积：（　　　　）（5 分）

[A] 40.2m²　　　　[B] 29.4m²　　　　[C] 51.00m²　　　　[D] 46.00m²

4. 拟建建筑住宅部分的第二层最大剖面可建范围的面积：（　　　　）（5 分）

[A] 105.0m²　　　　[B] 103.2m²　　　　[C] 94.2m²　　　　[D] 115.8m²

图 6-5（a） 场地剖面图

【解答】

1. 注意图中太阳的位置，在常见题目的反向。

2. 确定拟建建筑商业部分的最大可建范围。

题目要求拟建建筑一层为商业，层高为 6.0m；根据《建筑设计防火规范》GB 50016—2014（2018 版），高层对多层距离为 9.00m，多层对多层距离为 6.00m。由此得到拟建建筑商业部分的两侧位置。拟建建筑和已建 A 栋最近的距离为 6.00m。而拟建商业的南侧距离已建 B 栋商住楼为 7m，该商住楼为多层公建。

3. 确定拟建建筑住宅部分的最大可建范围。

（1）观测点不得看见拟建建筑（视线高度按距地面 2.0m 考虑），那么，在观测点垂直边线上的 2.00m 的高度位置与已建 A 栋的连线延长，得到辅助线。因为题目的日照系数为 1.2。所以从南侧已建 A 栋商住楼做 1.2 的日照辅助线。两条辅助线相交，得到剖面最大可建范围的最大高度。已知拟建住宅部分层高为 3.00m，依次退台得到拟建住宅部分的北侧范围。

（2）从南侧已建 B 栋商住楼做 1.2 的日照辅助线，与拟建住宅部分的南侧范围，所以拟建建筑住宅部分和已建 B 栋商业部分的距离为（29.00－6.00）×1.2=27.60m。

（3）拟建建筑住宅部分的第二层最大剖面可建范围的面积：34.40×3.00=103.20m²。

拟建建筑最顶层住宅部分的最大剖面可建范围的面积：17.00×3.00=51.00m² 见图 6-5（b）。

选择题：1. A　2. D　3. C　4. B

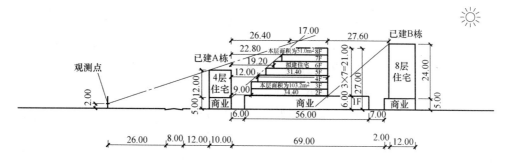

图 6-5（b） 场地剖面图完成图

06　决定剖面最大可建范围的其他限制条件

决定剖面最大可建范围的限制条件，还有拟建建筑限高。有的题目会要求"拟建建筑限高为多少米"等文字表达，这就控制了拟建建筑的高度和层数，从而求出最大可建范围。2019年场地剖面题目属于此类。

举例6-5（自出模拟题）：

【设计条件】

某商业地块场地如图6-6（a）所示，城市道路南侧有12层住宅楼，城市道路北侧有已建住宅楼。

在两栋已建建筑之间拟建一栋上部两栋住宅、底层为商业的多层商住楼，示例如图6-6（a）所示。

拟建建筑一层为商业，层高为5.0m；二层及二层以上为住宅，层高为3.0m，其中住宅进深为11m。

已建及拟建建筑均为等长的条形建筑物，其方位均为正南北向，耐火等级均为二级。

规划要求：

1. 拟建建筑退道路红线≥15m。

2. 当地住宅日照间距系数为1.2。

3. 南侧已建住宅楼前1.5m高位置要求视线见到电视塔最高点，（1.5m高的视线点图示中已经给出）。

应满足日照、防火及国家有关规范要求。

【任务要求】

要求拟建建筑规模最大，且两栋拟建建筑距离最大。

绘出拟建建筑剖面的最大可建范围，标注拟建建筑与已建建筑之间的相关尺寸。

下列单选题每题只有一个最符合题意的选项，从各题中选择一个与作图结果对应的选项，用2B铅笔将答题卡对应题号选项信息点涂黑。

【选择题】

1. 拟建建筑商业部分和北侧已建住宅楼最近的距离为：（　　　）（5分）

[A] 6m　　　　　　[B] 9m　　　　　　[C] 13m　　　　　　[D] 14.4m

2. 拟建建筑住宅部分与北侧建住宅楼最近的距离为：（　　　）（5分）

[A] 9m　　　　　　[B] 20.40m　　　　[C] 24.00m　　　　[D] 27.60m

3. 拟建建筑两栋住宅部分之间的距离为：（　　　）（5分）

[A] 14.40m　　　　[B] 18.00m　　　　[C] 22.00m　　　　[D] 18.40m

4. 两栋住宅楼的最大剖面可建范围的面积差为：（　　　）（5分）

[A] 33.00m²　　　[B] 66.00m²　　　[C] 99.00m²　　　[D] 0.00m²

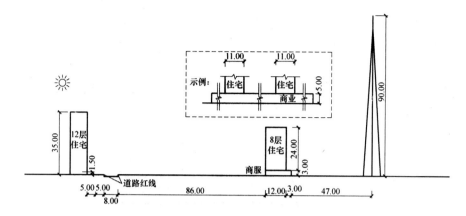

图 6-6（a） 场地剖面图

【解答】

题目要求拟建建筑一层为商业，层高为 5.0m；根据《建筑设计防火规范》GB 50016—2014（2018 版），多层对多层距离为 6.00m。由此得到拟建建筑商业部分的两侧位置。拟建建筑商业部分和北侧已建住宅楼最近的距离为 6.00m。

（1）南侧已建住宅楼前 1.5m 高位置要求视线能见到电视塔的最高点。其两点连线作为可见视线。

（2）原有 12 层住宅的日照间距为（35.00−5.00）×1.2=36.00m。根据相似三角形的原理，计算得出 36m 距离的垂直高度为 20.69m，则最大可建 5 层住宅。

拟建建筑为多层，最高只能建 3.00×6+5.00=23.00m，日照间距为（23.00−3.00）×1.2=24.00m。所以，拟建建筑住宅部分与北侧建住宅楼最近的距离为：24.00m。

题目要求在满足要求的情况下两栋拟建住宅部分距离最大，则拟建建筑两栋住宅部分之间的距离为：5.00+5.00+8.00+86.00−36.00−24.00−11.00−11.00=22.00m，满足日照要求。

（3）两栋住宅楼的最大剖面可见范围的面积差为 11.00×3.00=33.00m²。如图 6-6（b）所示。

选择题：1. A　2. C　3. C　4. A

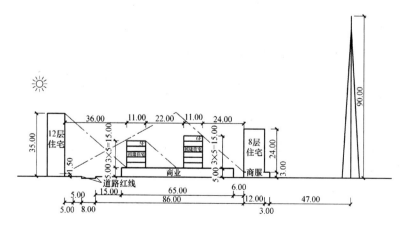

图 6-6（b） 场地剖面完成图

07 防火间距"电话号码表"

场地作图考试几大"应考应急宝典"之一,即防火间距"电话号码表"。这是防火问题的核心所在(图6-7)。

	高(一二)	多(一二)	多(三)	多(四)
高(一二)	13	9	11	14
多(一二)	9	6	7	9
多(三)	11	7	8 +2	+2 10
多(四)	14	9	+2 10	+2 +2 12

图 6-7　现行防火规范常规距离表

电话号码表其实是贯穿于场地设计作图始终的,就像防火规范贯穿于我们平时工作的建筑设计过程一样。单纯地把电话号码表应用于我们平时的工作是欠妥当的,因为实际工程实在是复杂多变。但是应用于场地设计作图考试,只要题目规定了耐火等级,我们大多时候就可以参照电话号码表来执行。

首先,我们要核准题目给定的建筑属性,了解建筑的耐火等级。其次,我们就能通过查表做题。从图中的曲线的走向可以看到一个清晰的电话号码表——"13911149679"。我们惯常用到的数据是"6、9、13",那是一、二级耐火等级建筑之间的距离,也是考试最常用到的。但是为了考出水平,所以也会在考点中增设三、四级耐火等级的建筑。比如2019年的场地分析题,和2013年的场地剖面题目。

值得一提的是,我们只是背诵这个号码表,在考试中常常会错。所以,记住上面的表格,才能让你的记忆更加准确。

08 场地分析题中什么时候需要"倒角"

很多考生考试通不过,基础知识都没有问题,比如防火问题,防火规范能够信手拈来,但是在建筑的防火问题上,可建范围的防火转角画的是直线。其实,对于一个6m的防火距离来说,转角的位置也应该是6m的圆弧才是正确的,这几乎在每道考题中均会出现。

另外,除了防火问题,还有什么地方需要倒角呢? 除了平面可建范围分析的日照问题,其余都是需要倒角的,比如保护建筑的保护半径等。

举例6-6（自出模拟题）：

【设计条件】

某用地如图6-8（a）所示，要求在用地上做出两种建筑可建范围进行对比。

一为3层住宅10m高；二为10层住宅30m高。

规划要求：

1. 建筑退用地红线和道路红线均不小于5m。

2. 建筑距古城墙：$H \leqslant 10m$，退城墙不小于30m；$H > 10m$，退城墙不小于45m。

3. 建筑距古建筑：$H \leqslant 10m$，退古建筑不小于9m；$H > 10m$，退古建筑不小于20m。

4. 该地区日照间距系数为1.2。

耐火等级：已建住宅为二级，古建筑为四级，拟建住宅为二级。

满足日照及防火规范要求。

【任务要求】

· 绘出3层住宅的最大可建范围（用 ▨ 表示）。

· 绘出10层住宅的最大可建范围（用 ▨ 表示）。

· 按设计条件注出相关尺寸。

· 下列单选题每题只有一个最符合题意的选项，从各题中选择一个与作图结果对应的选项，用2B铅笔将答题卡对应题号选项信息点涂黑。

【选择题】

1. 10层可建范围与EF段间距：（   ）

[A] 5m   [B] 6m   [C] 9m   [D] 13m

2. 3层可建范围与EF段间距：（   ）

[A] 5m   [B] 6m   [C] 9m   [D] 13m

3. 3层可建范围与古建筑AB段间距：（   ）

[A] 6m   [B] 9m   [C] 12m   [D] 20m

4. 10层可建范围与西侧住宅CD段间距：（   ）

[A] 6m   [B] 9m   [C] 10m   [D] 13m

【解答】

对每个可建范围分别进行分析，先做可建范围面积小的拟建30m高的住宅楼。分别从退线——防火——日照三方面进行逐一分析。得到的答案如图6-8（b）所示。

本题目设置了很多的"倒角"，西北角已建住宅的防火倒角；西侧的已建住宅倒角，东南角的防护倒角以及防火倒角；西南角和东北角的用地红线倒角（本来是圆弧的就需要），东北角的阴角倒角。这充分说明了上面的结论——在我们的考试中，除了日照是正退，其余转角都要做倒角处理，此题很典型，涉及了复杂的防火、日照、防护以及他们之间的叠加，对考试的朋友很有帮助。

选择题：1. C   2. B   3. C   4. D

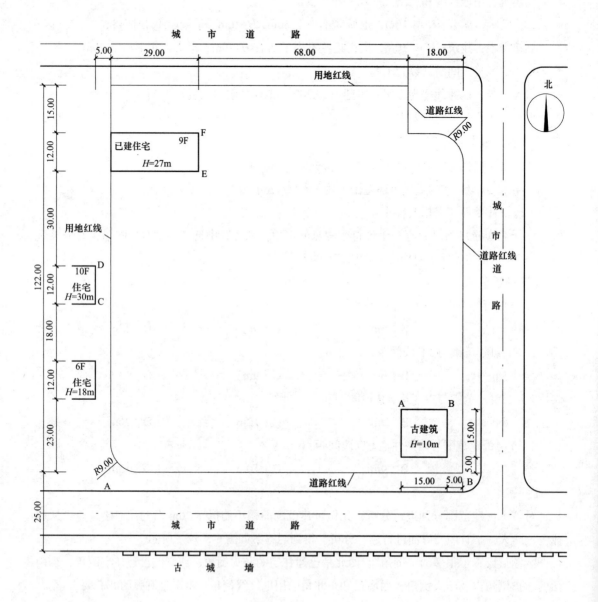

图6-8（a） 场地平面图

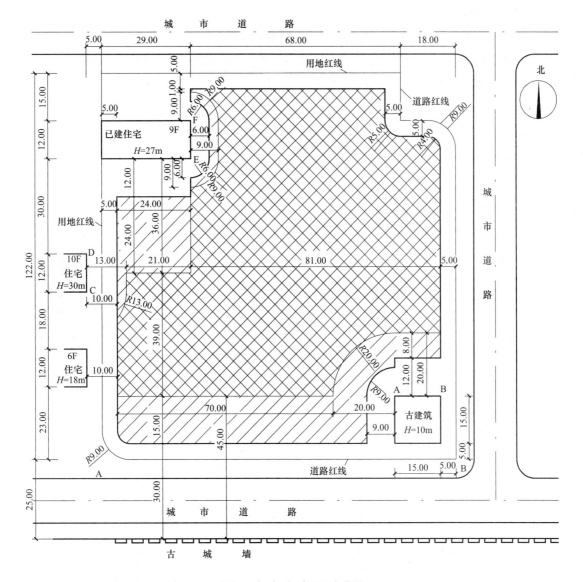

图 6-8（b） 场地平面完成图

09 当地形题目融入最大可建范围

单纯的平面最大可建范围题目，有其自己的特性，基本是有规律可循。如果用地范围内，增加了复杂地形的处理，就等于题目设置中增大了难度。比如用地范围存在高差，我们在做日照的时候就要考虑；再比如用地范围有护坡，我们就要考虑如何解决此类问题。

举例 6-7（2019 年二级场地分析题目）：

【设计条件】

某地块拟建建筑高度为 27m 的住宅建筑，场地平面如图 6-9（a）所示。

用地范围内有地下管廊穿过，拟建住宅建筑距离地下管廊边线距离不应小于 3m。

用地范围内有护坡，坡度为 10%。

当地住宅日照间距系数为 1.5。

拟建建筑后退城市道路红线不应小于 10.00m，退用地红线不应小于 5.00m。

拟建建筑和既有办公楼建筑的耐火等级均为二级。

【任务要求】

对拟建的住宅建筑最大可建范围进行分析（护坡范围内考虑最大可建范围）。

绘出拟建建筑最大可建范围，标注相关尺寸。

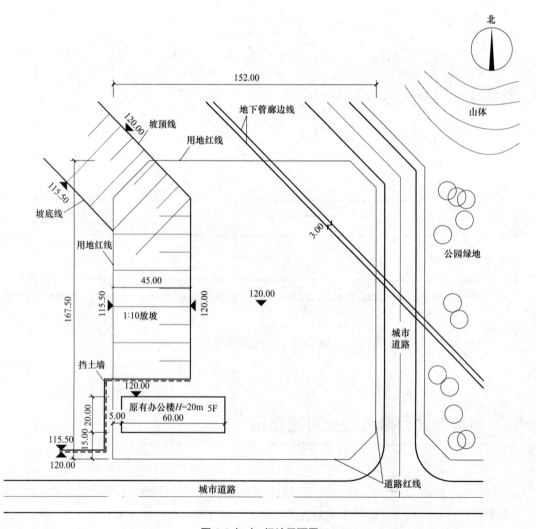

图 6-9（a） 场地平面图

【解答】

从退线——防火——日照逐一进行分析。本题的最大难点在于护坡位置,找到护坡位置的各个节点的标高,西侧5.0m退线的位置标高为115.50+5.00×(1:10)=116.00。此时的日照间距为(20.00+4.00)×1.5=36.00m。其余场地范围对应的日照间距为20.00×1.5=30.00m。本题其余的考点为防火间距和地下管廊边线退线。

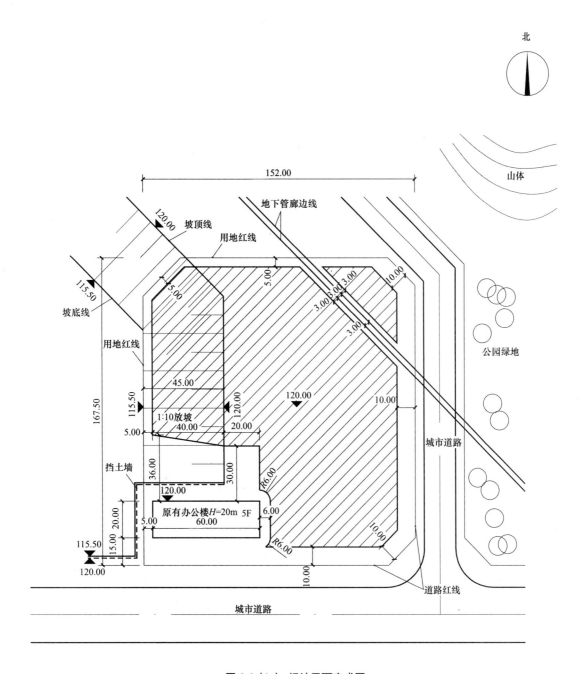

图6-9(b) 场地平面完成图

10 思维导图会提升你的分数

本书中提到的思维导图，是特指按照树式的思维方式把题目中纷繁复杂的条件和要求进行整合，目的有二：第一，梳理自己的思维；第二，避免漏掉条件。把题目画成思维导图的过程，本身已经解决了问题。

思维导图提倡纵轴推进式做步骤，横轴并列式找条件。

举例 6-8（自出模拟题）：

【设计条件】

某用地内拟建住宅建筑，场地平面如图 6-10（a）所示。

用地东北角界线外已建有 33m 高住宅，用地东北角有一河道，用地南侧城市道路下有一人防通道。

当地住宅建筑的日照间距系数为 1.5。

拟建住宅建筑的控制高度为 28m，9 层。

规划要求：

1. 拟建住宅建筑地上部分后退城市道路红线不应小于 10m，后退用地界线不应小于 5m。地上部分后退人防通道控制线不应小于 15m，地下部分后退人防通道不小于 20m。

2. 拟建住宅建筑地下部分后退城市道路红线、用地界线不应小于 3m。

3. 拟建住宅建筑的地上和地下部分均后退河道边线不小于 10m。

4. 拟建住宅建筑和用地界线外建筑的耐火等级均为二级。

【任务要求】

· 对拟建住宅建筑地上、地下的最大可建范围进行分析：

· 绘出拟建住宅建筑地上部分最大可建范围（▨▨▨表示），标注相关尺寸；

· 绘出拟建住宅建筑地下部分最大可建范围（▤▤▤表示），标注相关尺寸；

· 下列单选题每题只有一个最符合题意的选项，从各题中选择一个与作图结果对应的选项，用 2B 铅笔将答题卡对应题号选项信息点涂黑。

【选择题】

1. 拟建住宅建筑地下部分最大可建范围南边线与城市道路北侧红线的间距为：（   ）（4分）

　[A] 3.00m　　　　[B] 10.00m　　　　[C] 15.00m　　　　[D] 20.00m

2. 拟建住宅建筑地上部分最大可建范围西边线与西侧住宅的间距为：（   ）（6分）

　[A] 5.00m　　　　[B] 8.00m　　　　[C] 10.00m　　　　[D] 13.00m

3. 拟建住宅建筑地上部分最大可建范围东边线与东北角 AB 边线的距离为：（   ）（4分）

　[A] 6.00m　　　　[B] 14.00m　　　　[C] 16.00m　　　　[D] 13.00m

4. 拟建住宅建筑地下部分最大可建范围的面积是:(　　　　)（6分）

[A] 3491m² 　　　　 [B] 3921m² 　　　　 [C] 3545m² 　　　　 [D] 3437m²

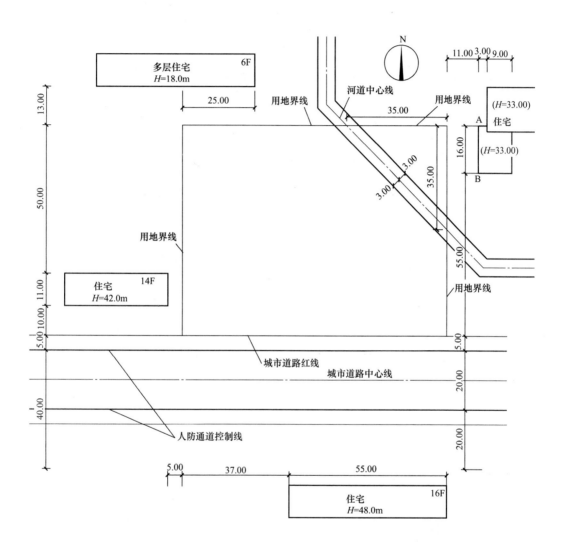

图 6-10（a） 场地平面图

【解答】

1. 整体分为地上和地下两个部分，分别纵轴从退线——防火——日照逐一进行分析。横轴列举题目条件和选择题，最后得到两个最大可建范围，这个过程中做出选择题。如图 6-10（b）和图 6-10（c）、6-10（d）所示。

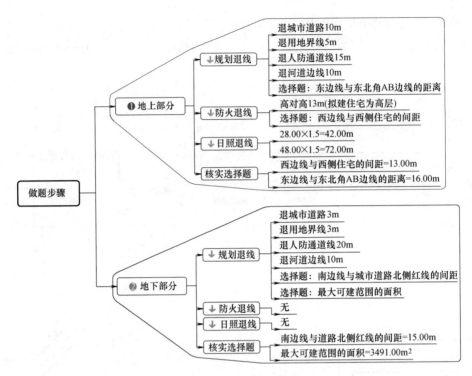

图 6-10（b） 步骤分析图

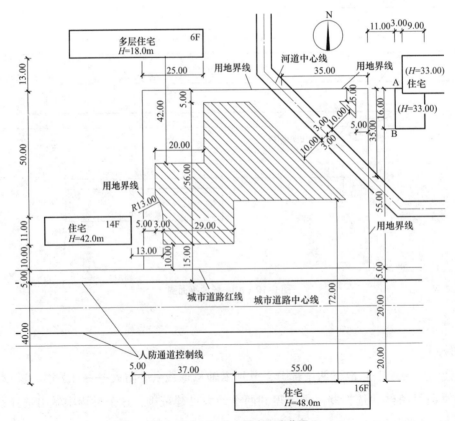

图 6-10（c） 地上最大可建范围

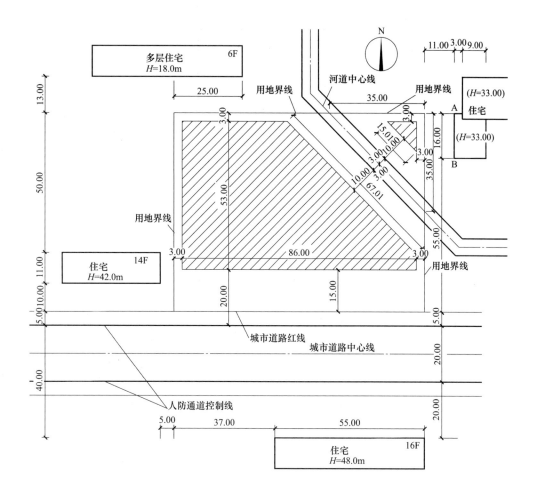

图 6-10（d） 地下最大可建范围

2. 本题应注意地下最大可建范围的面积计算，用到了相似三角形和梯形面积的计算如图 6-10（e）所示。

简略计算步骤如下：

$2（13+a+3 \times \sqrt{2}）^2=35^2$，a=7.51m，梯形上边为 7.51 的 2 倍，15.02m

梯形底边为（13+13+7.51）的 2 倍，67.02m

面积为（15.02+67.02）×26/2=1066.52m²

最大可建范围面积为 86×53-1066.52=3491.48m²。

此题目存在"连锁扣分"的情况。最后的一个面积题目的 B 选项，就是针对选择题 1 连锁设置的。如果选择题 1 的"南边线与城市道路北侧红线的间距"不经意间选择了 10m 的距离（按照地上退人防通道 15m），则最后一题的面积则选 B 选项 3921m²。这就是所谓的连锁扣分。

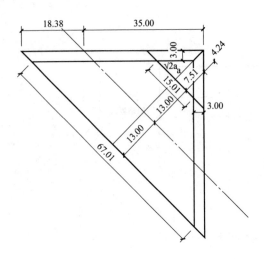

图 6-10（e） 东北角面积计算详图

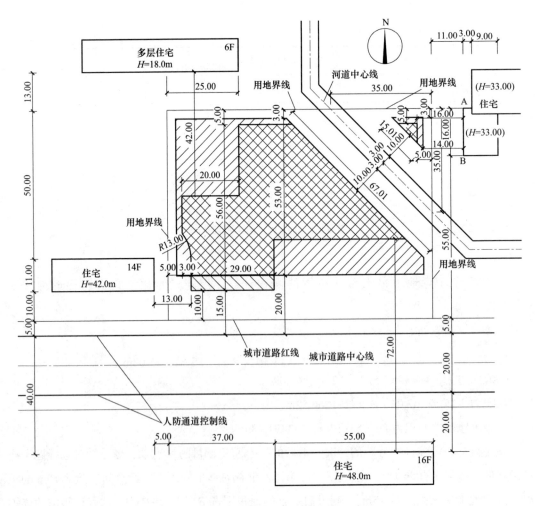

图 6-10（f） 场地平面完成图

11 场地地形题目考什么?

地形题目一般是要求考生调整等高线,估算土方的填挖方量,做到土方平衡,布置护坡,排水沟等。目的是考察考生高程和竖向设计的基本概念,控制土方平衡,对场地排水组织等综合能力。

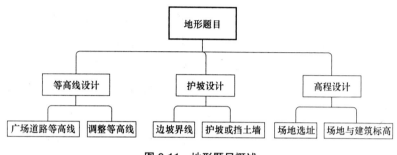

图 6-11 地形题目概述

如图 6-11 所示,我们可以清晰的看到这道题究竟要考什么,就能够有的放矢的学习。通常考生都会畏惧地形题目,习惯性放弃的大有人在。其实,从历年题目的规律来看,呈现出从难到简的趋势,或者说,题目逐渐趋向于我们的实际工程,并且按照基本原理做题就可以了。"明知山有虎,偏向虎山行"应是我们平时复习中对待地形题目的基本方略。基本上要得到一半的分数以上,是我们的目的。

12 地形题的"万能公式"

第一章的地形讲解中提到"万能公式每题用",指的是坡度公式。

两点之间坡度公式:$i=\Delta h/\Delta L$

i——A 点和 B 点的坡度值

Δh——B 点到 A 点的垂直高差

ΔL——B 点到 A 点的水平高差

每道题都会用到这个公式,下面举例 6-9(2004 年地形题目):

【设计条件】

在一自然坡地拟建一条宽 11.60m 的道路,地形如图 6-12(b)所示。A 点的标高为 63.00。

【任务要求】

从 63.00m 的标高开始,画出等高距为 0.30m 的拟建道路的设计

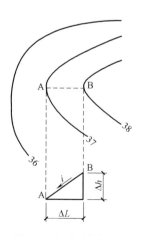

图 6-12(a) 坡度公式

等高线,并标注相关尺寸。

在道路一侧布置1.00m宽的截水沟。

下列单选题每题只有一个最符合题意的选项,从各题中选择一个与作图结果对应的选项,用2B铅笔将答题卡对应题号选项信息点涂黑。

【选择题】

1. 道路设计等高线应为:(　　　)

[A] 与道路中心线斜交的直线　　　　　[B] 与道路中心线垂直的直线

[C] 凸向北面的折线　　　　　　　　　[D] 凸向南面的折线

2. 道路设计等高线中心点与设计等高线两端端点的垂直距离为:(　　　)

[A] 2.500m　　　[B] 3.400m　　　[C] 3.825m　　　[D] 5.800m

3. 相邻设计等高线在道路中心线上的距离为:(　　　)

[A] 6.36m　　　[B] 7.50m　　　[C] 8.00m　　　[D] 8.50m

4. 截水沟的位置应在:(　　　)

[A] 道路的西侧　　　　　　　　　　　[B] 道路的东侧

[C] 道路路面西侧路肩上　　　　　　　[D] 道路路面东侧路肩上

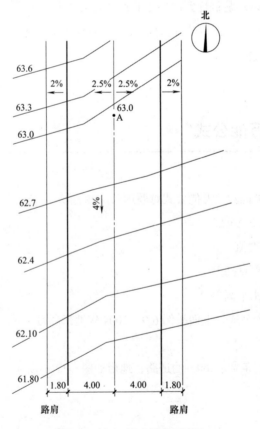

图6-12(b)　拟建道路平面图

【解答】

本题为道路等高线画法，给了道路的横坡和纵坡坡度，注意道路和路肩的横坡分别为2.5%和2%，纵坡均为4%。另外已知道路和路肩宽度。我们即可根据万能公式 $i=\Delta h/\Delta L$ 得出 $\Delta h=\Delta L \times i$ 进行反复推导，得到A点垂直对应的道路的边点为62.9，从而带出道路上的63.0的标高的位置。同理也可以找到路肩上的63.0的标高的位置。相同标高的点连线，得到标高63.0的等高线。再根据等高距为0.3m依次得到62.7，62.4，62.1的等高线。等高线间距为7.5m。选择题文字比较繁琐，但是只要仔细分析，就可以得出答案。

1m的截水沟的位置要先找到原始地形等高线的趋势，显然水流排向东南角，所以在西侧路肩布置截水沟。如图6-12（c）所示。

选择题答案为 1. D　2. B　3. B　4. C

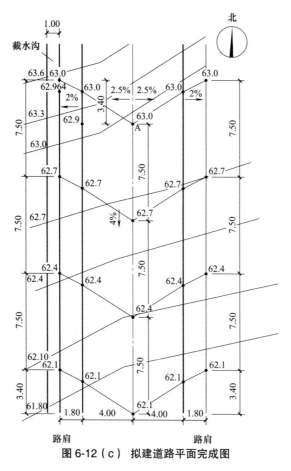

图6-12（c）　拟建道路平面完成图

13　等高线的"预判"

如何画出场地的理想规则等高线是考题中经常遇到的。题目中给出等高线间距和场地坡度，以及拟建场地各角点标高，我们在画等高线之前要对等高线的趋势进行提前的预判，这有助于快速正确画出等高线。所以，这个"预判"的意义非凡。

举例 6-9（2007 年地形题目）：

【设计条件】

场地平面如图 6-13（a）所示。

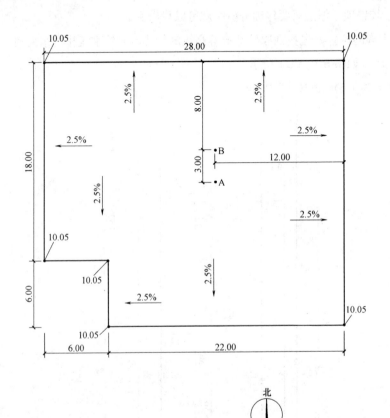

图 6-13（a） 拟建场地平面图

场地平整要求：

1）场地周边设计标高均为 10.05，不得变动。

2）场地地面排水坡度为 2.5%，雨水排向周边。

【任务要求】

根据设计条件，从 10.05 标高开始绘制等高距为 0.05m 的设计等高线平面图，并标注等高线标高。

标注 A B 点的标高。

下列单选题每题只有一个最符合题意的选项，从各题中选择一个与作图结果对应的选项，用 2B 铅笔将答题卡对应题号选项信息点涂黑。

【选择题】

1. 等高线间距为:( )(10分)

[A] 1.50m   [B] 2.00m   [C] 2.25m   [D] 2.50m

2. A点的标高为:( )(4分)

[A] 10.20   [B] 10.25   [C] 10.30   [D] 10.35

3. B点的标高为:( )(4分)

[A] 10.15   [B] 10.20   [C] 10.25   [D] 10.35

【解答】

首先,我们要根据题目条件"雨水排向周边",即向边排水。那么我们就可以根据"等高线方向垂直于排水方向",则求出等高线分别平行于场地边线。其次,我们根据坡度公式 $i=\Delta h/\Delta L$,$\Delta h=0.05$m,$i=2.5\%$,得出 $\Delta L=2.0$m。则,以 2.0m 的水平距离向场地内侧做场地边线的平行线,将交点相连,即得到标高为 10.10,10.15,10.20,10.25,10.30 的等高线。(注意等高线为闭合曲线。)

选择题答案:1.B 2.C 3.C

如图 6-13(b)所示。

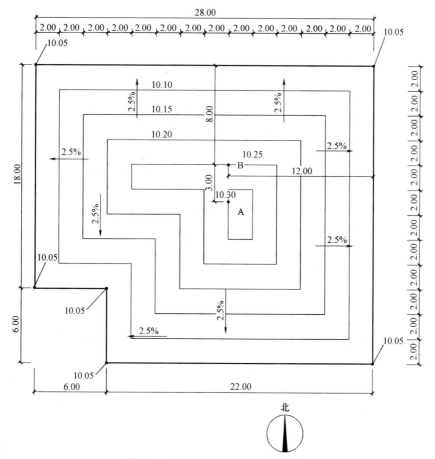

图 6-13(b) 拟建场地平面完成图图

14　当"坡地"遇到"平台"

建筑设计师的工作就是处理各种各样的自然地形，在满足规划设计条件的情况下拟建建筑或者场地。考题中抽象出拟建场地，并在其上面做建筑或者平台。那么，当"坡地"遇到"平台"，就相当于比例题 6-10 增加了难度。坡地与平台交接的位置是其难点。下面举例 6-11（2009 年地形题目）:

【设计条件】

某坡地平面，如图 6-14（a）所示。

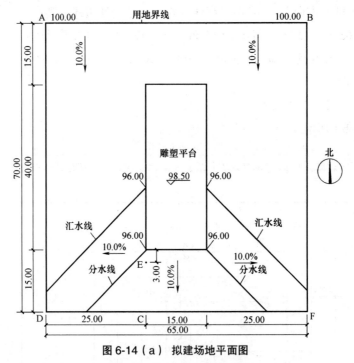

图 6-14（a）　拟建场地平面图

已知一雕塑平台的标高为 98.50m，A B 点标高为 100.00m。

场地地面排水坡度均为 10%，雨水排向 DF 两点。以 96.00m 标高作为分水线，汇水线的起始点，分水线，汇水线位置。

【任务要求】

根据设计条件，绘制场地从高程 100.00 起等高距为 0.5m 的等高线，并标注等高线标高。

标注 C D E 三点的标高。

下列单选题每题只有一个最符合题意的选项，从各题中选择一个与作图结果对应的选项，用 2B 铅笔将答题卡对应题号选项信息点涂黑。

【选择题】

1. 等高线间距为:（　　　）（5 分）

| [A] 4.00m | [B] 5.00m | [C] 6.00m | [D] 7.00m |

2. C点的标高为: (   )(4分)

| [A] 91.50 | [B] 92.50 | [C] 93.50 | [D] 94.50 |

3. D点的标高为: (   )(4分)

| [A] 91.50 | [B] 92.50 | [C] 93.50 | [D] 94.50 |

4. E点的标高为: (   )(5分)

| [A] 93.50 | [B] 94.70 | [C] 95.70 | [D] 96.50 |

【解答】

首先, 根据坡度公式 $i=\Delta h/\Delta L$, $\Delta h=0.5m$, $i=10\%$, 得出 $\Delta L=5.0m$。

其次, 确定等高线位置。

(1)题目要求, 场地地面排水坡度均为10%, 雨水排向D F两点。从A点, B点做AB的平行线, 间距为5.0m, 得到标高为99.50, 99.00, 98.50, 98.00, 97.50, 97.00, 96.50, 96.00, 95.50, 95.00, 94.50, 94.00, 93.50 的等高线。

(2)题目要求, 以96.00m标高作为分水线, 汇水线的起始点, 分水线。所以, 在标高96.00处转折, 从标高96.0的雕塑平台位置做平行线。为方便理解, 可作出辅助线。如图6-14(b)所示。选择题答案为: 1. B 2. D 3. C 4. C

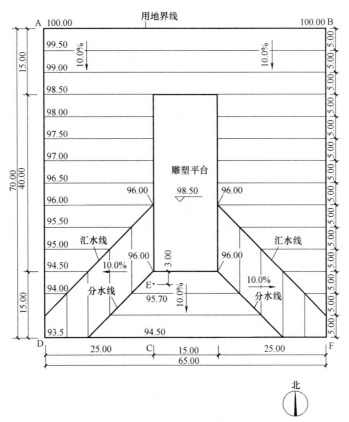

图 6-14(b)拟建场地平面完成图

15   如何调整等高线

调整等高线，即在场地平面中画出修整后的等高线。在第一章中已经讲到。画出的等高线要求和原始等高线圆弧平滑连接，是解题的重点，圆弧没有固定的要求，平滑连接即可。

举例 6-10（2003 年地形题目）：

【设计条件】

在场地内拟建一个 10m×12m 台地，其标高及坡度如图 6-15（a）所示。

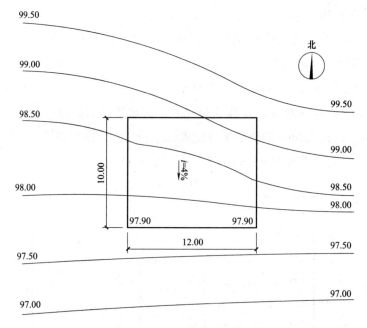

图 6-15（a）拟建场地平面图

在台地北侧设排水沟，雨水由排水沟拦截并向东、西两侧顺坡排除。

北侧排水沟沟底宽 2m，沟深 0.3m，（沟内排水坡度可忽略不计）。沟底两侧均以 3：1 放坡。

【任务要求】

根据以上要求，在场地平面中画出地形修整后的等高线。

下列单选题每题只有一个最符合题意的选项，从各题中选择一个与作图结果对应的选项，用 2B 铅笔将答题卡对应题号选项信息点涂黑。

【选择题】

1. 北侧排水沟沟底标高为：(   )

[A] 97.60   [B] 97.90   [C] 98.00   [D] 98.30

2. 台地北边界限与 99.0m 等高线之间有多少根等高线（不包括台地边界线及 99.0m 等高

线): (　　　)

[A] 1　　　　　　　[B] 2　　　　　　　[C] 3　　　　　　　[D] 4

3. 台地北侧边界线与调整后 99.00 等高线之间的距离为: (　　　)

[A] 5.0m　　　　　[B] 5.3m　　　　　[C] 5.6m　　　　　[D] 5.9m

【解答】

首先，台地有 4% 的坡度，根据坡度公式 $i=\Delta h/\Delta L$，ΔL=10.0m，i=4.0%，得出 Δh=0.4m，97.9+0.4=98.3m。并在台地上找到标高 98.0m 的等高线，距离台地南边线 2.5m。需要找出北侧 98.0m 的等高线与拟建场地 98.0m 等高线相接。

其次，需要找到台地北侧 98.0 的等高线，根据坡度公式 $i=\Delta h/\Delta L$，Δh=0.3m，i=1：3，得出 ΔL=0.9m。从台地北侧做 0.9m 的平行线，找到 98.0m 标高的等高线，与台地 98.0 的等高线相连接。注意转角做 0.9m 的弧，形成就近闭合的封闭等高线。

再次，题目要求在台地北侧做排水沟，沟底宽 2.0m，沟深 0.3m，沟内排水坡度可忽略不计。所以北侧做 2.0m 宽的平行线，东西两侧做"喇叭口"的等高线与自然地形 98.0m 的等高线圆弧平滑连接，注意为"对称轴"的等高线。

最后，依次找到 98.5 和 99.0，99.5 的标高，与原等高线平滑连接。

另外，关于 97.5m 的等高线，因为题目没有给出排水沟纵坡，可以假设排水沟纵坡是多少，找出假设 的等高线间距，与原地形 97.5 等高线平滑连接。

注意，本题为难题，学会画调整后的等高线为最需要掌握的。答案如图 6-15（b）所示。

选择题：1.C　　2.D　　3.D

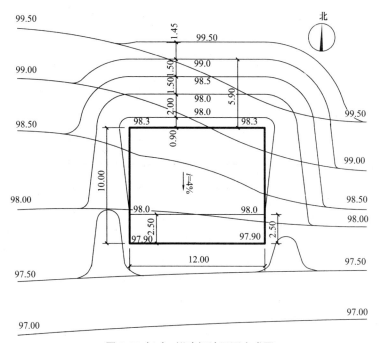

图 6-15（b）　拟建场地平面完成图

16 给台地做护坡

给台地做护坡和画台地等高线原理是一样的，但是表达方式不同，前者要求画护坡界限，后者要求画出等高线。给台地做护坡一种是平行线法，一种是截面法，在第一章中已经详细讲到，截面法取点用于平行线法无法精准找到的点，在注册建筑师考试的最初几年曾经考到，近些年考类似的题目很少，近些年多以平行线法为主，且表达方式也从画边坡界限过度为挡土墙表达。

举例 6-11（2006 年地形题目）:

【设计条件】

某山坡上有一块建设场地，等高距为 1m，在场地内做一处台地，其用地红线范围为 ABCD 场地状况如图 6-16（a）所示。

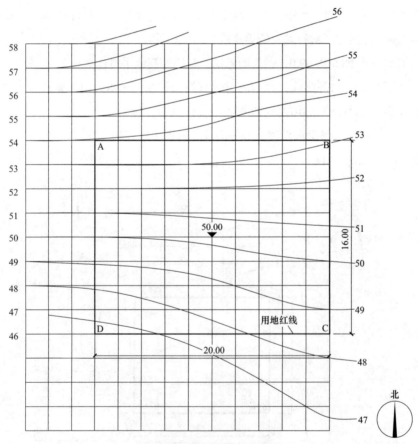

图 6-16（a） 拟建场地平面图

设计地面标高为 50m，挖方地段做 1∶1 护坡，填方地段设挡土墙。

【任务要求】

画出用地红线内的边坡范围，并标注相应尺寸。

根据设计要求，绘出挡土墙的位置，并标注相应的尺寸。

下列单选题每题只有一个最符合题意的选项，从各题中选择一个与作图结果对应的选项，用2B铅笔将答题卡对应题号选项信息点涂黑。

【选择题】

1.A点北向边坡距离北侧护坡边界线的距离为：（　　　）（5分）

[A] 4.00m

[B] 6.00m

[C] 8.00m

[D] 12.00m

2.B点北向边坡距离北侧护坡边界线的距离为：（　　　）（4分）

[A] 3.00m

[B] 4.00m

[C] 6.00m

[D] 8.00m

3.D点南北向挡土墙的长度为：（　　　）（4分）

[A] 2.00m

[B] 4.00m

[C] 6.00m

[D] 8.00m

4.挡土墙的总长度为：（　　　）（5分）

[A] 26.00m

[B] 28.00m

[C] 34.00m

[D] 36.00m

【解答】

首先，确定挖方区和填方区。台地在高程为46.00和54.00之间，台地标高为50.00。找出台地与等高线的零线，即高程为50.00的等高线和台地的交线EF。低于标高50.00的为填方区，高于标高50.00的挖方区。

其次，确定挡土墙的位置。

（1）题目要求，填方地段设挡土墙。根据挡土墙"虚线在高处"的原则，画出填方区的挡土墙。

（2）D点南北向挡土墙的长度为8.00m。挡土墙总长为：ED+DC+CF=8+20+6=34.00m。

再次，（1）挖方区前面已经得出，题目要求，挖方地段做1∶1护坡。根据坡度公式 $i=\Delta h/\Delta L$，$\Delta h=1.00$m，$i=1∶1$，得出 $\Delta L=1.00$。

（2）分别过EAABBF做1.00m的辅助平行线，注意阳角做弧线与平行线相交，得到高程51.00、52.00、53.00、54.00、55.00、56.00、57.00、58.00的等高线，与原地形相同高程的等高线交于交点G-U。逐点连接E-F。

（3）得到A点北向边坡距离北侧护坡边界线的距离为8.00m。

B点北向边坡距离北侧护坡边界线的距离为4.00m。

如图6-16（b）所示。

整理后的完成图如图6-16（c）所示。

选择题：1.C　2.B　3.D　4.C

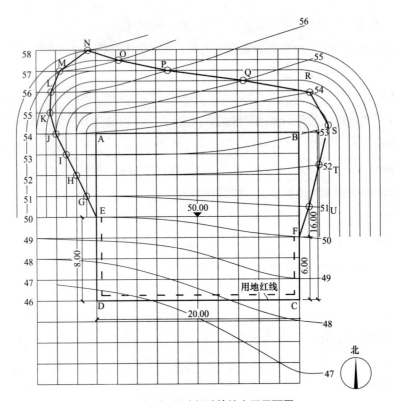

图 6-16（b） 拟建场地填挖方区平面图

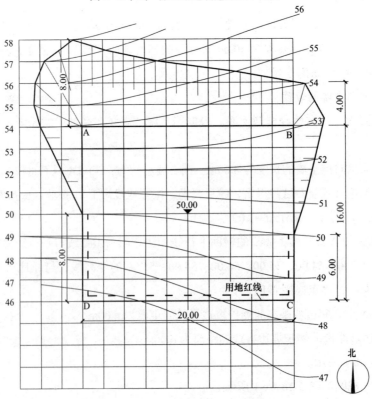

图 6-16（c） 拟建场地平面完成图

17 如何用剖面解决地形题目

　　土石方工程包括用地的场地平整、道路及室外工程等的土石方估算与平衡。土石方平衡应遵循"就近合理平衡"的原则，根据规划建设时序，分工程或分地段充分利用周围有利的取土和弃土条件进行平衡。在第一章中讲到"S挖=S填"的时候，达到填挖方平衡。此时，在解决题目的时候，学会用画剖面来解决。

举例6-12（2008年地形题目）：

【设计条件】

　　某建设用地场地平面如图6-17（a）所示。

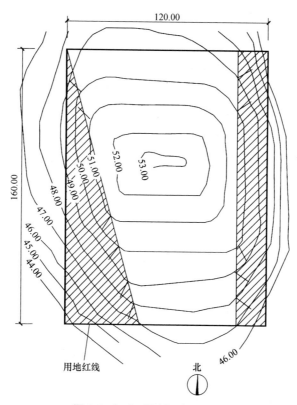

图6-17（a）　拟建场地平面图

　　在用地红线范围内布置三幢相同的宿舍楼，宿舍楼平面尺寸及高度如图6-17（b）所示。设计要求如下：

（1）宿舍布置在坡度＜10%的坡地上，正南北向布置。

（2）自南向北第一幢宿舍楼距南侧用地红线40m。

（3）根据土方量最小的原则确定建筑室外场地高度。

（4）宿舍楼的间距应满足日照要求（日照间距系数为1.5）并选用最小值。

（建筑总高度18m）

图6-17（b） 宿舍平面示意图

【任务要求】

画出用地红线内坡度≥10%的坡地范围，用▨▨▨表示，并估算其面积。

根据设计要求，绘出三幢宿舍楼的位置，并标注其间距。

下列单选题每题只有一个最符合题意的选项，从各题中选择一个与作图结果对应的选项，用黑色绘图笔将选项对应的字母填写在括号中，同时用2B铅笔将答题卡对应题号选项信息点涂黑，二者必须一致，缺项不予评分。

【选择题】

1.用地红线内坡度≥10%的坡地面积约为：（   ）（8分）

[A] 4000m² 　　　[B] 5000m² 　　　[C] 6000m² 　　　[D] 13000m²

2.自南向北，第一、二幢宿舍楼的间距为：（   ）（6分）

[A] 20m 　　　[B] 24m 　　　[C] 27m 　　　[D] 30m

3.自南向北，第二、三幢宿舍楼的间距为：（   ）（4分）

[A] 20m 　　　[B] 24m 　　　[C] 27m 　　　[D] 30m

【解答】

本题分为两个步骤。

首先，确定用地红线内坡度≥10%的坡地范围。

（1）根据公式 $i=\Delta h/\Delta L$，推出 $\Delta L \leq \Delta h/i = 1.0/10\% = 10.00m$。

所以，在用地红线范围内找出等高线间距 $\Delta L \leq 10.00m$ 的范围，即为用地红线范围内坡度≥10%的坡地范围。

（2）用比例尺在图纸上寻找等高线间距 ΔL 为10.0m的位置，并用直线相连，得到建设用地范围。

此时，可以估算出用地红线内坡度≥10%的坡地范围面积。

拟建范围为西侧为近似三角形，东侧为近似矩形。用斜线填充。

西侧面积约为 $45 \times 180/2 = 4050m^2$，东侧面积约为 $15 \times 180 = 2700m^2$，二者面积和为 $6750m^2$。

其次，确定三栋宿舍楼的位置。

（1）题目要求，宿舍布置在坡度＜10%的坡地上，正南北向布置，自南向北第一幢宿舍楼距南侧用地红线40m。上述斜线以外的部分即为宿舍的可布置范围。第一栋宿舍楼的位置距离南侧用地红线40m，基本位于等高线50.00的中间。根据土方量最小的原则，原地填挖方平衡，确定建筑室外场地高度，则第一栋宿舍楼的标高为 50.00。

（2）题目要求，宿舍楼的日照间距系数为 1.5。则第一栋宿舍楼与第二栋宿舍楼的距离为 18×1.5=27.00m，由于场地中两栋宿舍楼间存在 2.00m 高差，则日照间距需要减少 2×1.5=3.00m。即两栋宿舍楼之间的间距为 24.00m。正好在等高线 52.00 的位置。根据土方量最小的原则确定建筑室外场地高度，则第二栋宿舍楼的标高为 52.00。

（3）第三栋宿舍楼与第二栋宿舍楼的间距为 18×1.5=27.00m，正好在等高线 52.00 的位置。根据土方量最小的原则确定建筑室外场地高度，则第三栋宿舍楼的标高为 52.00。

满足日照要求。

如图 6-17（c）所示。

选择题：1. C　2. B　3. C

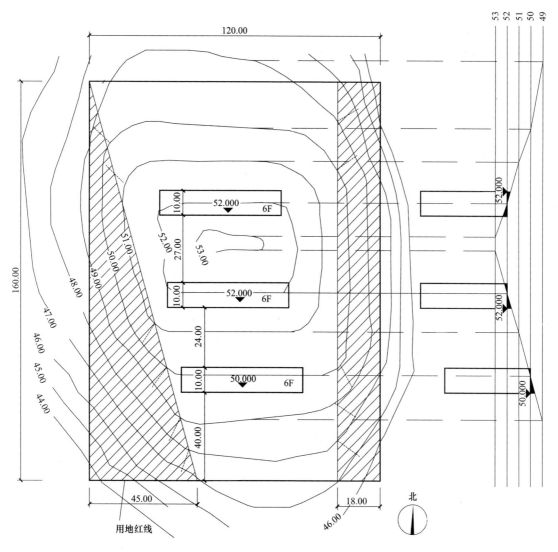

图 6-17（c）　场地平面完成图

18 当地形题结合拟建场地定位

地形题目可以结合考题中的任何一道题目，如平面分析题目，剖面分析题目都在以及考题中考过，也同样可以结合场地设计题目，进行拟建场地选址。

举例 6-13（2014 年二级地形题目）:

【设计条件】

已知待修建的为球场和景观的一处台地和坡地。场地周边为人行道路，每边人行道路坡度不同，每边都采用各自均匀的坡度。

场地条件如图所示，道路最低高程点为 6m，最高高程点为 12m，详见图 6-18（a）所示。

根据现有路面标高规律与台地布置情况，即每块台地与其相邻的台地高差一样，台地相互间高差为 1m，台地标高与道路控制点标高高程差为 0.5m。

保留场地内原有台地形态、标高与树木。

【任务要求】

在合理的台地区域内布置篮球场（19.0m×33m）、羽毛球场（12.10m×19.4m）。

尽可能多的布置球场。

补全道路（即场地边）标高与台地内高程点标高。

不同方向的道路标高作为挡土墙起始端。挡土墙长度要求最短。

新建球场与挡土墙不能穿过树冠。

【解答】

首先，画出台地的挡土墙。题目条件中，场地周边为人行道路，每边人行道路坡度不同，每边都采用各自均匀的坡度。根据现有路面标高规律与台地布置情况，即每块台地与其相邻的台地高差一样，台地相互间高差为 1m，台地标高与道路控制点标高高程差为 0.5m，不同方向的道路标高作为挡土墙起始端。挡土墙长度要求最短。新建挡土墙不能穿过树冠。

西侧场地高差为 9.0-6.0=3.0m，根据 $i=\Delta h/\Delta L=3/45=1/15$，找到西边的高程为 8.00、7.00。

同理，找到东边的 8.00，$i=h/L=2/90=1/45$ $L=1/(1/45)=45m$。

画出台地边线，找到台地标高 8.50、7.50、6.50。

其次，尽可能多的布置羽毛球场地和足球场地，做成透明纸片，在场地中摆纸片就可以。

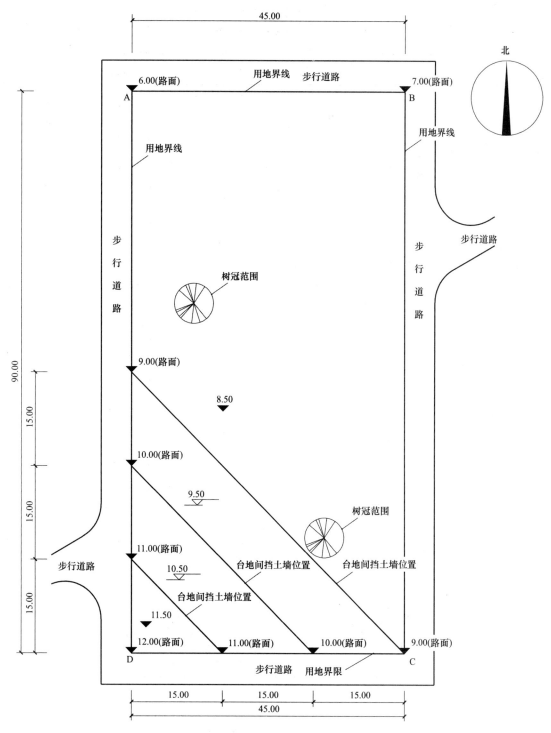

图 6-18（a） 拟建场地平面图

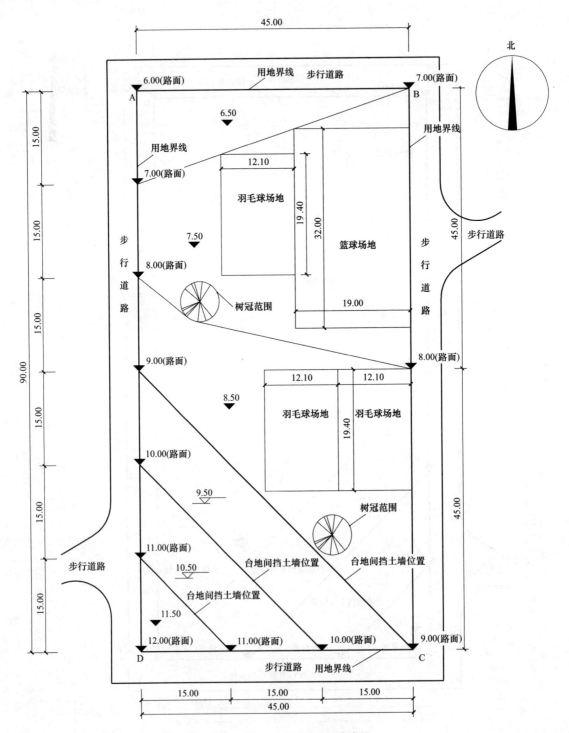

图6-18（b） 拟建场地平面完成图

19 学会画最短路径

路径最短距离问题第一章已经讲过，要求在保证道路中心线坡度不超过最大限制值的情况下，所开辟的道路能够最短，以达到工程量较少和行走时间较短的目的。举例6-16（2006年二级地形题目）：

【设计条件】

某旅游区临水山地地形见图6-19（a），场地内有树高12m的高大乔木群、20m高的宝塔、游船码头、登山石阶及石刻景点。

在现有地形条件下选址，修建8m×8m的正方形观景平台一处，并设计出由石刻景点A至石阶最高处B的登山路线。

【任务要求】

观景平台选址要求：

① 海拔高程不低于200m；② 平台范围内地形高差不超过1m，且应位于两条等高线之间；③ 平台中心点面向水面方向水平视角90°范围内应无景物遮挡。

道路设计要求：

① 选择A与B间最近道路；② 相邻等高线间的道路坡度要求为1:10。

【作图要求】

按比例用实线绘出8m×8m的观景平台位置。

用虚线绘出90°水平视角的无遮挡范围。

用点面线绘出A至B点的道路中心线。

【解答】

首先，找到观景平台选址8m×8m。

根据海拔高程不低于200m，平台范围内地形高差不超过1m，且应位于两条等高线之间。两个位置可以选，但是题目还要求平台中心点面向水面方向水平视角90°范围内应无景物遮挡。找到宝塔和树林连线，求出连线中点作为圆心画圆，做连线的直线与连线垂直，相交于圆。再根据90度的要求，找到8m×8m的平台。虚线画出90水平视角的无遮挡范围。如图6-19（b）所示。

其次，找到石刻景点A与石刻景点B间的最近道路，相邻等高线间的道路坡度要求为1:10。根据$i=h/L$，$L=1/10\%=10m$。A点在209.00上，从A点画半径为10m的圆，交210.00为两点，选择顺应到B点距离的连线。再依次画10m的圆找到与211.0、212.0、213.0、214.0、215.0的交点，恰好连接到石刻景点B。

如图6-19（c）所示。

最后答案如图6-19（d）所示。

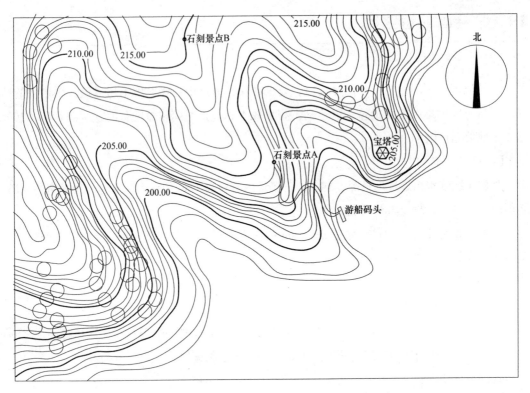

图 6-19（a） 拟建场地平面图

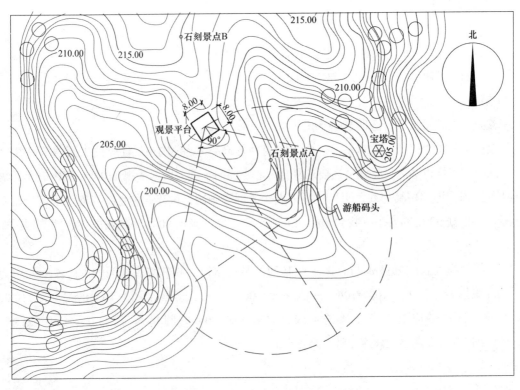

图 6-19（b） 拟建观景平台选址平面图

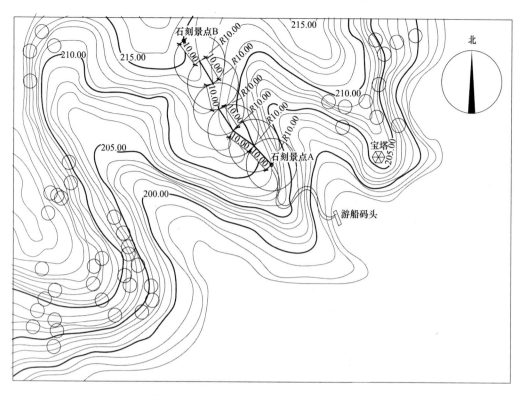

图 6-19（c） 拟建时刻景点 AB 道路最短路径

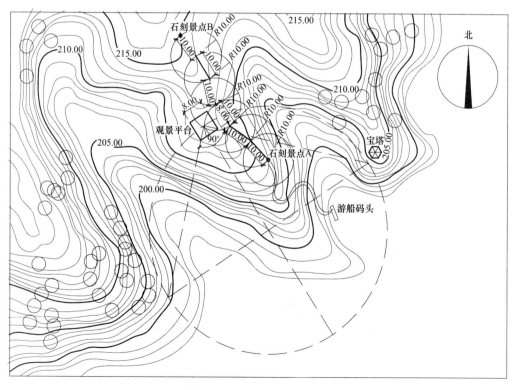

图 6-19（d） 拟建平面完成图

20 与实际工程最接近的高程设计

考查重点为高程设计的 2014 年地形考题，内容为高程设计，因为与实际工程最接近，所以觉得题目相对简单。此种类型的题目有很强的典型性。举例 6-14（自出模拟题）：

【设计条件】

某坡地上拟建多层住宅，建筑、道路及场地地形如图 6-20（a）所示。住宅层数和高度如图所示，顶层为 4m，其余层高为 3m。

当地日照间距系数为 2.0。

每个住宅均建在各自高程的场地平台上，各个场地平台之间高差需采用挡土墙处理，1#、2# 住宅入口引路、场地平台与道路交叉点均相同标高；3#、4# 住宅入口由引桥引入住宅二层，引桥与道路交叉点标高相同。住宅二层与引桥室内外高差为 0.50m。

每栋住宅建筑地面首层地坪标高（±0.00）的绝对标高与场地平台室内外高差为 0.5m。车行道南北向坡度为 5.0%，东西向坡度为 2.0%。

本题不考虑场地与道路的排水关系，场地竖向设计应顺应自然地形。

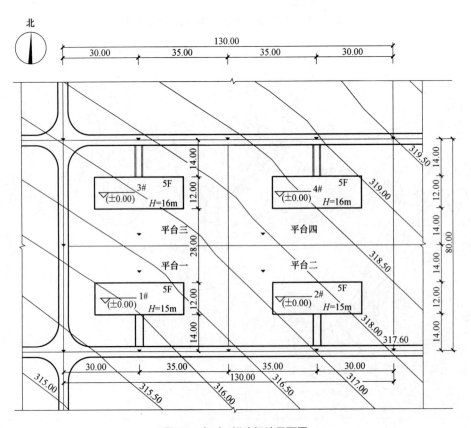

图 6-20（a） 拟建场地平面图

【任务要求】

依据 A 点标注道路控制点标高及控制点间道路的坡向、坡度、坡长。

（图例：$\dfrac{i（坡度）}{L（坡长）}$ ⟶ ）

标注每栋住宅建筑地面首层地坪标高（±0.00）的绝对标高。

绘制每栋住宅室外场地平台周边的挡土墙，并标注室外场地平台的绝对标高。

下列单选题每题只有一个最符合题意的选项，从各题中选择一个与作图结果对应的选项，用 2B 铅笔将答题卡对应题号选项信息点涂黑。

【选择题】

1. 场地内车行道最高点的绝对标高为：（　　　）（4分）

　[A] 313.20m　　　　[B] 321.60m　　　　[C] 319.60m　　　　[D] 315.00m

2. 场地内车行道最低点的绝对标高为：（　　　）（4分）

　[A] 313.20m　　　　[B] 312.60m　　　　[C] 319.60m　　　　[D] 315.00m

3. 4# 住宅建筑地面首层地坪标高（±0.00）的绝对标高为：（　　　）（6分）

　[A] 318.50　　　　[B] 317.10　　　　[C] 316.10　　　　[D] 317.50

4. 台地三与台地一的高程差为：（　　　）（6分）

　[A] 1.50m　　　　[B] 1.00m　　　　[C] 1.40m　　　　[D] 1.20m

【解答】

首先，求出标注道路控制点标高及控制点间道路的坡向、坡度、坡长。

根据公式 $i=\Delta h/\Delta L$，推出 $\Delta h=\Delta L \times i=30.00（35.00）\times 2.0\%=0.60（0.70）$m，

$\Delta h=\Delta L \times i=40.00 \times 5.0\%=2.00$m，则道路控制点标高均可求出。

场地内车行道最高点的绝对标高为：321.60m；场地内车行道最低点的绝对标高为：315.00m。

其次，每栋住宅建筑地面首层地坪标高。

（1）题目要求，1#、2# 住宅入口引路、场地平台与道路交叉点均相同标高；与场地平台室内外高差为 0.5m。则 1# 住宅首层地坪标高为 315.60+0.5=316.10m。同理，2# 住宅首层地坪标高为 317.00+0.5=317.50m。

（2）题目要求，3#、4# 住宅入口由引桥引入住宅二层，引桥与道路交叉点标高相同。住宅二层与引桥室内外高差为 0.50m。则 3# 住宅首层地坪标高为 319.60+0.5-3.00=317.10m，台地三的标高为 317.10-0.5=316.60m。同理，4# 住宅首层地坪标高为 321.00+0.5-3.00=318.50m，台地四的标高为 318.50-0.5=318.00m。

台地三与台地一的高程差为：316.60-315.60=1.00m。

再次，绘制每栋住宅室外场地平台周边的挡土墙。

根据"虚线在高处"的挡土墙画法，做出场地平台周边的挡土墙，注意交点的位置。如

图 6-20（b）所示。

选择题：1. B 2. D 3. A 4. B

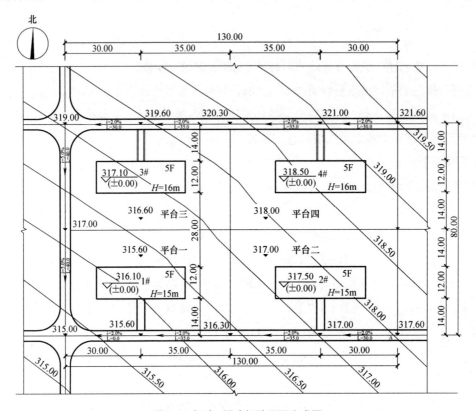

图 6-20（b） 拟建场地平面完成图

21 场地设计题目考什么？

场地设计题目考什么？就是考试的范围，无论是老师，还是考生，都想尽量缩小"包围圈"，于是大家都喜欢听"押题"的相关信息。说"押题"有些太玄虚，但是如果我们仔细思考，从考试大纲的解读中，还是可以看到大致的范围。

考试大纲如是说——"场地设计是在给定的基地中，对某一类或一组建筑如医院、学校、展览中心等，进行总平面设计，或者要求考生进行特定的绿化设计，考查考生综合运用场地设计知识，进行场地总体布局的基本技能。"如图 6-21（a）所示。

从上图示意中，我们可以清晰地看到这道题究竟要考什么，就能够有的放矢的学习。而历年考题具体给了我们多少提示呢？从图 6-21（b）中，我们可以看到试题类型的年份对应的考题内容，这和我们的考试大纲是完全吻合的，并且也没有超出我们大学课程里面的公共建筑设计原理范围。

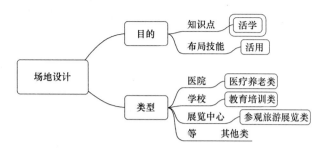

图 6-21（a） 场地设计考查范围

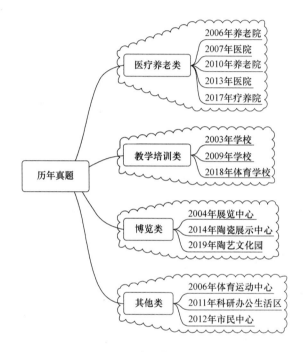

图 6-21（b） 场地设计历年考题考查范围

22 场地设计题目的"鸡""蛋"争论

关于场地设计题目，大家都在想，题目到底是哪里来的？很多考生，在2019年考试之后，找到了场地设计题目的原型——苏州御窑金砖博物馆。从图6-22（a）中，我们一眼就可以找到西侧的那个和考试题目一样的遗址位置；再进一步，只要我们把图片镜像、翻转，我们就可以看到题目的大致形状，甚至场地中的建筑布局也几乎一致，所以，2019年的题目来源于此，我认为这个观点是成立的。一道有原型的题目，更加有其"灵魂"和实际操作度。或者说，考试题目，都是源于实际项目，但是给了实际项目相应的理想值。

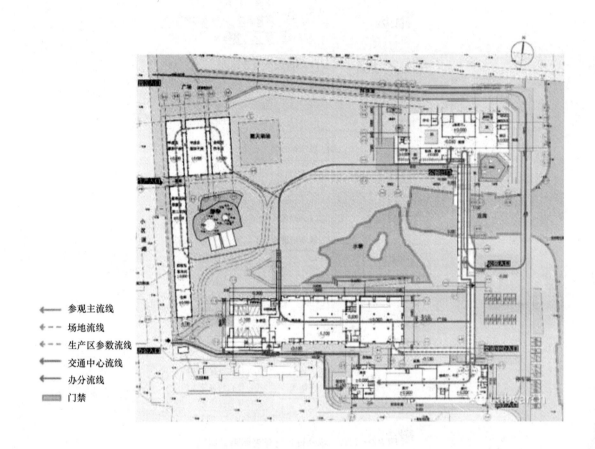

图例：
← 参观主流线
← - - 场地流线
← - - 生产区参数流线
← 交通中心流线
← 办分流线
▦ 门禁

图 6-22（a） 类似考题原型

　　但是，我们不能像大海捞针一样，在每次考试之后都找题目的原型，这个是没有必要的。我们应该这样想，题目只是从原型中找到了些许灵感，而实际考试，考的还是整体布局，建筑定位和流线。即使我们在考前就知道了考这个原型，在经过加工改良提纯处理后，我们不对考试本身进行学习研究，同样也是通不过的。所以，争论先有"鸡"还是先有"蛋"是毫无意义的，学好考试本身才至关重要。当然，如果我们在平时工作中就对实际项目进行考试思维的思考，对考试也十分有帮助。但是不要忘记，实际工作中的设计任务更加纷繁复杂，多种多样。而在考试中，考题才是我们唯一的"甲方"，就考题做题，才是必须要有的考试思维。

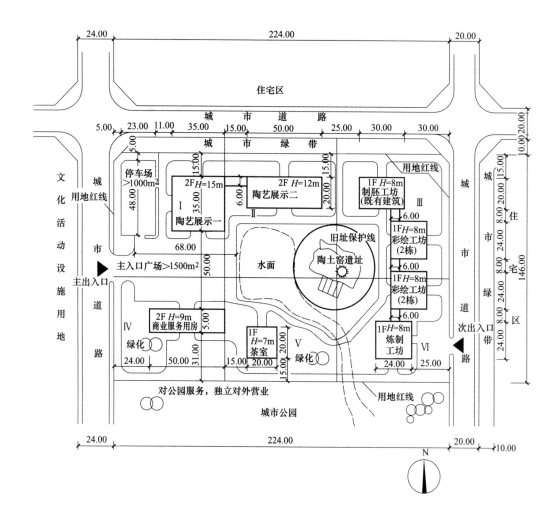

図6-22（b） 2019年場地設計考題答案

23 场地设计题目有维度的思考吗？

关于场地设计题目，被争论最多的就是题目是否需要考虑场地的空间感觉，因为在实际工程中，只考虑单纯的平面布局，绝对不是一个好的场地设计；并且，题目中给定的建筑属性中，不光有平面的开间、进深，而且有建筑的高度。所以大家就认为，只考虑建筑的俯视效果，是否做对就心存疑虑。

于是，我们就有必要提到这个"维度"的概念。我把自己的一道模拟题拟建了模型。整个场地看起来毫无"违和感"，也有浑然天成的感觉。

可见，无论是一个好的实际工程，还是一个好的场地设计题目，在场地布局中维度都是无可挑剔的。但是我一直认为，不用过度考虑空间的感觉，只要按照我们平时讲到的公共建筑设计原理中的内容正常布置即可。维度不是考试的重点。在场地设计题目中，我们仍然要把重点放在"整体功能分区——拟建建筑（场地）定位——道路流线分析"上，因为这三点考虑好之后，形成的答案就符合了"形式必完美，标答必均衡"的题目标答整体特点，自带"维度"的空间气质。

举例 6-14（自出模拟题）：

【设计条件】

某城市拟建一茶博园，用地及周边环境如图 6-23（a）所示。

拟建内容包括：

1. 建筑物：（1）茶文化博物馆一栋；（2）游客服务中心一栋；（3）制茶作坊两栋；（4）茶具作坊两栋；（5）品茗阁一栋；（6）茶具展示楼一栋；（7）陆羽博物馆一栋；（8）茶艺培训中心一栋；

2. 场地：（1）入口茶源广场，面积不小于 3000m²；（2）配建机动车停车场 2000m²（大于 50 辆，按照第三题方式布置要求）；（3）茶艺表演场地 1500m²；（4）为茶艺培训中心配建室外场地 1200m²；（5）陆羽像；（6）主题雕塑（在茶源广场内）；如图 6-23（b）所示。

规划及设计要求：

1. 场地道路西侧为茶山，场地内有一人工湖面。建筑物后退用地红线 10m。

2. 茶具作坊之间，制茶作坊之间设置连廊，连廊宽 6m。品茗阁，茶具作坊，制茶作坊要求前后间距不小于 20m。

3. 各建筑平面形状及尺寸不行变动，不得转动。

4. 新建建筑距保留树木的树冠投影不小于 5m，水景投影 5m 范围内不得有建筑。

5. 参观流线：入口茶源广场——茶文化博物馆——品茗阁——制茶作坊——茶具作坊——陆羽文化馆——茶艺表演场地——茶具展示楼。可设置跨越湖面的廊桥。

6. 游客服务中心要求靠近入口茶源广场。主入口从东侧道路引入。

7. 拟建建筑的耐火等级均为二级。

【任务要求】

画出道路及绿化。根据设计条件绘制总平面图，画出建筑物、场地并注明其名称，标注满足规划、规范要求的相关尺寸，标入口茶源广场面积及停车场、茶艺表演场地面积标出观众主入口、培训中心入口，停车场主入口，并用"▲"表示。

下列单选题每题只有一个最符合题意的选项，从各题中选择一个与作图结果对应的选项，用 2B 铅笔将答题卡对应题号选项信息点涂黑。

【选择题】

1. 茶艺培训中心位于：（　　　）（5分）

[A] A 地块　　　　[B] B 地块　　　　[C] C 地块　　　　[D] E 地块

2. 制茶作坊位于：（　　　）（8分）

[A] G-H 地块　　　[B] F-E 地块　　　[C] A 地块　　　　[D] I 地块

3. 茶艺表演场地位于：（　　　）（8分）

[A] A 地块　　　　[B] B 地块　　　　[C] D 地块　　　　[D] I 地块

4. 茶文化博物馆位于：（　　　）（8分）

[A] B 地块　　　　[B] D 地块　　　　[C] I 地块　　　　[D] H 地块

5. 陆羽文化馆位于：（　　　）（6分）

[A] A-B 地块　　　[B] C-D 地块　　　[C] D 地块　　　　[D] I 地块

6. 停车场位于：（　　　）（5分）

[A] A-B 地块　　　[B] B 地块　　　　[C] H-I 地块　　　[D] I 地块

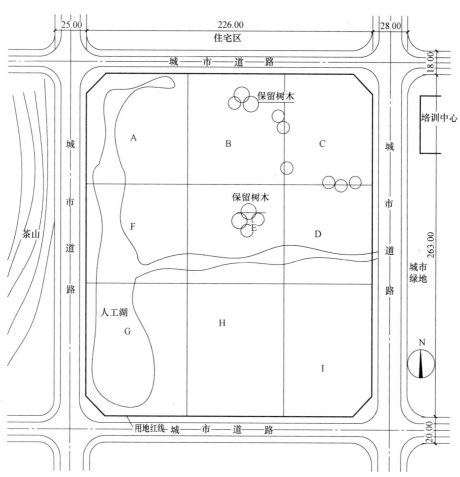

图 6-23（a）　总平面图

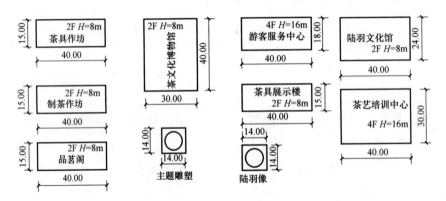

图 6-23（b） 拟建建筑平面尺寸及形状

【解题步骤和方法】

1. 梳理题目信息。

设计要求：退线，其他。

拟建：建筑物 10 栋，场地 3 处。

【任务要求】

建筑物、场地、出入口、道路、绿化、文字和尺寸标注。

选择题：重点建筑的位置和停车场的位置。

2. 场地退线。

3. 确定出入口的位置。

（1）题目要求茶源广场入口由东侧道路引入，人工湖北侧为茶艺培训中心及其对应入口，则茶源广场入口位于东侧南部。

（2）停车场作为游客交通方式转换的场所，所以停车场出入口位于场地的南侧，H-I 地块。

4. 功能分区。

（1）茶艺培训中心作为场地的一个独立的区域，与场地外原有培训中心成为对景建筑。位于场地的 C 地块，对应室外场地 1200m²。

（2）场地内其他区域内建筑围绕观览流线展开。如图 6-23（c）所示。

5. 各个拟建建筑和场地的位置摆放。

（1）茶文化博物馆对应茶源入口广场和茶源广场出入口，作为观览流线的第一站。位于场地的 H 地块。

（2）品茗阁作为观览流线的第二站，靠近人工湖布置，位于 G-H 地块。

（3）制茶作坊和茶具作坊作为观览流线的第三站和第四站，分别用 6m 宽连廊连接，靠近人工湖，依次向北布置。

（4）陆羽文化馆作为观览流线的第五站，靠近人工湖，位于场地的 A-B 地块。

（5）茶艺表演场地位于场地的 B 地块，靠近茶艺培训中心。

（6）游客培训中心位于场地的 D-I 地块，作为观览流线的最后一站，靠近茶源入口广场。

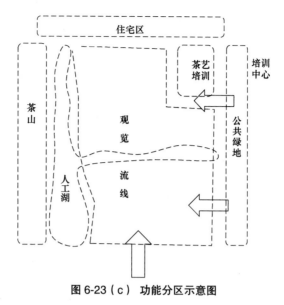

图 6-23（c）功能分区示意图

（7）停车场位于场地的 H-I 地块，题目要求按照原考试题停车场的布置要求，大于 50 辆，两个出入口。

6. 完成选择题。

（1）茶艺培训中心位于：C（5分）

[A] A 地块   [B] B 地块   [C] C 地块   [D] E 地块

（2）制茶作坊位于：A（8分）

[A] G-H 地块   [B] F-E 地块   [C] A 地块   [D] I 地块

（3）茶艺表演场地位于：B（8分）

[A] A 地块   [B] B 地块   [C] D 地块   [D] I 地块

（4）茶文化博物馆位于：D（8分）

[A] B 地块   [B] D 地块   [C] I 地块   [D] H 地块

（5）陆羽文化馆位于：A（6分）

[A] A-B 地块   [B] C-D 地块   [C] D 地块   [D] I 地块

（6）停车场位于：C（5分）

[A] A-B 地块   [B] B 地块   [C] H-I 地块   [D] I 地块

（7）道路、绿化、文字和尺寸标注。

1）将道路出入口有机联系在一起，一般环线布置，外围道路和通达建筑的道路不得小于消防道路 4m，形成完整的道路系统。

2）标注各建筑、场地的名称，题目要求的面积，基地出入口；标注退界，日照间距等相关尺寸。

3）查漏补缺，完成总平面图的绘制。

如图 6-23（d）所示。

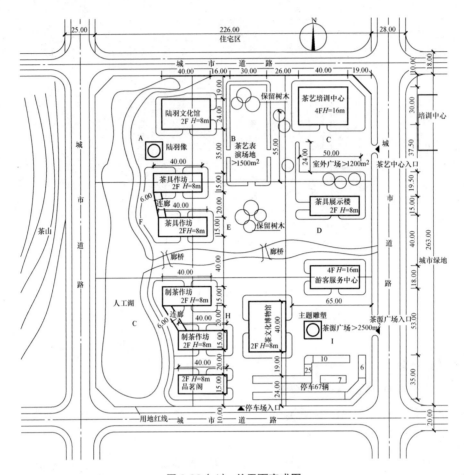

图6-23（d） 总平面完成图

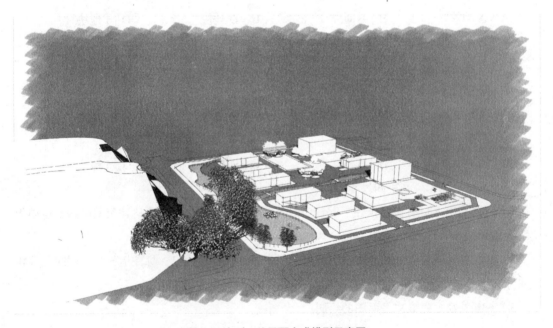

图6-23（e） 总平面完成模型示意图

24 出入口、功能分区和场地外环境的关系

　　拟建场地中出入口的确定是关联场地内分区的处理，题目中，选择题一般都会考查一两个出入口的方位，因此，正确判断出入口是题目做对的关键。出入口和分区一般是放在一起关联考虑，也就是第一章中讲的第三步和第四步。场地出入口需要总的宏观调控，所以，一般情况下，尽量不要用哪个建筑的定位来决定出入口的位置。重点要从场地外环境与场地属性来考虑。

　　2018 年的题目中，场地出入口很易混淆，如果我们从拟建建筑——图书馆的建筑出入口来判断方位，就不符合场地出入口判断的大原则。正确的思考方式如图 6-24（a）所示：

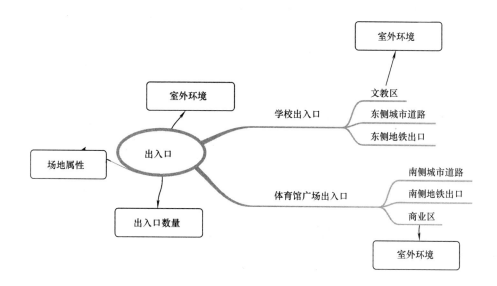

图 6-24（a）　出入口的确定分析图

　　东侧的场地外环境是文教区，相对安静，与学校区对应，符合"对景要求"。南侧的场地外环境为商业区，繁华喧嚣，与体育馆入口对应，同样符合"对景要求"。场地的出入口明确后，分区就会迎刃而解。另外，我认为最重要的一个关注点，是东南角地铁站的两个出口，应分别对应学校出入口和体育馆出入口，从而每个出入口对应的分区也呼之欲出：体育馆主广场——对外体育区，学校出入口——教学行政图书区。另外一个分区，就是宿舍区。

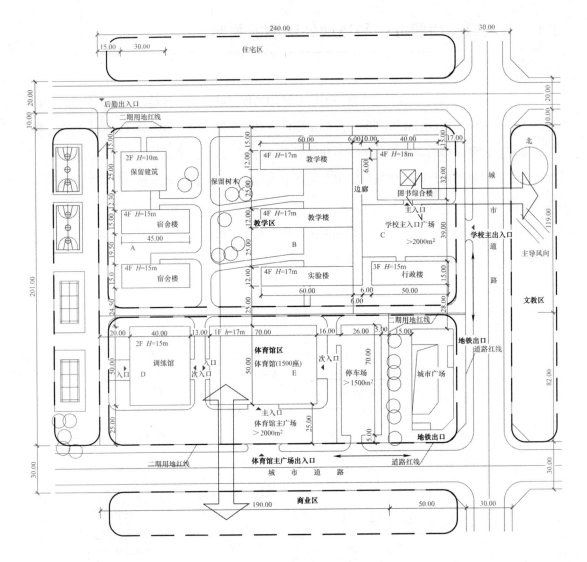

图 6-24（b） 出入口和功能分区示意图

25 场地设计题目中"分区"的平面形态有规律吗?

场地设计题目中的功能分区确定好，拟建建筑经过我们的分类重组之后，才能确定准确的位置。那么，题目中的功能分区会是杂乱无章，无法可依的吗? 答案显然不是的。因为任何一个好的设计，即使看似凌乱，实则均有规律可循，有流线可走。或者说，一个合格的建筑设计师，就应该具备在复杂的地形中寻找规律和美感的本领。所以，考试的正确答案，一定是完美，和谐的，有规有矩，有章有法的。所以，题目中的功能分区，一般都是大致呈规则形态的。尤其是题目给定的分区明确的场地设计。

比如2014年的陶艺展示，就可以在"功能分区"的这个步骤，明确地分出：生产区——货运出入口，对外展区——观众出入口，工作室区，从图6-25（a）中也可以看出形态基本规则。

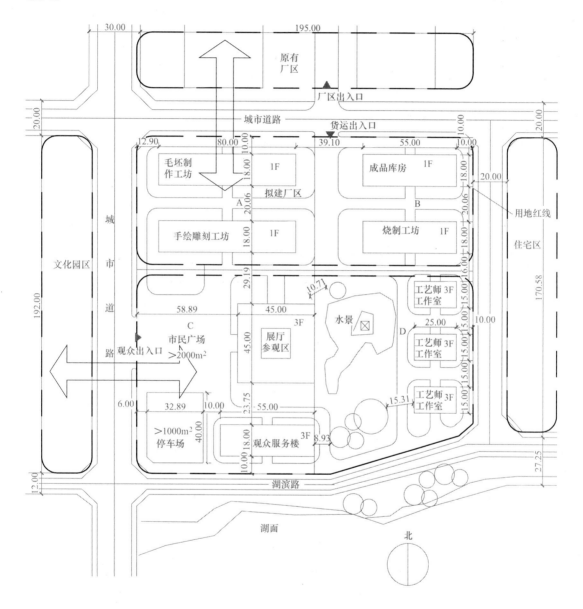

图 6-25（a） 功能分区基本形态

再举例 6-15（2009 年题目）

【设计条件】

某大学拟建造一个附属中学，其用地及周边环境如图6-25（b）所示；建设内容如下：

1.建筑物:1）图书办公楼一栋;2）试验楼一栋;3）阶梯教室一栋;4）教学楼两栋;5）宿舍楼两栋;6）食堂一栋。建筑物平面形状、尺寸、层数、高度如图6-25（c）所示。

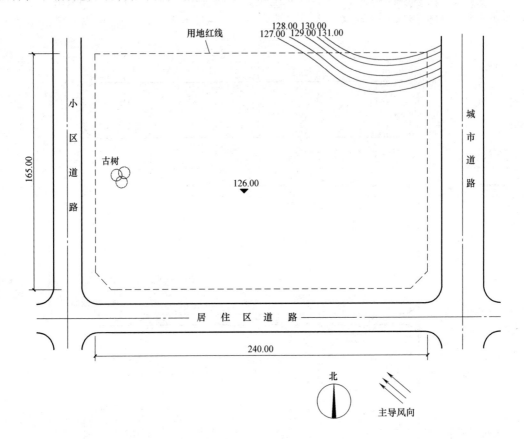

图 6-25（b） 总平面图

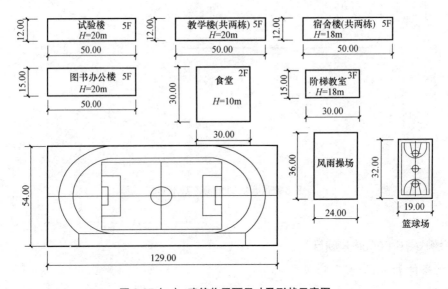

图 6-25（c） 建筑物平面尺寸及形状示意图

2. 场地: 1) 主入口前设入口广场，面积 ≥ 2000m²; 2) 自行车停车场面积 ≥ 600m²; 3) 篮球场 4 个; 4) 风雨操场及田径运动场的尺寸，如图 2-25 (c) 所示。

规划及设计要求:

1) 建筑退用地红线 ≥ 10m。

2) 当地日照间距系数为 1.2。

3) 根据需要设置连廊，连廊宽度 ≥ 5m。

4) 必须保留用地中原有古树。

5) 设计条件所提供的建筑物的平面尺寸，形状不得变动，可以旋转。

设计需符合国家有关规范。

【任务要求】

根据设计条件，在场地中内合理布置学校各功能单元，绘出总平面图，画出建筑物、场地、道路及停车场的位置，标明各建筑物名称。

标注学校主入口及次入口在城市道路处的位置，并用 ▲ 表示。

标注退界、建筑物间距、道路宽度等相关尺寸。

下列单选题每题只有一个最符合题意的选项，从各题中选择一个与作图结果对应的选项，用 2B 铅笔将答题卡对应题号选项信息点涂黑。

【选择题】

1. 教学区在场地的位置为: (   ) (8 分)

[A] 东南   [B] 西南   [C] 东北   [D] 西北

2. 主入口在场地的位置为: (   ) (8 分)

[A] 东南   [B] 南侧中间   [C] 东侧中间   [D] 西侧中间

3. 田径场在场地的位置为: (   ) (6 分)

[A] 东南   [B] 西南   [C] 东北   [D] 西北

4. 生活区在场地的位置为: (   ) (6 分)

[A] 东南   [B] 西南   [C] 东北   [D] 西北

【解题步骤和方法】

1. 梳理题目信息。

设计要求: 退线，日照，其他

拟建: 建筑物 8 栋，场地 4 处。

【任务要求】 建筑物、场地、主次出入口、道路、绿化、文字和尺寸标注。

选择题: 各类区域和出入口的位置。

2. 场地退线。

3. 确定主次出入口的位置。

图中可知，场地东侧为小区道路，南侧为居住区道路，东侧为城市道路。北侧有等高线。

南侧为主要出入口，西侧有保留树木，作为出入口的可能性小。场地东侧靠近传染病房楼，所以东侧为传染病出入口，北侧为病房出入口。

4. 动静内外分区。

（1）场地分为两个功能区：生活区、教学区、运动区。

宿舍楼作为生活区建筑，属于静内区。

食堂作为生活区建筑，属于动外区。

教学楼，图书办公楼，阶梯教室作为教学区建筑，属于动外区。

主广场、运动场、自行车停车场均属于动外区场地。

（2）场地南侧属于动外区，东侧属于动外区，北侧属于静内区。如图6-25(d)所示。

5. 各个拟建建筑和场地的位置摆放。

（1）题目主导风向指向西北方向，所以食堂布置在场地的西北角。

（2）宿舍楼2栋，需临近食堂，方便就餐；宿舍楼之间的日照间距为 $18 \times 1.2 = 19.6$m。布置在食堂的南侧和东侧均可；但从图中尺寸可知，布置在南侧遇到保留树木，所以只能布置在食堂的东侧。

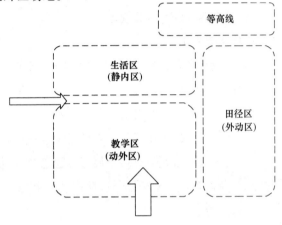

图6-25（d） 功能分区示意图

（3）教学楼2栋，日照间距为 $20 \times 1.2 = 24$m，根据中小学规范，教学楼与教学楼之间或者教学楼与其他建筑之间需满足25m的间距。所以本题需满足25m间距，教学楼布置在场地的南侧，临近南侧和东侧道路。

（4）阶梯教室布置在教学楼与食堂之间。

（5）图书办公楼作为场地的主要建筑，对应2000m²主入口广场布置在南侧中部。

（6）试验楼布置在图书办公楼和宿舍楼之间。

（7）场地东侧为田径区，作为校内的隔声屏障，避免城市道路给学校带来的噪声干扰。从东面依次布置田径场、风雨操场和篮球场4个。

（8）自行车停车位靠近入口广场布置。

6. 完成选择题。

（1）教学区在场地的位置为：（B）（8分）

[A] 东南　　　　[B] 西南　　　　[C] 东北　　　　[D] 西北

（2）主入口在场地的位置为：（B）（8分）

[A] 东南　　　　[B] 南侧中间　　　　[C] 东侧中间　　　　[D] 西侧中间

（3）田径场在场地的位置为：（A）（6分）

[A] 东南　　　　[B] 西南　　　　[C] 东北　　　　[D] 西北

（4）生活区在场地的位置为：（D）（6分）

[A]东南　　　　　[B]西南　　　　　[C]东北　　　　　[D]西北

7. 道路、绿化、文字和尺寸标注。

（1）将道路与主次出入口有机联系在一起，一般环线布置，外围道路和通达建筑的道路不得小于消防道路4m，形成完整的道路系统。

（2）标注各建筑、场地的名称，题目要求的面积，基地主次出入口；标注退界、日照间距等相关尺寸。

（3）查缺补漏，完成总平面图的绘制。

如图6-25（e）所示。

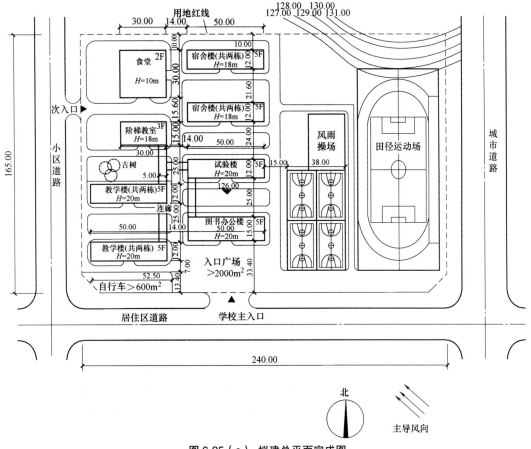

图6-25（e）　拟建总平面完成图

26　原有场地的水景和绿化给了什么提示？

题目中给定的拟建地块，除了有必需的道路，还会有场地外环境，这在前面已经讲到。

另外，还有的时候会出现树、绿化、河流、水景等景观类，我们习惯上也会把这些作为题目的提示和限制条件。往往，界定了功能分区，也就随之定位了拟建建筑。

比如 2012 年的原有保留树木，根据题目给定的条件"拟建建筑距离保留树木树冠的投影不小于 5m"。就西北角树木而言，拟建建筑退道路红线 20m，再留出投影 5m，正好是职工食堂的东西向定位。对中部北侧的树木来说，加上对北侧的日照影响，恰恰留出来的是拟建研究中心的定位。相对于西南角的树木，正好界定了拟建规划展览馆和道路红线的 20m 退距以及树木的 5m 投影范围。同时，此处树木给室外展场和市民广场作出了分区划定。如图 6-26 所示。

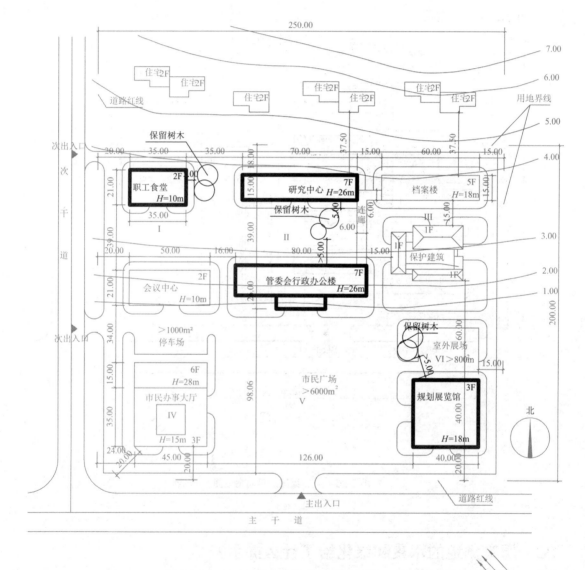

图 6-26　拟建建筑与保留树木的距离定位

27　原有场地的风向和建筑给了什么提示?

在题目给定的场地中,只要出现"食堂、餐厅"等我们需要特别留意"污染源"的拟建建筑,一定会配套出现主导风向的箭头指向,这也是我们通常认为的最简单的可以直接定位的建筑。比如2013年的题目中,我们就可以快速根据主导风向定位营养餐厅的位置,从而把这个条件应用到病房区和病房楼的定位中。

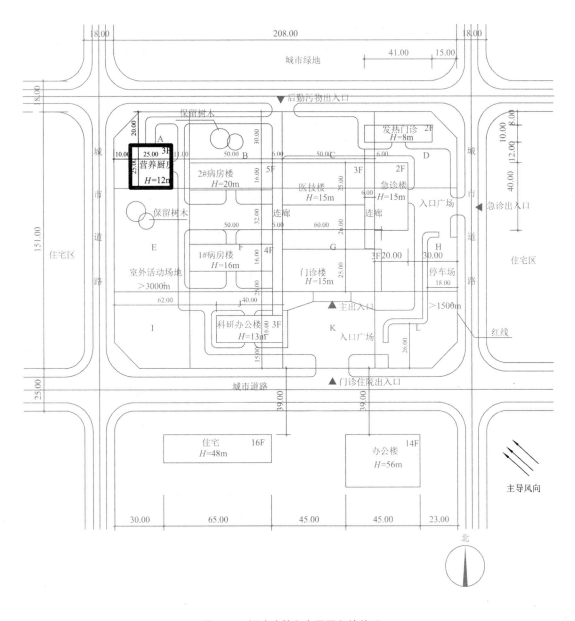

图 6-27　拟建建筑和主导风向的关系

再从此图可以看出，原有建筑发热门诊和急诊楼，同样可以划分出"医疗就诊区"的位置，从而准确推断出门诊楼，医技楼，以及停车场的位置。

历年考题中，风向和原有建筑很常规的出现，说明了原有场地的风向和建筑都给了我们特殊的提示，忽略了这些已知条件，在做题中难免会出现卡顿，造成精准定位困难，所以我推荐了思维导图定位法，即快速整合题目条件，其中既包括文字条件，也包括图示条件。

28 停车场作为场地设计内容并没有取消

停车场并没有取消，因为停车场作为场地设计中的"虚空间"，在场地设计中至关重要，人们在停车场完成了交通方式的转换，即从车行到步行的转换。停车场在以前的考题中，在停车场题目和场地设计题目中都需要考，只不过考的精度不一样。一个要求具体到车位的布置，一个要求停车场地的布置。以前停车场的布置题目，极具套路化且规则性大。而场地设计中的停车场，重点考察的是场地中的位置，并且对建筑的出入口、分区，建筑之间的关系都具有连带的提示性，这个更能体现场地设计的水平。

例如，2011年题目中提到的"为行政楼和会议中心配建停车场"，那么停车场的位置到底放在哪里？我们来看下面的图，把对内对外的衔接表达得很清楚，并且和拟建建筑双向定位，互为提示。如图6-28（a）所示。

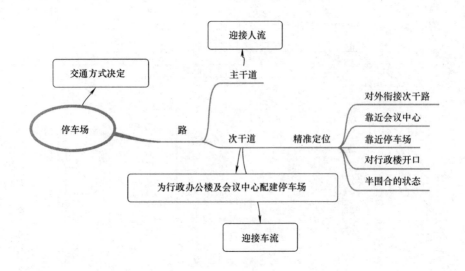

图6-28（a） 停车场定位图

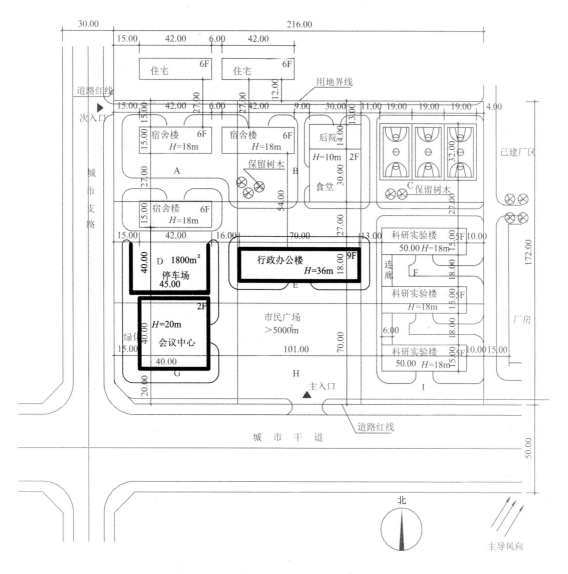

图6-28（b） 停车场具体定位图

举例6-16（2005年题目）：

【设计条件】

某城市拟建一体育运动中心，其用地及周边环境如图6-28（c）所示。建设内容包括：

1.建筑物：（1）5000座体育馆一栋；（2）训练馆一栋；（3）运动员公寓二栋；（4）运动员餐厅一栋。各建筑物平面形状及尺寸如图5-16（a）所示。

2.场地：（1）体育馆主入口前广场面积4000m²；（2）集中停车场面积4000m²；（3）电视转播车停车位4个，每车位按4.5m×11m设置；（4）自行车停车面积800m²；（5）贵宾停车面积 800m²;(6)运动员专用大客车停车位 5 个,每车位按 4m×13m 设置。如图 6-28(d)所示。

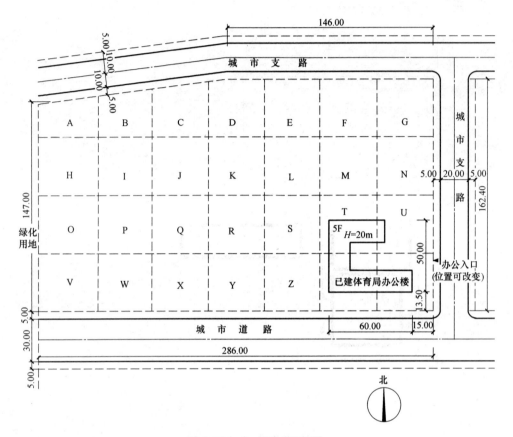

图 6-28(c) 拟建总平面图

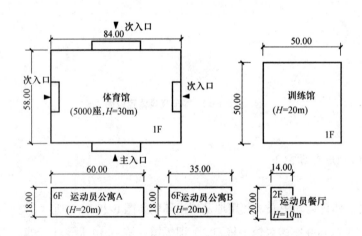

图 6-28(d) 建筑物平面尺寸及形状示意图

规划及设计要求:

1.建筑物通南侧用地红线≥20m,退其他方向用地红线≥15m。

2. 体育馆主入口应面对主要道路设置。

3. 训练馆与体育馆、训练馆与运动员公寓之间应有便捷的联系。

4. 考虑建筑布置与城市周边环境的关系。

5. 当地日照间距为1.2。

6. 运动员餐厅仅对内营业，运动员公寓与餐厅之间可用连廊连接（连廊自行设置）。

7. 体育馆周边18m范围内不得设置建筑物及停车场。

8. 已建体育局和办公楼需保留。

设计应符合国家有关规范。

【任务要求】

根据设计条件，绘出总平面图，画出建筑物、场地、道路等，标明各建筑物及场地名称。

标出停车场面积，画出电视转播车位及运动员专用大客车车位。

标明用地上的观众、停车场、办公、运动员等对外出入口，并用▲表示。

标注满足日照、防火等要求的相关尺寸。

各建筑物形状及尺寸不得变动，不可旋转。

下列单选题每题只有一个最符合题意的选项，从各题中选择一个与作图结果对应的选项，用2B铅笔将答题卡对应题号选项信息点涂黑。

【选择题】

1. 根据作图，体育馆布置于下述哪组地块内:(　　　)（4分）

［A］J-K-L-Q-R-S　　　　　　　［B］H-I-J-O-P-Q

［C］I-J-K-P-Q-R　　　　　　　［D］C-D-E-J-K-L

2. 根据作图，训练馆布置于下述哪组地块内:(　　　)（3分）

［A］A-B-C-H-I-J　　　　　　　［B］H-I-O-P-V-W

［C］E-F-G-L-M-N　　　　　　　［D］D-E-K-L-R-S

3. 根据作图，运动员公寓布置于下述哪组地块内:(　　　)（3分）

［A］A-B-C-H-I-J　　　　　　　［B］K-L-R-S-Y-Z

［C］E-F-G-L-M-N　　　　　　　［D］H-I-O-P-V-W

【解题步骤和方法】

1. 梳理题目信息。

设计要求：退线、日照、其他。

拟建：建筑物5栋，场地6处。

【任务要求】 建筑物、场地、主次出入口、道路、绿化、文字和尺寸标注。

选择题：重点建筑的位置。

2. 确定主次出入口的位置。

（1）图中可知，场地北侧，东侧为城市支路，南侧为城市道路。

（2）场地拟建体育运动中心，属于观览建筑场地类。观众出入口应对应城市主要道路，即场地中最宽的南侧道路。观众西出入口由北侧城市支路引入。场地东北角有一原有建筑，为内部办公楼，东侧可做为运动员出入口。

3. 动静内外分区。

（1）场地分为三个功能区：观众区、训练区、生活区。

体育馆作为观众区建筑，属于动外区。

训练馆作为训练区建筑，属于动外区。

公寓作为生活区建筑，属于静内区。餐厅作为生活区建筑，属于动外区。

主广场，各类停车区均属于动外区场地。

（2）场地西南侧属于动外区，北侧中部属于动外区，东北侧属于静内区。如图6-28（e）所示。

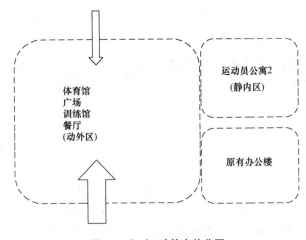

图6-28（e）　动静内外分区

4. 各个拟建建筑和场地的位置摆放。

（1）体育馆5000座，需要至少两个出入口从不同方向通道城市道路。题目要求，体育馆主要出入口面对主要道路，即南侧道路，并且对应主广场4000m²。西侧为绿化用地，所以次入口只能从北侧道路引入，解决贵宾停车，电视转播车停车要求。

（2）训练馆题目要求同时与体育馆，运动员公寓有便捷的联系，所以作为二者之间的纽带建筑，放置于二者之间，从而确定体育馆布置在场地西侧，训练馆则布置在场地的北侧中部，靠近次出入口，且临近布置运动员专用停车位。

（3）餐厅题目要求对内营业，与运动员公寓用连廊连接，所以靠近运动员公寓，训练馆，并且与原有办公楼距离不远，且为之服务，所以布置在北侧中部。

（4）运动员公寓属于静内区建筑，分为A栋B栋，进深相同，面宽不同，需要日照1.0；则南北布置，与餐厅连廊连接。布置在北侧的东部，靠近城市支路，同时与办公楼满足日照$20 \times 1.0 = 20m$的距离。

（5）停车场4000m²，沿南侧城市道路布置，靠近体育馆和广场，方便参观的观众到达。

5. 完成选择题。

（1）根据作图，体育馆布置于下述哪组地块内：（B）（4分）

［A］J-K-L-Q-R-S　　　［B］H-I-J-O-P-Q　　　［C］I-J-K-P-Q-R　　　［D］C-D-E-J-K-L

（2）根据作图，训练馆布置于下述哪组地块内：（D）（3分）

［A］A-B-C-H-I-J　　　［B］H-I-O-P-V-W　　　［C］E-F-G-L-M-N　　　［D］D-E-K-L-R-S

（3）根据作图，运动员公寓布置于下述哪组地块内：（C　　　）（3分）

［A］A-B-C-H-I-J　　　［B］K-L-R-S-Y-Z　　　［C］E-F-G-L-M-N　　　［D］H-I-O-P-V-W

6. 道路、绿化、文字和尺寸标注。

（1）将道路与主次出入口有机联系在一起，一般环线布置，外围道路和通达建筑的道路不得小于消防道路4m，形成完整的道路系统。

（2）标注各建筑，场地的名称，题目要求的面积，基地主次出入口；标注退界，日照间距等相关尺寸。

（3）查漏补缺，完成总平面图的绘制。

如图6-28（f）所示。

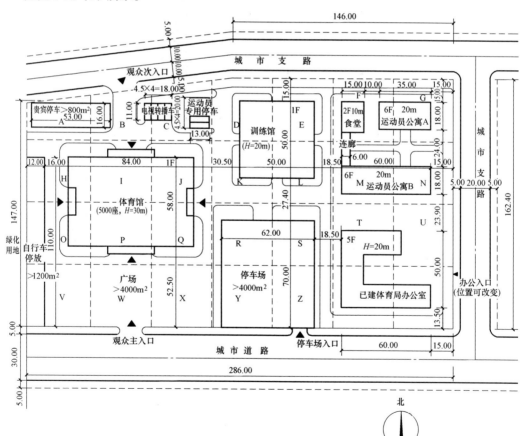

图6-28（f）　总平面完成图

29　连廊的处理和画法

连廊，即连接廊和联系廊，连廊在场地设计题目中也频繁出现，表达方式很多种，比如 2013 年的考题中"医技楼应与门诊楼、急诊楼、科研办公楼、病房楼之间设置连廊，连廊宽度 6m"，这就是说医技楼和其他需要连廊的建筑的关系密切，且相距不远，这就说明了此题医疗环境中，医技楼的重要性。

如图 6-29（a）所示。

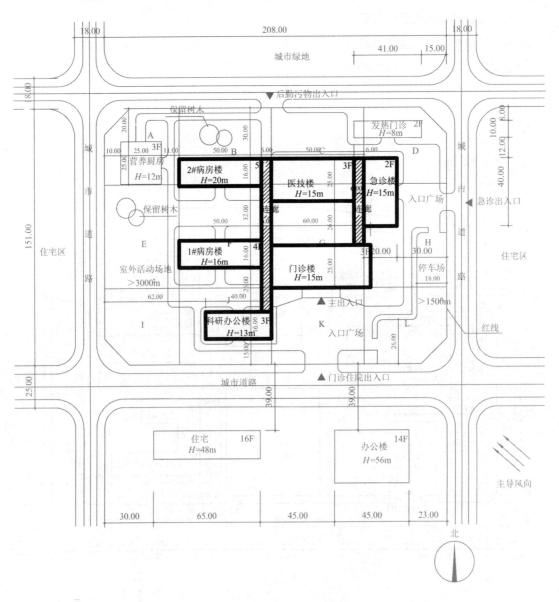

图 6-29（a）　拟建建筑之间的连廊示意图

当连廊用于连接相同或者相近功能的建筑时，或表示此类型自成区域。如2011年的题目中，科研实验楼之间的连廊比较典型，题目要求"科研实验楼首层设连廊，连廊宽6m"。这里的连廊说明了两点：第一，科研实验楼作为一个功能分区，与厂房对景摆放，楼间距满足题目的日照要求；第二，连廊的设置位置，是放在西侧，还是东侧？如果放在东侧，对日照影响应该很大，也不利于与东侧厂区的沟通，所以放在西侧比较合理。如图6-29（b）所示。

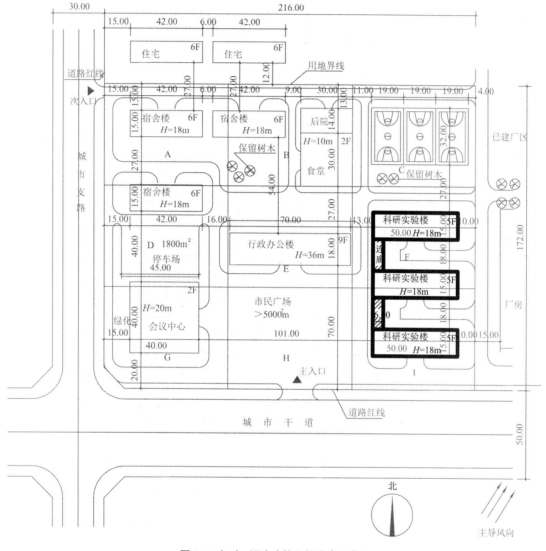

图6-29（b） 拟建建筑之间连廊示意图

30 道路的组织和画法

道路的处理在场地设计中是比较有讲究的。道路代表了流线，功能组织流线和消防扑救流线。我们的考试中这两点均有涉及。

所谓的消防扑救流线，即消防车能够到达建筑的入口，所以，我推荐场地的外围布置环形道路，这样进入建筑的通达性要强，是个布置道路的捷径画法。

所谓的功能组织流线，用在方案考试的室内布置，用走道连接；用在场地考试的室外布置，则用道路连接。功能分区之间，建筑之间均要求有道路布置。如果题目给了我们提示，人行流线与车行流线就都要画清楚。另外，人行流线、货物流线也要画清楚。例如2019年的考题中，共有三条流线，即人行建筑参观流线、人行室外参观流线和货物流线。只有这三条流线布置清晰，才能得到较高的分数。

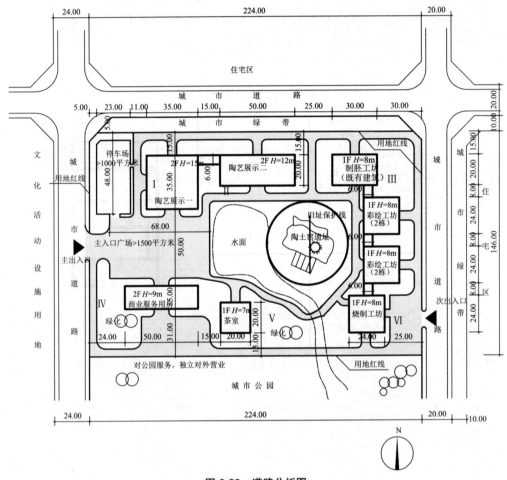

图6-30 道路分析图

31 场地作图四道题的时间配比

2018年以来，停车场不再作为一道独立的题目出现在考题中，而剩余的四道试题，分值有所增加，知识点也相对增加，选择题数量也相对增加。那么原来的每道题目时间配比也就随之发生了变化。

场地作图整体时间为 3.5 小时，即 210 分钟。第一题，场地平面题目，主要考察 4-6 个知识点，难度不大，容易考，但是扣分散碎，要求考生细致表达，所以一般时间控制在 45 ～ 60 分钟。第二题，场地剖面题目，主要考察 4 ～ 6 个知识点，内容和第一题大同小异，只是表达方式不一样，做对的得分容易，做错的扣分狠准。很多考生 20 分钟就做完，但是因为分值和第一题一样，要给予足够的重视，所以，一道表达准确的考题试卷，需要 30 ～ 40 分钟左右。前两题推荐先做，因为刚入考场，头脑清醒，思维敏捷。也有助于平衡考场心态，迎接后面两道题目。

第三题地形题，主要表现为难者不会，会者不难。擅长地形题的考生，会在 30 分钟之内做完本题，如果看题 10 分钟还没有思路，建议立刻转战综合题，不要留恋。第四题为场地作图重头戏，放弃 40 分的综合题的考生，是没有任何通过的希望的。所以按照书中的步骤进行仔细分析，一般要在 80 ～ 100 分钟做完，并且表达完整。

建议大家平时做练习掌握好每道题的时间分配，对自己的强弱式进行自我评估，灵活控制自己的时间，考场才能不慌不忙，不骄不躁，直至通过。

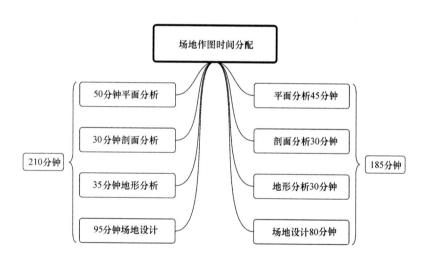

图 6-31　场地作图各题时间分配图

32　场地作图的工具

循、蹈：遵循，依照。规、矩是定方圆的标准工具。用在这里引用的是书面意思，泛指我们考试用的工具。我们常说"工欲善其事，必先利其器"，好的工具能够提高我们的考试速度，成为考生通过的先决条件。

其实，场地考试没有太多的画图量，随着五道题型变为四道题型，大家对时间重新分配，就会发现时间相对宽松很多。但是，光靠"一桌一扇一抚尺"，也是无法完成考试的。

大家准备工具的时候可以静下心来思考下自己的考试全过程，进场——考前——考中——考后。进场需要准备准考证、身份证；考前写名字需要黑色墨水笔、2B 铅笔；答题的时候需要很多工具、尺子、铅笔、计算器等；之后是检查交卷子需要装订。

我特意为考生配备了一个"七言绝句"，供大家参考。

二号图板请自备，配套需靠丁字尺。

大小三角板备齐，比例尺里藏乾坤。

小计算器用处大，计算面积全靠它。

建筑模板必须带，胶带美纹选其一。

一次针笔用雄狮，点二点五与点八。

自动铅笔零点五，4B 橡皮穿线绳。

单面刀片防伤手，请君勿忘创可贴。

可塑橡皮巧妙用，圆规你也不要忘。

米格坐标省时间，小美工刀本领大。

小订书机可以借，自己制作板支架。

2B 铅笔修理好，黑色水性笔必备。

平时养成好习惯，面对考试心常态。

33　考生心理——不忘初心

我在网络上讲课已经第七个年头了，见过许许多多的考生，他们的情况不一而足，心态也多种多样。我在这里分了几个派别，大家看过之后可以自我分析一下。

很多考生面对考试，很是随性。参加了补习班，偶尔来听听，偶尔做作业，对问题不求甚解。我把这样的考生称为"随心派"。这样的考生占了一定的比例，他们多数以为只要参加了补习班，就可以通过了。其实不然。我在每年上课的第一节课一定会给大家讲的就是"同台吃饭，各自修行"。这是一句禅语。大家都吃一锅的饭，有人胖了，有人瘦了，明显是吸收的程度不一样。任何老师上课，大家的领悟能力也是不一样的，考生的作业水平也是不一样的。你没有每天按时"撞钟"，就不是个合格的和尚。同样，我不是你考试找来的"枪手"，而是帮扶你考试通过的"拐杖"。我不能代替你，我只能引导你。而机会，永远是为准备好了的人准备的。

很多考生大多技术水平很高，甚至于对个别问题的理解超过我，但是却一直通不过，我称这样的考生为"经验派"。我会这样告诉他们："你的杯子已经满了，都倒出来重新装满吧。"

正所谓"艺高人胆大"，水平高，往往会忽略细节，或者只是按照自己的思路答题，而忘记了题目本身的条件。这样的考生，确实需要"空杯归零"。"空杯"也是个佛家的典故。先把自己以前的知识和经验都放在一边，从头学起，这样才能发现自己平时知识中所欠缺的，因为你已经是一个盛满水的杯子，再倒水，必然溢出来。杯空了，新的知识才能再装进去。才能发现自己以前的不足，加以弥补，查缺补漏，通过考试。

考生中不乏"激进派"，这样的考生，恨不得每天都对自己喊个口号："我一定要通过"，这种情绪固然给自己增加了无比的自信，但是同时，也让自己像一只充满了气体的气球，很快就会超过容量，随时可能爆破。"激进派"的复习状态并不完美。因为，我们已经不是学生时代，生活中只有考试这点事儿。我们要挣钱养家，照顾妻儿。而我们的设计工作，强度大，时间长，精神本来就很紧张。如果一直满负荷工作和生活，崩溃也是有可能的。

其实，生活不能一蹴而就，考试也一样，面对这个周期如此长的考试，有计划，有步骤地进行，才能达到良好的心理状态。正所谓"一张一弛，文武之道"，适当的放松，会让明天更加开阔和明亮。这样的考生，如果增加一份洒脱，一份淡然。心态放松了，好运自然伴随你。

考生中广有"放逐派"。有些考生，买了教材，报了补习班，非常认真地在准备。但是经过一段时间之后，由于工作紧张，生活又繁忙，就把复习忘记了，或者是没有精力了，也就是说生活和工作消磨掉了他的理想和意志，等到第二年出了成绩，或者不考了，或者接着参加补习班，这样周而复始，年复一年，等到垂垂老矣，悔恨已晚。我总是按时提醒这样的考生，他的初心在哪里？尽管我发去的信息经常石沉大海，杳无回答。

面对这样的考生，我心里充满着遗憾。"不忘初心，砥砺前行"，同样适合我们的注册建筑师考试。我一直在说，参加了这个考试，就像走上一座独木桥，走到中间的时候，进也难，退也难，与其后退，不如前进。考注册建筑师的道路必然荆棘密布，唯有不忘初心，方得始终，才能成为一名合格的建筑师。

八年的轮回，九科的积累，才能得到一纸证书。无疑，在中国的考试里面是头一份的艰难，也让我们从懵懂的"菜鸟"成长为成熟的"鸿雁"。我相信，在这个考试中，每个考生都有"沉醉不知归路"的时刻，都有愿意把灵魂献给魔鬼换取通过的想法。总之，在每个考生心中，都不乏沉沉的等待和殷殷的期许。只有坚持不懈的努力，才能通过这个考试。

下篇　2020年真题解析

01　第一题场地分析

【设计条件】

• 某建筑用地内拟建建筑高度为 33m 和 21m 的住宅建筑，用地平面及既有建筑如图 7-1 所示。

• 规划要求：拟建高层住宅建筑后退道路红线和用地界线不小于 8m。拟建多层住宅建筑后退道路红线和用地界线不小于 3m。拟建住宅建筑后退河道蓝线不小于 6m。

• 当地住宅建筑的日照间距系数为 1.5。

• 满足国家现行规范要求。

【任务要求】

• 对拟建住宅建筑用地的最大可建范围进行分析：

绘出拟建 33m 高住宅建筑的最大可建范围（用▨表示），标注相关尺寸。

绘出拟建 21m 高住宅建筑的最大可建范围（用▨表示），标注相关尺寸。

• 下列单选题每题只有一个最符合题意的选项，从各题中选择一个与作图结果对应的选项用 2B 铅笔将答题卡对应题号选项信息点涂黑。

【选择题】

1. 拟建 21m 高住宅建筑最大可建范围线与北侧住宅建筑南面外墙的最小间距：（5 分）

［A］27.00m　　　　［B］28.00m　　　　［C］31.50m　　　　［D］45.00m

2. 拟建 33m 高住宅建筑最大可建范围线与老年人日间照料设施北面外墙的最小间距为：（5 分）

［A］6.00m　　　　［B］7.50m　　　　［C］9.00m　　　　［D］11.00m

3. 拟建 33m 高住宅建筑最大可建范围线与 1F 商业建筑北面外墙的最小间距为：（5 分）

［A］6.00m　　　　［B］9.00m　　　　［C］11.00m　　　　［D］13.00m

4. 拟建 21m 高住宅建筑最大可建范围线与 5F 商业建筑东侧外墙的最小间距为：（5 分）

［A］6.00m　　　　［B］7.00m　　　　［C］9.00m　　　　［D］13.00m

【解题步骤和方法】

1. 梳理题目信息。

拟建：33m 高住宅建筑和 21m 高住宅建筑。

退线：退用地界线和道路红线、河道蓝线。

日照：1.5。

原有建筑信息：图面和文字中给出。

最大可建范围：正反斜线表示。

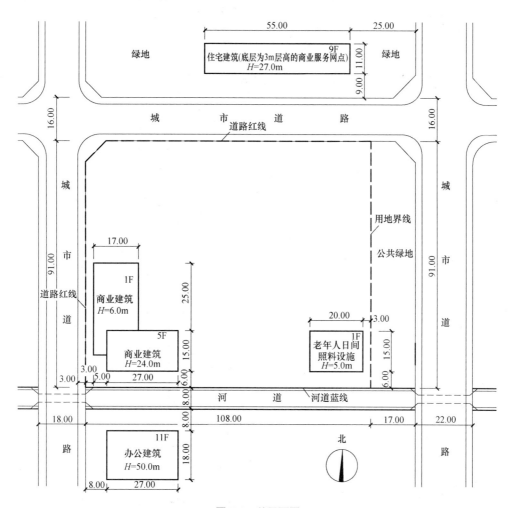

图7-1 总平面图

2.确定拟建33m高层住宅的最大可建范围。

（1）拟建建筑退界：

拟建建筑地上部分建筑后退道路红线和用地界线不小于8m。建筑后退河道蓝线不小于6m。做辅助线，将辅助线连接起来。

（2）拟建建筑防火退线：

根据《建筑设计防火规范》GB 50016—2014（2018版），高层距离多层为9.00m，拟建建筑为高层住宅，与场地内已建的多层建筑防火距离为9.00m（注意转角做圆弧线）；防火退线与建筑控制线相交。

（3）拟建建筑日照退线（当地日照间距系数为1.5.）：

拟建高层住宅，被原有建筑遮挡，同时又遮挡北边的原有住宅建筑。此处注意北侧原有住宅底层为商业服务网点3.0m高。

日照间距为：

H（建筑高度）× L（日照间距系数）=5.00m × 1.5=7.50m。

H（建筑高度）× L（日照间距系数）=50.00m × 1.5=75.00m。

H（建筑高度）× L（日照间距系数）=（33.00-3.00）× 1.5=45.00m。

分别距离对应建筑做7.50m、75.00m、45.00m的平行线，与建筑控制线相交，注意"正退日照"的概念。

将辅助线连接起来，即为拟建高层住宅的最大可建范围。如图7-2所示。

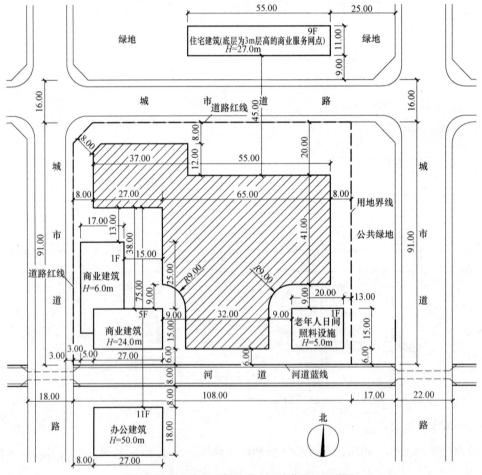

图7-2 拟建高层建筑的最大可建范围总平面图

3. 确定拟建21m多层住宅的最大可建范围。

（1）拟建建筑退界：

拟建多层建筑后退道路红线和用地界线不小于3m。后退河道蓝线不小于6m。做辅助线，将辅助线连接起来。

（2）拟建建筑防火退线：

根据《建筑设计防火规范》GB 50016—2014（2018 版），多层距离多层为 6.00m，拟建建筑为多层住宅，与场地内已建的多层建筑防火距离为 6.00m，（注意转角做圆弧线）；防火退线与建筑控制线相交。

（3）拟建建筑日照退线（当地日照间距系数为 1.5.）：

拟建多层住宅，被原有建筑遮挡，同时又遮挡北边的原有住宅建筑。此处注意北侧原有住宅底层为商业服务网点 3.0m 高。

日照间距为：

H（建筑高度）$\times L$（日照间距系数）=5.00m $\times$ 1.5=7.50m。

H（建筑高度）$\times L$（日照间距系数）=50.00m $\times$ 1.5=75.00m。

H（建筑高度）$\times L$（日照间距系数）=（21.00-3.00）$\times$ 1.5=27.00m。

分别距离对应建筑做 7.50m、75.00m、27.00m 的平行线，与建筑控制线相交，注意"正退日照"的概念并且对北侧住宅的遮挡的 27.00m 小于规划退线 28.00m。将辅助线连接起来，即为拟建多层住宅的最大可建范围。如图 7-3 所示。

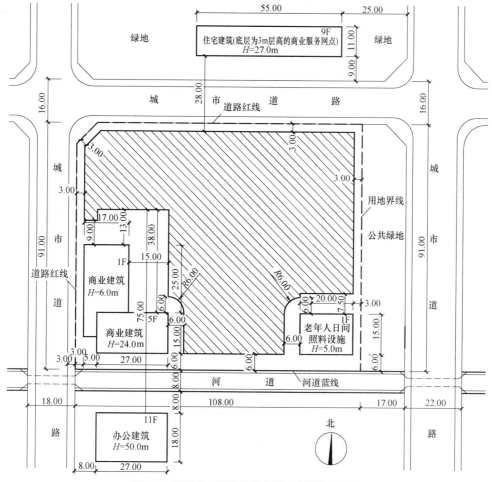

图 7-3　拟建多层建筑的最大可建范围总平面图

4.做出选择题答案。

（1）拟建21m高住宅建筑最大可建范围线与北侧住宅建筑南面外墙的最小间距：B（5分）

[A] 27.00m   [B] 28.00m   [C] 31.50m   [D] 45.00m

（2）拟建33m高住宅建筑最大可建范围线与老年人日间照料设施北面外墙的最小间距为：C（5分）

[A] 6.00m   [B] 7.50m   [C] 9.00m   [D] 11.00m

（3）拟建33m高住宅建筑最大可建范围线与1F商业建筑北面外墙的最小间距为：D（5分）

[A] 6.00m   [B] 9.00m   [C] 11.00m   [D] 13.00m

（4）拟建21m高住宅建筑最大可建范围线与5F商业建筑东侧外墙的最小间距为：A（5分）

[A] 6.00m   [B] 7.00m   [C] 9.00m   [D] 13.00m

完成图如图7-4所示。

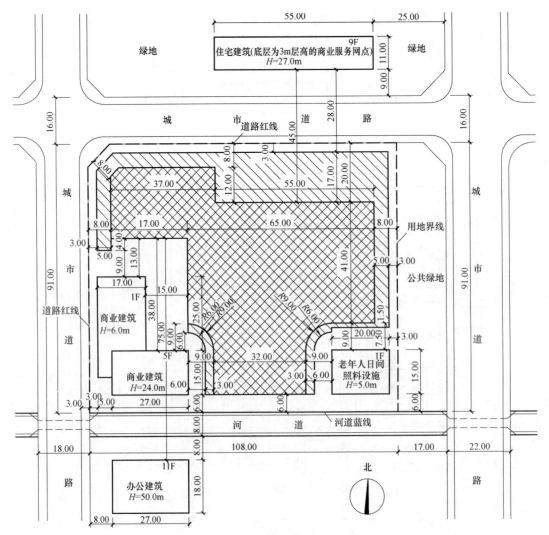

图7-4　总平面完成图

02 第二题场地剖面

【设计条件】

· 场地剖面如图 7-5 所示。

· 场地内有两栋既有建筑，一栋为会所，另一栋为住宅楼。

· 在用地 A-B 段内拟建建筑高度为 24.00m 或 27.00m 的住宅楼，其中沿城市道路布置的住宅楼设置两层商业服务网点，住宅及商业服务网点均为 3.00m（图 7-6)。

· 规划建筑拟建建筑后退用地界线和道路红线均不小于 10.00m。

· 多地住宅建筑的日照间距系数为 2.0。

· 拟建建筑与既有建筑耐火等级均为二级。

· 满足国家现行规范要求。

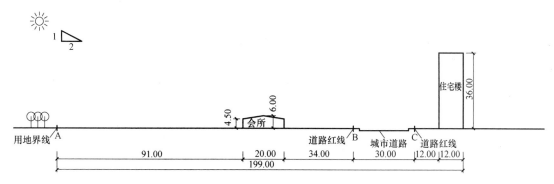

图 7-5 场地剖面图

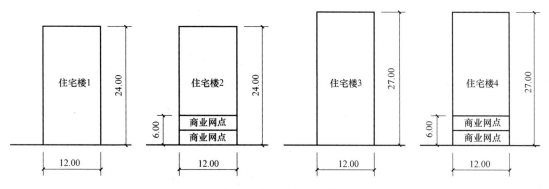

图 7-6 拟建建筑示意图

【任务要求】

· 在用地 A-B 段内布置拟建建筑，要求其总层数最多，且设置商业网点的住宅楼和会所距离最小。

· 标注拟建建筑的高度及相关尺寸。

• 下列单选题每题只有一个最符合题意的选项,从各题中选择一个与作图结果对应的选项用2B铅笔将答题卡对应题号选项信息点涂黑。

【选择题】

5. 拟建建筑的总层数为:(4分)

[A] 18层   [B] 24层   [C] 25层   [D] 27层

6. 会所与其南侧最近拟建建筑的距离为:(4分)

[A] 6.00m   [B] 9.00m   [C] 10.00m   [D] 13.00m

7. 会所北侧拟建建筑为:(6分)

[A] 住宅楼1   [B] 住宅楼2   [C] 住宅楼3   [D] 住宅楼4

8. 会所与其北侧建筑的最小距离:(6分)

[A] 6.00m   [B] 7.00m   [C] 9.00

【解题步骤和方法】

1. 梳理题目信息。

拟建:建筑高度为24.00m和27.00m的住宅楼。

要求:沿城市道路布置的住宅楼设置两层商业服务网点。

总层数最多,且设置商业网点的住宅楼和会所距离最小。

退线:后退用地界线和道路红线均不小于10.00m。

日照:2.0。

原有建筑信息:图面和文字中给出。

耐火等级:均为二级。

2. 确定沿城市道路的住宅楼。

题目要求沿城市道路布置的住宅楼设置两层商业服务网点。在示意图中,设置商业服务网点的住宅楼有两栋(住宅楼2和住宅楼4),均为两层商业服务网点,层高分别为24.00m和27.00m。日照系数为2.0。27.00×2.0=54.00m,此时,退道路红线为12.00m。题目还有"设置商业网点的住宅楼和会所距离最小"的要求,该商业服务网点住宅楼4为多层住宅,根据《建筑设计防火规范》GB 50016—2014(2018版),所以和会所的最小距离为6.00m,此时退道路红线距离为16.00m。会所北侧的拟建建筑为住宅楼4。

3. 确定其他位置的拟建住宅楼。

(1)在用地界线和会所之间摆放拟建建筑,题目要求总层数最多,所以要摆两栋拟建住宅楼。27m的住宅楼3的日照距离为54.00m,此时10.00+12.00+54.00=76.00m,余下的距离无法摆放另一栋拟建建筑,所以南侧的拟建住宅楼为住宅楼1,高度为24.00m。

(2)此时,91.00-(10.00+12.00+48.00+12.00)=9.00m,满足与会所的防火距离。而靠近会所的住宅楼和沿城市道路布置的住宅楼4的距离为(9.00+20.00+6.00)35.00m,不可能布置住宅楼3,只能布置24.00m高住宅楼1,其日照距离为(24.00-6.00)×2.0=36.00m,所以,沿城市道路布置的住宅楼4和会所的最小距离变为7.00m，才能完全满足要求。

（3）此时，从南到北依次布置的建筑为住宅楼1、住宅楼1、住宅楼4。本题要充分理解题目的隐含意思，沿城市道路布置的住宅楼设置两层商业服务网点，那么，其余的位置只摆放住宅楼1或者住宅楼3。拟建建筑的总层数为8+8+9=25层。

（4）如图7-7所示。

4. 做出选择题答案。

5. 拟建建筑的总层数为：C（4分）

[A] 18层   [B] 24层   [C] 25层   [D] 27层

6. 会所与其南侧最近拟建建筑的距离为：B（4分）

[A] 6.00m   [B] 9.00m   [C] 10.00m   [D] 13.00m

7. 会所北侧拟建建筑为：D（6分）

[A] 住宅楼1   [B] 住宅楼2   [C] 住宅楼3   [D] 住宅楼4

8. 会所与其北侧建筑的最小距离：B（6分）

[A] 6.00m   [B] 7.00m   [C] 9.00m   [D] 10.00m

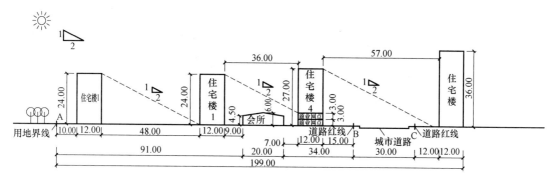

图7-7　场地剖面完成图

03　第三题场地地形

【设计条件】

· 场地平面如图7-8所示，其中内部道路A、B、D点的标高为已知。

· 建筑北面设有车库出入口，车库出入口与道路GF段无高差衔接。

· 北部道路纵坡不应大于5%，其中GF段道路不设坡度。

· 消防车登高操作场地坡度不应大于3%。

· 应满足国家现行规范。

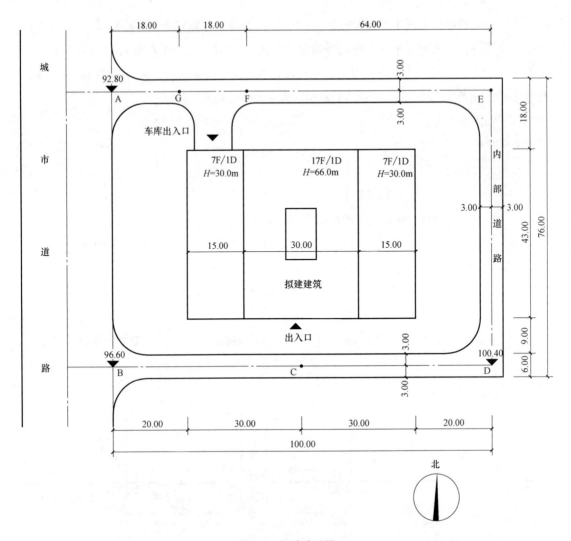

图 7-8　场地地形图

【任务要求】

· 布置消防车登高操作场地（用 ▨ 表示），并标注相关尺寸。

· 标注内部道路各变坡点、转折点的设计标高及道路坡度、坡向。

· 标注内部道路 C 点的设计标高。

· 标注车库出入口处的场地设计标高。

· 下列单选题每题只有一个最符合题意的选项，从各题中选择一个与作图结果对应的选项用 2B 铅笔将答题卡对应题号选项信息点涂黑。

【选择题】

9.C 点的设计标高为：（4 分）

　［A］97.00 　　　　　　　　　　　　　［B］98.10

　［C］98.50 　　　　　　　　　　　　　［D］99.10

10. 车库出入口处的设计标高为:(4分)

[A] 92.8   [B] 93.34

[C] 93.54   [D] 93.70

11. 消防车登高操作场地的长度为:(6分)

[A] 15.00m   [B] 30.00m

[C] 45.00m   [D] 60.00m

12. E点的设计标高为:(6分)

[A] 95.10   [B] 96.90

[C] 97.80   [D] 98.30

【解题步骤和方法】

1. 梳理题目信息。

拟建:消防车登高操作场地位置及尺寸。内部道路的变坡点转折点的标高及道路坡度坡向。

要求:北部道路纵坡不应大于5%,其中GF段道路不设坡度。

消防车登高操作场地坡度不应大于3%。

原有信息:图面和文字中给出。

2. 求出消防车登高操作场地的位置和尺寸。

(1)拟建建筑为高层建筑,高度大于50m,根据《建筑设计防火规范》GB 50016—2014(2018版),①高层建筑应至少沿一个长边或周边长度的1/4且不小于一个长边长度的底边连续布置消防车登高操作场地。②建筑物与消防车登高操作场地相对应的范围内,应设置直通室外的楼梯或直通楼梯间的入口。③场地应与消防车道连通,场地靠建筑外墙一侧的边缘距离建筑外墙不宜小于5m,且不应大于10m。④场地的长度和宽度分别不应小于15m和10m。满足以上四个条件,只能沿拟建建筑的南侧布置,且距离南边线为5.00m,消防车登高场地宽度为10.00m,长度和建筑同宽,为60.00m。

(2)D点标高为100.40m,B点标高为96.60m,则转折点(消防车登高操作场地的东边线)的标高为100.40-20.00×5%=99.40m。另一个转折点(西边线)的标高为96.60+20.00×5%=97.60m。此时,整个消防车登高操作场地的坡度为60.00/(99.40-97.60)=3%,满足题目不大于3%的要求。C点标高为99.40-30.00×3%=98.50m。

3. 求出内部道路各变坡点、转折点的设计标高及道路坡度、坡向。

观察原有地形图可知,地形东南角高,西北角低。D点标高为100.40m,A点标高为92.80m。按照5%的道路坡度,E点标高为100.10-3.50=96.90($h=\Delta L \times i=70.00 \times 5\%=3.5m$)。F点标高为96.90-64.00×5%=93.70。GF段道路不设坡度,则G点标高为93.70m。与A点的距离18.00m,正好符合5%的坡度。题目要求"车库出入口与道路GF段无高差衔接",所以车库出入口标高和G点F点标高一致,为93.70m。如图7-9所示。

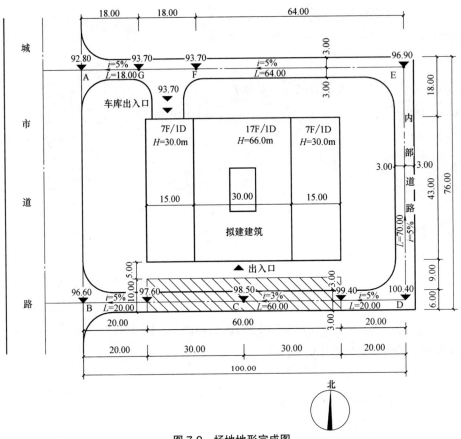

图 7-9　场地地形完成图

4. 做出选择题答案：

（9）C 点的设计标高为：C（4分）

[A] 97.00　　　　[B] 98.10　　　　[C] 98.50　　　　[D] 99.10

（10）车库出入口处的设计标高为：D（4分）

[A] 92.8　　　　[B] 93.34　　　　[C] 93.54　　　　[D] 93.70

（11）消防车登高操作场地的长度为：D（6分）

[A] 15.00m　　　　[B] 30.00m　　　　[C] 45.00m　　　　[D] 60.00m

（12）E 点的设计标高为：B（6分）

[A] 95.10　　　　[B] 96.90　　　　[C] 97.80　　　　[D] 98.30

04　第四题场地设计

【设计条件】

· 某市拟建一康复医院，用地周边环境如图 7-10 所示。

・拟建建筑物如图 7-11 所示：

①门诊医技楼　②住院楼（一）　③住院楼（二）

④康复楼（一）　⑤康复楼（二）　⑥营养厨房及餐厅

⑦连廊（宽 6m，按需设置）

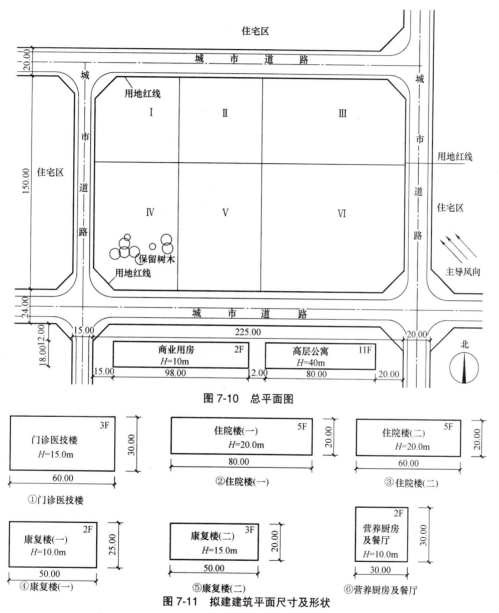

图 7-10　总平面图

图 7-11　拟建建筑平面尺寸及形状

・拟建场地：

①主入口广场≥1300m² 　②室外康复场地≥1000m²

③停车场两处：门诊楼处设置停车场≥1300m²，住院及后勤出入口处设置 10 个停车位

④集中绿地≥3000m²

・规划要求：

1. 拟建建筑物后退用地红线不应小于 15m。

2. 停车场退用地红线不应小于 5m。

3. 保留用地中的树木。

4. 康复楼、住院楼建筑日照间距系数为 2.0。

- 建筑物均应按正南北朝向布置，平面尺寸及形状不得变动且不得旋转。

- 各建筑物耐火等级均为二级。

- 应满足国家现行规范要求。

【任务要求】

- 根据设计条件绘制总平面图，画出建筑物、场地并标注名称、画出道路及绿化。

- 注明康复医院主出入口、住院及后勤出入口并在城市道路处用"▲"表示。

- 标注满足规划、规范要求的相关尺寸，标明主入口广场，室外康复场地、停车场及集中绿地的面积。

- 下列单选题每题只有一个最符合题意的选项，从各题中选择一个与作图结果对应的选项用 2B 铅笔将答题卡对应题号选项信息点涂黑。

【选择题】

13. 康复医院出入口位于场地的：（8分）

[A] 东侧   [B] 西侧   [C] 南侧   [D] 北侧

14. 康复楼（一）位于：（8分）

[A] Ⅰ-Ⅱ地块   [B] Ⅲ地块   [C] Ⅴ地块   [D] Ⅵ地块

15. 住院楼（一）位于：（6分）

[A] Ⅰ-Ⅱ地块   [B] Ⅲ地块   [C] Ⅳ-Ⅴ地块   [D] Ⅵ地块

16. 门诊医技楼位于：（6分）

[A]. Ⅲ地块   [B] Ⅳ-Ⅴ地块   [C] Ⅴ-Ⅵ地块   [D] Ⅵ地块

17. 住院及后勤出入口位于场地的：（6分）

[A] 东侧   [B] 西侧   [C] 南侧   [D] 北侧

18. 室外康复场地位于：（6分）

[A] Ⅲ地块   [B] Ⅳ地块   [C] Ⅴ地块   [D] Ⅵ地块

【解题步骤和方法】

1. 梳理题目信息。

设计要求：退线，日照，其他。

拟建：建筑物 6 栋，场地 3 处，停车位 10 个。

任务要求：建筑物、场地、出入口、道路、绿化、文字和尺寸标注。

选择题：重点建筑和场地的位置和出入口。

如图 7-12 所示。

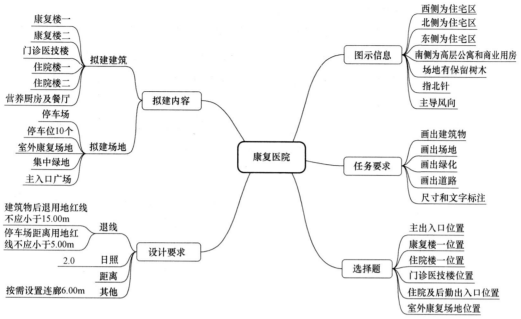

图 7-12 题目要求思维导图

2. 场地退线。

如图 7-13 所示。

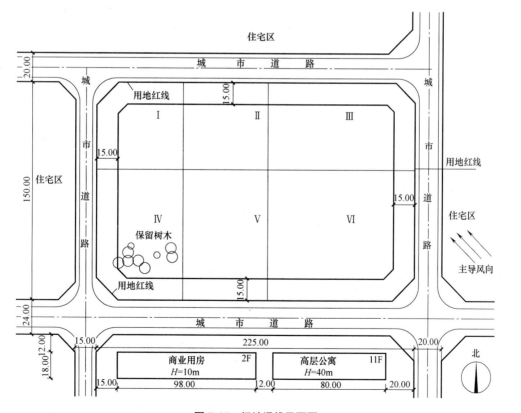

图 7-13 场地退线平面图

3. 确定各个出入口的位置。

（1）题目拟建一康复医院。图中可知，场地外南侧为商业用房和高层公寓，东西北侧为住宅区，所以南侧为康复医院主出入口；而高层公寓在东南侧，对拟建场地内形成日照阴影遮挡80m，所以对应拟建场地内的东南侧不应放置需要日照的建筑，应为门诊医技楼和对应主入口广场，场地主出入口偏向南侧东部。

（2）已知主导风向指向西北方向，则拟建营养厨房布置在西北角；而拟建住院楼一、住院楼二相对安静，布置在拟建场地北侧；随之定位住院及后勤出入口位于场地北侧。

4. 确定功能分区。

（1）本题大致分为病房区和诊疗区。病房区包括住院楼一、住院楼二以及紧密联系的营养厨房及餐厅。诊疗区包括康复楼一、康复楼二以及配套的室外康复场地，门诊医技楼以及配套的主入口广场。

（2）由第三步推出主入口对应主入口广场及门诊医技楼，位于拟建场地南侧。病房区位于拟建场地北侧。

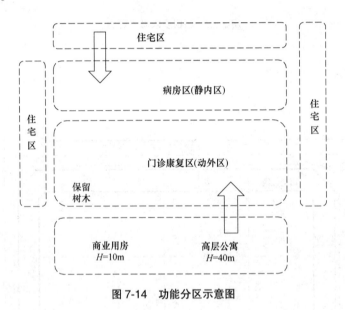

图 7-14　功能分区示意图

5. 各个拟建建筑和场地的位置摆放。

（1）由第三步推出主入口——主入口广场——门诊医技楼的摆放。停车场作为从人行到步行的交通转换，布置在主入口广场的东侧，面积大于1300m²。

（2）康复楼一和康复楼二有诊疗的功能，应与门诊医技楼紧密联系，连廊连接，高度为10m的康复楼一放在南侧Ⅴ地块，康复楼二与其距离大于日照20m。室外康复场地作为康复楼在室外的功能补充，放置在Ⅳ地块，面积大于1000m²；集中绿地靠近室外康复场地，并与原有保留树木结合布置，面积大于3000m²。

（3）主导风向推出营养厨房及餐厅的位置，住院楼一、二在场地北侧平行摆放，与门诊医技楼和康复楼的距离大于日照间距30m，且与康复楼、门诊医技楼连廊相连，住院楼一位于Ⅲ地块。此三栋建筑应与室外康复场地间接联系。后勤及住院楼出入口旁布置10个停车位，与建筑距离大于6m。

各个建筑和场地的属性如图7-15所示。

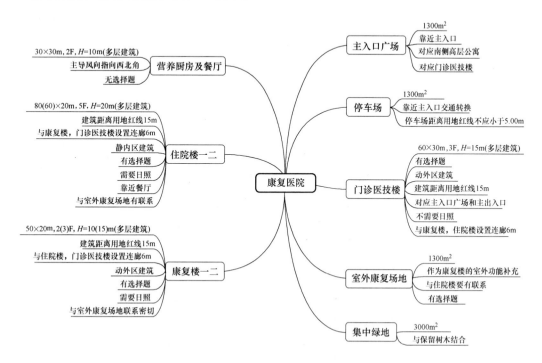

图 7-15　拟建建筑和场地属性分析

6. 完成选择题。

（13）康复医院出入口位于场地的：C（8分）

［A］东侧　　　　　［B］西侧　　　　　［C］南侧　　　　　［D］北侧

（14）康复楼（一）位于：C（8分）

［A］Ⅰ-Ⅱ地块　　［B］Ⅲ地块　　　　［C］Ⅴ地块　　　　［D］Ⅵ地块

（15）住院楼（一）位于：B（6分）

［A］Ⅰ-Ⅱ地块　　［B］Ⅲ地块　　　　［C］Ⅳ-Ⅴ地块　　［D］Ⅵ地块

（16）门诊医技楼位于：D（6分）

［A］Ⅲ地块　　　　［B］Ⅳ-Ⅴ地块　　［C］Ⅴ-Ⅵ地块　　［D］Ⅵ地块

（17）住院及后勤出入口位于场地的：D（6分）

［A］东侧　　　　　［B］西侧　　　　　［C］南侧　　　　　［D］北侧

（18）室外康复场地位于：B（6分）

［A］Ⅲ地块　　　　［B］Ⅳ地块　　　　［C］Ⅴ地块　　　　［D］Ⅵ地块

7. 道路、绿化、文字和尺寸标注。

（1）将道路的主次出入口有机联系在一起，一般环线布置，外围道路和通达建筑的道路不得小于消防道路4m，形成完整的道路系统。本题尤其注意各个拟建建筑前要求车辆到达出入口并且相对宽敞，并与车辆停放，患者出入方便。

（2）标注各建筑、场地的名称，题目要求的面积，场地主次出入口；标注退界，日照间距等相关尺寸。

（3）查漏补缺，完成总平面图的绘制。

如图7-16所示。

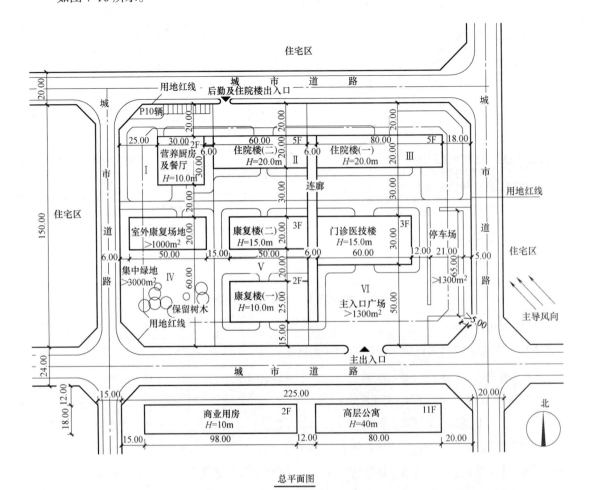

总平面图

图7-16　总平面完成图

注：腾讯课堂手工演示希望对大家有所帮助。

参考规范

［1］《建筑设计防火规范》GB 50016—2014（2018 年版）

［2］《无障碍设计规范》GB 50763—2012

［3］《旅馆建筑设计规范》JGJ 62—2014

［4］《商店建筑设计规范》JGJ 48—2014

［5］《文化馆建筑设计规范》JGJ/T 41—2014

［6］《图书馆建筑设计规范》JGJ 38—2015

［7］《博物馆建筑设计规范》JGJ 66—2015

［8］《档案馆建筑设计规范》JGJ 25—2010

［9］《展览建筑设计规范》JGJ 218—2010

［10］《剧场建筑设计规范》JGJ 57—2016

［11］《电影院建筑设计规范》JGJ 58—2008

［12］《体育建筑设计规范》JGJ 31—2003

［13］《交通客运站建筑设计规范》JGJ/T 60—2012

［14］《铁路旅客车站建筑设计规范》GB 50226—2007（2011 年版）

［15］《物流建筑设计规范》GB 51157—2016

［16］《铁路物流中心设计规范》Q/CR9133—2016

［17］《综合医院建筑设计规范》GB 51039—2014

［18］《疗养院建筑设计标准》JGJ/T 40—2019

［19］《传染病医院建筑设计规范》GB 50849—2014

［20］《老年人照料设施建筑设计标准》JG J450—2018

［21］《妇幼健康服务机构建设标准》建标 189—2017

［22］《托儿所幼儿园建筑设计规范》JGJ 39—2016（2019 年版）

［23］《中小学建筑设计规范》GB 50099—2011

［24］《宿舍建筑设计规范》JGJ 36—2016

［25］《住宅建筑规范》GB 50368—2005

［26］《住宅设计规范》GB 50096—2011

［27］《饮食建筑设计标准》JGJ 64—2017

［28］《办公建筑设计标准》JGJ/T 67—2019

［29］《地铁设计规范》GB 50157—2013

［30］《车库建筑设计规范》JGJ 100—2015

［31］《汽车库、修车库、停车场设计防火规范》GB 50067—2014

［32］《城市消防站设计规范》GB 51054—2014

［33］《民用建筑设计统一标准》GB 50352—2019

［34］《房屋建筑制图统一标准》GB/T 50001—2017

［35］《建筑制图标准》GB/T 50104—2010

［36］《总图制图标准》GB/T 50103—2010

［37］《城市公共厕所设计标准》CJJ 14—2016

［38］《建筑工程设计文件编制深度规定》（2016 年 11 月）

［39］《建筑采光设计标准》GB 50033—2013

［40］《城市居住区规划设计标准》GB 50180—2018

［41］《城市道路工程设计规范》CJJ 37—2012（2016 年版）

［42］《城市停车规划规范》GB/T 51149—2016

［43］《城乡建设用地竖向规划规范》CJJ 83—2016

［44］《公园设计规范》GB 51192—2016

［45］《城市绿地设计规范》GB 50420—2007（2016 年版）

［46］《城市道路交叉口规划规范》GB 50647—2011

［47］《城市道路交叉口设计规程》CJJ 152—2010

［48］《居住绿地设计标准》CJJ/T 294—2019

［49］《特殊教育学校建筑设计标准》JGJ 76—2019

［50］《科研建筑设计标准》JGJ 91—2019

［51］《公共美术馆建设标准》193—2018

［52］《急救中心建筑设计规范》GB/T 50939—2013

注：以上规范均为现行规范，新规范实施前题目参考原有规范，新规范实施后考题参考新规范。

主要参考文献

［1］ 闫寒．建筑学场地设计［M］．北京：中国建筑工业出版社，2017．

［2］ 姚宏韬．场地设计［M］沈阳：辽宁科技出版社，2000．

［3］ 刘磊．场地设计［M］北京：中国建材工业出版社，2004．

［4］ （美）史蒂文·斯特罗姆，库尔特·内森．风景建筑学场地工程［M］．任慧韬等译．俞可怀等审．大连：大连理工出版社，2002．

［5］ 中国建筑工业出版社编．现行建筑设计规范大全［M］．北京：中国建筑工业出版社，2014．

［6］ 住房和城乡建设部工程质量安全监管司，中国建筑标准研究所编．全国民用建筑工程设计技术措施 规划 建筑 景观2009［M］．北京：中国计划出版社，2010．

［7］ 中国建筑标准设计研究院编．国家建筑标准设计图集05J804民用建筑工程总平面初步设计、施工图深度图样［S］．北京：中国建筑标准设计研究院，2005．

［8］ 中国建筑工业出版社．中国建筑学会总主编．建筑设计资料集［M］．1版．北京：中国建筑工业出版社，2017．

［9］ 中国城市规划设计研究院建设部城乡规划司，同济大学建筑城规学院．城市规划资料集：第七分册［M］．北京：中国建筑工业出版社，2005．

［10］ 黎志涛．建筑设计方法［M］．北京：中国建筑工业出版社，2010．

［11］ 黎志涛．快速建筑设计100问［M］．北京：中国建筑工业出版社，2011．

［12］ 黎志涛．一级注册建筑师考试建筑方案设计（作图）应试指南［M］．北京：中国建筑工业出版社，2019．

［13］ 赵晓光主编．党春红副主编．民用建筑场地设计［M］．第2版．北京：中国建筑工业出版社，2012．

［14］ 张清．2020全国一级注册建筑师执业资格考试历年真题解析与模拟试卷场地设计（作图题）［M］北京：中国电力出版社，2019．

［15］ 陈磊，赵晓光．一级注册建筑师考试场地设计（作图）应试指南（第十二版）［M］．北京：中国建筑工业出版社，2019．

［16］ 耿长孚．场地设计作图——注册建筑师综合设计与实践检验答疑［M］．第2版．北京：中国建筑工业出版社，2007．

［17］ 教锦章，陈景衡．一级注册建筑师考试场地作图题汇评［M］第8版．北京：中国建筑工业出版社，2017．

［18］ 《注册建筑师考试辅导教材》编委会．一级注册建筑师考试模拟试题集（含光盘）［M］．第7版．北京：中国建筑工业出版社，2011．

［19］ 《注册建筑师考试辅导教材》编委会．一级注册建筑师考试辅导教材第一分册 设计前期场地与建筑设计（含光盘）［M］．第十五版．北京：中国建筑工业出版社，2019．

［20］ 住房和城乡建设部执业资格注册中心．2014全国一级注册建筑师考试培训辅导用书7·建筑方案设计 建筑技术设计 场地设计（作图）［M］．第九版．北京：中国建筑工业出版社，2014．

［21］ 任乃鑫．2018一级注册建筑师资格考试——场地设计模拟作图题［M］第九版．大连：大连理工大学出版社，2018．

后　记

十多年前，专门针对建筑学范围的场地设计的参考文献很少。现在，许多专家已经出版了很多关于此类的书籍。这些素未谋面的专家严谨的治学态度让我在编写此书的过程中越加敬佩和尊重，我从中受益良多。随着编写地深入开展，我越加感觉到自己的渺小，越加体会到场地设计内容的广博和浩瀚。在今后的修订中，我会更加努力地深入研究，为读者呈现更精准、更实用的书籍。

专业技术书籍的编写里面虽然没有感情色彩的文字，但是其中却蕴含了很多背后的情感故事。孩子很小，孩子和母亲的亲昵程度完全取决于陪伴的过程，而我，更多的时间都在为这本书作出努力，孩子常常把我只是看成一个"普通的熟人"而已。对此，我在面对孩子平静的睡颜时候时常内疚，觉得亏欠了孩子很多。但是，我更想为孩子做的，就是身体力行地告诉孩子，如何在一个喧嚣浮躁的社会中，保持一种对待知识认真和执着的态度。这个信念，是我编写本书最大的精神支撑。在此，我也祝愿所有从事建筑师职业的母亲们，不要忘记对待注册建筑师考试和学习建筑设计的初心，坚持走在学习和探索的道路上，顺利通过考试。

本书的真题主要是来自 ABBS 网站的论坛，同时还和参加场地设计（作图）考试的建筑师进行了交流和探讨，最大程度地复原了真题。编写本书的过程是艰难繁琐的，家人的一贯支持是我最大的动力。我在这个过程中翻阅和研读了大量国内外已经出版的图书资料，从中受益匪浅。由于水平有限，错漏之处希望读者谅解，同时也希望本书能够对参加注册建筑师考试的考友略尽绵薄之力。

本次对上一版的书籍进行了校核，感谢广大朋友们近两年来积极的帮助我，找出书中的错误，才能让本书越来越尽善尽美。